Isaac Asimov

Wie alles anfing

Auf den Spuren der Evolution:
Die Entstehung des Menschen, der Erde
und des Universums

Aus dem Amerikanischen
von Bernhard Kleinschmidt

Deutsche Erstausgabe

WILHELM HEYNE VERLAG
MÜNCHEN

HEYNE SACHBUCH
Nr. 19/79

Titel der amerikanischen Originalausgabe
BEGINNINGS: THE STORY OF ORIGINS – OF MANKIND, LIFE,
THE EARTH, THE UNIVERSE
Erschienen bei Walker and Company, New York

Redaktion: Andrea Bubner

ISBN 3-453-03747-2

INHALT

*Der Autor dankt Sandra Kitt für ihre Hilfe
bei der Ausarbeitung der Schaubilder*

*Für Familie Smiley
in dankbarer Erinnerung
an die schöne Zeit in Mohonk*

EINLEITUNG

Der Autor eines Buches über die Entstehung unserer Welt kann sich auf eine überaus vorteilhafte Tatsache stützen: Alle Regierungen dieser Welt sind sich über die Methode der Zeitmessung einig.

Die Jahre werden ihrer Reihenfolge nach numeriert, und jedes Jahr ist in zwölf Monate unterteilt, die zwischen achtundzwanzig und einunddreißig Tage haben. Das letztere ist eine unnötige Unregelmäßigkeit, der jedoch die ganze Welt zustimmt. Wenn ich also sage, daß heute in New York der 2. Februar ist, so wird mir jeder zustimmen (obwohl in manchen Regionen der Erde in diesem Augenblick bereits der 3. Februar begonnen hat). Außerdem stimmen wir alle überein, daß das Jahr am 1. Januar beginnt.

Damit soll nicht gesagt werden, daß es keine speziellen Kalender gibt, die die Gläubigen verschiedener Religionen und die Bürger anderer Staaten benutzen und die älteren Traditionen der Zeitrechnung folgen. Doch all diese Bräuche sind regionale Besonderheiten. Sie fügen der menschlichen Kultur ein interessantes Element der Abwechslung hinzu, bringen die allgemein anerkannte Zeitrechnung aber nicht durcheinander. Bei allen formalen Vorgängen benutzt man den internationalen Kalender. Man nennt ihn den Gregorianischen Kalender, da er im Jahre 1582 offiziell von Papst Gregor XIII. eingeführt wurde.

Die heutige Situation hat keine allzu lange Tradition. Erst vor relativ kurzer Zeit hat man überall diese Art der Zeitrechnung akzeptiert und sie praktisch universell gemacht. Immerhin erlaubt sie es uns aber, von einer feststehenden Gegenwart aus zurückzublicken.

In diesem Buch werde ich darüber berichten, wie verschiedene Dinge angefangen haben. Ich beginne mit etwas relativ Prosaischem und Alltäglichem und gehe dann immer weiter zurück bis zu dem – möglichen – Zeitpunkt und den Ereignissen am Ursprung des Universums.

Jedes der folgenden Kapitel ist den Anfängen eines bestimmten Phänomens gewidmet, das auch der Kapitelüberschrift entspricht. Wir beginnen mit einer speziellen menschlichen Technik, die bis in alle Einzelheiten dokumentiert ist und uns daher keine besonderen Schwierigkeiten machen sollte.

1.
DER TRAUM VOM FLIEGEN

Blickt man in einer großen Stadt wie New York, Chicago oder Los Angeles zum Himmel auf, so sind zu jeder Tages- und Nachtzeit Flugzeuge zu sehen (oder, in der Dunkelheit, zumindest ihre Positionslampen). Sie sind ein derart gewohnter Anblick, daß ihnen niemand mehr große Aufmerksamkeit schenkt.

In den zwanziger Jahren aber, als ich ein kleiner Junge war, war der Anblick eines Flugzeugs am Himmel über New York so ungewöhnlich, daß die Menschen aus ihren Häusern stürzten, um diese Maschine zu beobachten und zu bewundern. Das Flugzeug muß demnach nicht allzu lange vor diesem Zeitpunkt erfunden worden sein. Wann also ist das erste gestartet? Wann hat der Mensch seinen Traum vom Fliegen verwirklicht?

Die Antwort könnte ganz einfach sein. Am 17. Dezember 1903 gelang dem amerikanischen Erfinder Orville Wright (1871–1941) in Kitty Hawk, North Carolina, der erste Flugzeugstart der Geschichte. Er hatte zusammen mit seinem Bruder Wilbur (1867–1912) ein Flugzeug gebaut. Dieses Flugzeug flog weniger als dreihundert Meter und erhob sich kaum über den Erdboden. Es war weniger als eine Minute in der Luft und flog so langsam, daß Wilbur neben ihm herrennen konnte. Dies war dennoch der erste erfolgreiche Flug in einem Flugzeug, und man kann ihn als den Beginn der Luftfahrt bezeichnen.

Können wir das Thema Luftfahrt damit beenden und zu einem neuen Kapitel übergehen? Nein, denn die Brüder Wright haben nicht im »luftleeren« Raum geforscht. Viele Menschen vor ihnen haben sich über das Phänomen des Fliegens ihre Gedanken gemacht.

Der amerikanische Astronom Samuel Pierpont Langley (1834–1906) begann im Jahre 1896 mit Flugzeugen zu experimentieren; vor dem Flug der Brüder Wright hatte er dreimal versucht, mit seinen Maschinen zu fliegen. Beim dritten Mal war es ihm beinahe gelungen, aber eben nicht ganz. 1914 stattete man sein drittes Flugzeug mit einem stärkeren Motor aus, und es ließ sich daraufhin tatsächlich fliegen. Langley aber war inzwischen gestorben.

Auch Langley nimmt sicherlich eine ehrenvolle Stellung in der Geschichte der Luftfahrt ein. Das gilt auch für noch früher tätige Forscher, die sich bemüht haben, Flugmaschinen zu bauen, oder die die wissenschaftlichen Voraussetzungen für solche Maschinen schufen. Schließlich hat der italienische Künstler und Ingenieur Leonardo da Vinci (1452−1519) bereits um das Jahr 1500 interessante Zeichnungen von Flugmaschinen entworfen, die auf einer genialen Auffassung der Mechanik gründeten. Und die alten Griechen haben bereits zweitausend Jahre vor Leonardo hübsche Geschichten über Menschen erfunden, die mit aus Federn gebastelten Flügeln fliegen konnten. Dennoch − der wirkliche Anfang einer Geschichte des Flugzeugs wäre wohl der erste *erfolgreiche* Flug, auf den weitere erfolgreiche Flüge folgten.

Aber selbst wenn wir dies festgestellt haben, müssen wir zugeben, daß Orville Wright nicht der erste Mensch war, dem das Fliegen gelang. Er war der erste, der ein Gerät flog, das schwerer als die Luft war − eines, das sich in die Luft erhob, obwohl es nicht in der Luft *schwebte*. Was ist also mit jenen Gefährten, die schweben konnten?

Am 2. Juli 1900 gelang dem deutschen Erfinder Ferdinand Graf von Zeppelin (1838−1917) der erste Flug, bei dem eine zur Aufnahme von Menschen ausgerüstete Gondel unter einem mit Wasserstoff gefüllten, zigarrenförmigen Behälter hing, der in der Luft schweben konnte. Ein derartiges Gerät nannte man einen lenkbaren Ballon oder ein Luftschiff. Da es mit einem Verbrennungsmotor und einem Propeller ausgestattet war, konnte man seine Bewegung in jede Richtung steuern, sogar gegen den Wind. Nach ihrem Erfinder wurden diese Geräte auch Zeppeline genannt.

Weitere Luftschiffe entstanden und wurden noch vor dem Flugzeug zu kommerziellen Flügen verwendet. In den zwanziger und frühen dreißiger Jahren schienen sie die Richtung anzuzeigen, in die sich die Luftfahrt entwickelte. Warum wird der Beginn der Luftfahrt also immer mit dem Flug der Brüder Wright im Jahre 1903 angegeben und nicht mit dem Flug des Grafen Zeppelin drei Jahre zuvor?

Die Antwort ist, daß die Luftschiffe schließlich den Wettkampf verloren haben. Der mit Wasserstoff gefüllte Behälter war zu feuergefährlich, wie sich bei der berühmt gewordenen Katastrophe der »Hindenburg« zeigte. Das größte jemals gebaute Luftschiff ging am 6. Mai 1937 plötzlich in Flammen auf, als es in Lakehurst, New Jersey, andockte. Doch auch Luftschiffe mit dem nicht entzündlichen Helium waren den Stürmen zu stark ausgesetzt. So verschwand das Luftschiff noch vor dem Zweiten Weltkrieg von der Bildfläche, während die Flugzeuge zur selben Zeit immer größer und schneller wurden.

Als »Verlierer« im Wettbewerb der Luftfahrt werden die Luftschiffe gern vergessen, und das ist der Grund für Orville Wrights Ruhm als erster Pionier der Luftfahrt.

Wir wollen aber noch weiter zurückgehen.

Im Jahre 1852, achtundvierzig Jahre vor dem Grafen Zeppelin, stellte der französische Ingenieur Henri Giffard (1825–1882) eine Dampfmaschine in eine Gondel unter einem wurstförmigen Ballon und trieb damit einen Propeller an. Das Gefährt konnte sich so mit sechs Meilen pro Stunde in jede gewünschte Richtung bewegen.

War dies also der erste lenkbare Flug? Nein, denn Giffards Erfindung hatte keinerlei Folgen. Sie war so etwas wie eine Demonstration unter Laborbedingungen, die nicht wirklich der Mühe wert war. Aus diesem Grund sollte man einen echten Anfang nicht einfach als ein einzelnes erfolgreiches Ereignis definieren, sondern als ein Ereignis, dem *ähnliche* folgten, das also Nachfolger fand.

Warum konnte sich die Erfindung des Grafen Zeppelin im Gegensatz zu der Giffards durchsetzen? Ein Grund war, daß Zeppelin nicht mit einem einfachen Wasserstoffbehälter arbeitete, sondern die Hülle auf ein leichtes Aluminiumgerüst spannte. Sein Luftschiff war daher mechanisch wesentlich stärker und auch windschnittiger, so daß es sich schneller bewegen konnte. Zudem verwendete Zeppelin einen Verbrennungsmotor und keine Dampfmaschine, was viel wirkungsvoller war. Freilich standen zu Giffards Zeiten weder Aluminium noch Verbrennungsmotoren zur Verfügung, so daß man dem französischen Erfinder nicht ernsthaft vorwerfen kann, er habe Vorhandenes nicht genutzt.

Aber auch wenn wir Giffard übergehen, müssen wir festhalten, daß der Mensch schon vor den Brüdern Wright und vor Graf Zeppelin Apparate entwickelte und auch flog, die weder Flugzeuge noch Luftschiffe waren.

Flugzeuge und Luftschiffe sind Geräte, die in der Lage sind, gegen den Wind zu fliegen. Es gibt aber auch Geräte *ohne* Antrieb, deren Bewegung ausschließlich vom Wind hervorgerufen wird.

Flugzeuge ohne Motoren nennt man Gleitflugzeuge. Startet man sie von einem Hügel oder einer Klippe, können sie bei entsprechender Konstruktion beträchtliche Strecken überwinden, besonders wenn sie sich Aufwinde zunutze machen. Bevor die Brüder Wright ihr Motorflugzeug flogen, hatten sie viele Flüge in Gleitflugzeugen absolviert. Ihr erstes Flugzeug war eigentlich nicht viel mehr als ein verbessertes Gleitflugzeug, das mit einem Verbrennungsmotor ausgerüstet war.

»Luftschiffe« ohne Motoren wiederum nennt man Ballone. Lange bevor ein motorisiertes Flugzeug erfunden wurde, ließ man sie in der Luft schweben, die Kräfte des Windes nutzen und Menschen über beträchtliche Entfernungen befördern.

Der englische Ingenieur George Cayley (1773—1857) untersuchte als erster wissenschaftlich die Bedingungen, unter denen Luft ein künstlich hergestelltes Gerät tragen kann. Damit begründete er eine neue Wissenschaft: die Aerodynamik. Cayley erkannte auch als erster, daß feststehende Flügel (wie etwa die des fliegenden Eichhörnchens) erforderlich waren, und nicht bewegliche Flügel (wie die von Vögeln). Er entwarf die Grundform, die ein Flugzeug haben muß – Flügel, Heck, stromlinienförmiger Rumpf, Ruder –, und er erkannte, daß der Wind das Gerät über beträchtliche Strecken tragen konnte, wenn man es leicht genug konstruierte. Es war Cayley bewußt, daß es eine Maschine (einen Motor) und einen Propeller haben mußte, wenn es sich gegen die Windrichtung bewegen sollte, aber er wußte auch, daß keine zu seiner Zeit existierende Maschine hierfür leicht und kräftig genug war.

Jedenfalls baute Cayley im Jahre 1853 das erste Gleitflugzeug, das einen Menschen durch die Lüfte tragen konnte. Der Forscher war zu diesem Zeitpunkt bereits sechzig Jahre alt und fühlte sich nicht mehr in der Lage, selbst einen Flug zu wagen. Womöglich hatte er auch die Befürchtung, sich den Hals zu brechen. Also befahl Cayley seinem Kutscher trotz dessen lautstarken Protestes, den ersten Gleitflug zu unternehmen. Der Kutscher willigte schließlich ein – und überlebte.

Das war ein Jahr nach Giffards erstem Ballonflug mit Hilfe einer Dampfmaschine, aber im Gegensatz hierzu hatte Cayleys motorloses Gleitflugzeug Folgen. Man baute andere, verbesserte Apparate, und gegen Ende des 19. Jahrhunderts war der Gleitflug bei jungen, abenteuerlustigen Menschen ein beliebter Sport geworden. Der berühmteste Anhänger dieses Sports war der deutsche Ingenieur Otto Lilienthal (1848–1896), der an seinen schweren Verletzungen starb, als sein Gleitflugzeug schließlich abstürzte.

Vor Cayleys motorlosem Flugzeug hatte es jedoch bereits motorlose Ballone gegeben.

Die ersten funktionsfähigen Ballone wurden im Jahre 1783 von den Brüdern Joseph Michel (1740–1810) und Jacques Etienne Montgolfier (1745–1799) konstruiert. Der erste – mit heißer Luft gefüllte – Ballon startete am 5. Juni 1783; doch es dauerte bis zum 20. November desselben Jahres, bis die Brüder einen Ballon gebaut hatten, der groß genug war, um einen Menschen zu tragen. Genauer gesagt waren es zwei Menschen: der junge Physiker Jean François Pilatre de Rozier (1756–1785) und ein gewisser Marquis d'Arlande. Sie waren die ersten Menschen, die sich in einem von Menschen erbauten Gerät in die Luft erhoben, die ersten »Aeronauten«, nicht weniger als hundertzwanzig Jahre vor den Brüdern Wright.

Am 7. Januar 1785 ließ sich Pilatre de Rozier zusammen mit zwei anderen Männern von einem Ballon über den Ärmelkanal tragen. Als er am 15. Juni versuchte, wiederum mit dem Ballon nach Frankreich zurückzukehren, setzte das Feuer, das die Luft im Ballon erhitzte und sie damit leichter als gewöhnliche Luft macht den Ballon selbst in Brand. Der junge Physiker stürzte aus einer Höhe von beinahe einer Meile in den Tod. So war der erste Flieger auch der erste, der bei einem Flugunglück ums Leben kam.

Wir haben gesehen, daß es nicht so einfach ist, selbst die Anfänge eines recht modernen Phänomens wie des Fliegens zu bestimmen, auch wenn man alle Daten zur Verfügung hat. Man muß sich klarmachen, welchen Anfängen man eigentlich nachspüren will. Soll es um jene Apparate gehen, die schwerer als Luft sind und die einen Antrieb haben? Sollen es jene Apparate sein, die leichter als Luft sind (und auch hier wieder die mit oder die ohne Antrieb)? Man muß ferner entscheiden, ob man erfolglose Versuche einbeziehen soll, oder nur die erfolgreichen, die einen Nachfolgeeffekt hatten.

Eine weitere Erkenntnis wäre, daß die Suche nach den Anfängen recht problematisch sein kann, da eine Veränderung fast unvermeidlich das Ergebnis eines Entwicklungsprozesses ist, das heißt einer Anhäufung kleiner Veränderungen, die manchmal so winzig sind, daß man den Punkt nicht festlegen kann, an dem man sagen könnte: »Dies ist der Anfang.«

Letzteres gilt für beinahe jedes Phänomen, wird aber besonders offensichtlich, wenn das untersuchte Phänomen allgemeinere Züge annimmt. Nehmen wir zum Beispiel an, wir untersuchten nicht die Anfänge der motorisierten Luftfahrt, sondern die Geschichtsschreibung an sich. Wann *beginnt* jenes sorgfältige Aufzeichnen der Schlachten und der Kämpfe, der Probleme und der Lösungen, des schädlichen Bösen und des mühsam errungenen Guten, das die lange Geschichte der Menschheit kennzeichnet?

Jedes amerikanische Schulkind kann sich in das Jahr 1776 zurückversetzen, in dem die britischen Kolonien in Nordamerika ihre Unabhängigkeit erklärten, und sogar ins Jahr 1492, als Christoph Kolumbus (1451–1506) die Neue Welt entdeckte. Doch das ist natürlich keineswegs der entfernteste Punkt, den wir verfolgen können. Kolumbus' Entdeckung liegt noch nicht einmal fünfhundert Jahre zurück, und die Geschichtsschreibung erstreckt sich über wesentlich ältere Epochen, in denen die Europäer noch nicht einmal davon träumten, daß der amerikanische Kontinent existieren könnte.

Wir wollen daher zurückgreifen und den Punkt suchen, an dem die Geschichtsschreibung ihren Anfang genommen hat.

2.
DIE GESCHICHTE

Zur Zeit der Reise des Kolumbus befand sich Westeuropa gerade an der Schwelle zur »Neuzeit«. Das Jahr 1492 wird sogar oft als Beginn der Neuzeit bezeichnet, weil in diesem Jahr die epochemachende Entdeckung Amerikas stattgefunden hat. Natürlich ist dies, wie immer bei der Bestimmung eines Anfangs, vor allem eine Frage der Definition. Man kann mit anderen, guten Argumenten dafür plädieren, den Beginn der Neuzeit ins Jahr 1453 zu verlegen (Eroberung Konstantinopels durch die Türken), oder aber erst ins Jahr 1517 (Beginn der Reformation). An dieser Stelle wollen wir aber ohne weitere Erläuterungen bei der Jahreszahl 1492 bleiben.

Was die Neuzeit betrifft, so ist die schriftliche Dokumentation der geschichtlichen Ereignisse ausgezeichnet. Einerseits ist seit Beginn dieser Epoche so wenig Zeit verstrichen, daß nicht viel Gelegenheit zum Verlust oder zur Zerstörung grundlegender Dokumente war. Andererseits hat der deutsche Drucker Johannes Gutenberg (1398–1468) um das Jahr 1450 den Buchdruck mit beweglichen Typen erfunden. Damit wurde es möglich, Berichte jeder Art so zahlreich zu vervielfältigen, daß ein endgültiger Verlust so gut wie unmöglich wurde.

Vor der Neuzeit erstreckt sich in Westeuropa allerdings eine Zeitspanne von tausend Jahren, die gemeinhin als Mittelalter bezeichnet wird, da sie zwischen der Neuzeit und dem Altertum liegt. Das Mittelalter, besonders seine erste Hälfte, hat uns nur relativ spärliche Dokumente hinterlassen. Zum einen liegt es daran, daß die große Zeitspanne häufiger zu Verlusten führte und der Buchdruck noch nicht erfunden war. Zum anderen war das Mittelalter ein »Zeitalter des Glaubens«, in dem mit der Religion verbundene Dinge als wesentlich wichtiger angesehen wurden als »weltliche« Ereignisse, so daß man diese seltener und spärlicher dokumentierte.

Dennoch – und obwohl die Geschichte in diesen tausend

Jahren einigermaßen verworren ist – besitzen wir genügend Hinweise, um die Ereignisse relativ gut nachzuvollziehen.

Das neuzeitliche Spanien beispielsweise hat sich in seiner bis auf geringfügige Veränderungen bis heute gleichgebliebenen Form erst gegen Ende des Mittelalters gebildet. Zuvor bestand es lediglich aus einer Anzahl kleiner christlicher Königreiche im nördlichen Teil der Iberischen Halbinsel, Resultat jener islamischen Invasion zu einem früheren Zeitpunkt der Epoche, die die Region in ihren Grundfesten erschüttert hatte. Langsam wuchsen die christlichen Staaten auf Kosten der islamischen (maurischen) Reiche im Süden Spaniens und schlossen sich zusammen. Zu Beginn des 15. Jahrhunderts gab es drei christliche Königreiche auf der Halbinsel: Portugal im Westen, Aragon im Osten und Kastilien (der größte Staat) in der Mitte.

Im Jahre 1469 heirateten Isabella (1451–1504), die Thronerbin Kastiliens, und Ferdinand, der Thronfolger von Aragon (1452–1516). 1479, als beide den Thron ihrer Länder bestiegen, wurden die beiden Königreiche vereinigt und blieben es auch. 1492, kurz vor der Reise des Kolumbus, eroberten die vereinigten Königreiche Spaniens die letzten maurischen Gebiete im Süden, wodurch das neuzeitliche Spanien entstand.

England hat seine neuzeitliche Form schon früher angenommen. William, der Herzog der Normandie (1027–1087), fiel in England ein, schlug die englischen Truppen in der Schlacht von Hastings am 14. Oktober 1066 und etablierte sogleich eine starke Dynastie. Queen Elizabeth II., die heutige Regentin des Landes, kann ihre Herkunft bis auf William zurückführen, so daß sich diese Linie nun seit neunhunderteinundzwanzig Jahren auf dem Thron gehalten hat.

Frankreichs Geschichte läßt sich sogar noch weiter zurückverfolgen, bis zur Thronbesteigung des Hugo Capet (940–996) im Jahre 987. Der letzte seiner Nachkommen, Louis Philippe I., dankte 1848 ab, so daß die Linie sich insgesamt achthunderteinundsechzig Jahre auf dem Thron halten konnte.

Deutschland hat eine sehr wechselvolle Geschichte, in

deren Verlauf es aus Teilstaaten bestand, die ebenso miteinander wie mit nichtdeutschen Feinden stritten. Im Mittelalter jedoch bildeten sie den Kern jener politischen Struktur, die als das Heilige Römische Reich bekannt ist. Zuzeiten besaß dieses Reich große Macht und Stärke.

Das Heilige Römische Reich entstand, als Karl der Große (742–814), der König des Frankenreichs, das damals den westlichen Teil Europas beherrschte, am 25. Dezember 800 in Rom von Papst Leo III. (750–816) zum Kaiser gekrönt wurde.

Übrigens war Karl der Große der Herrscher, der anordnete, daß die Jahre nach dem heutigen System gezählt werden sollten. Dieser Brauch wurde zunächst nur in seinen ausgedehnten Ländereien eingeführt und breitete sich dann über die ganze Welt aus. An dieser Stelle möchte ich ein wenig abschweifen, um dieses bedeutsame System unserer Zeitrechnung zu erklären.

Im Altertum war es gelegentlich Brauch, ein Jahr zu kennzeichnen, indem man es nach einem bemerkenswerten Ereignis benannte, das innerhalb dieses Jahres stattgefunden hatte. So gab es zum Beispiel »das Jahr des großen Schneesturms«.

Eine derartige Kennzeichnung ist natürlich nutzlos, sobald keine Menschen mehr leben, die das betreffende Ereignis erlebt haben und sich daran erinnern.

Ein etwas zuverlässigeres System war die Kennzeichnung des Jahres mit der Regierungszeit eines Herrschers, üblicherweise eines Königs. Man sprach etwa vom »dritten Jahr der Regierung des Josaphat« oder vom »zweiundzwanzigsten Jahr der Regierung des Manasse«. In der Bibel werden die Jahre auf diese Weise gekennzeichnet, was es nicht leicht macht, die biblische Zeitrechnung auf die heute gebräuchliche zu übertragen.

Diese genannten Verfahren existierten also, bevor man begann, ein Ereignis von besonderer Bedeutung auszuwählen und alle kommenden Jahre von diesem Ereignis an zu numerieren, ohne immer wieder von neuem anzufangen.

Unsere Zeitrechnung funktioniert auf genau diese Weise.

18

Sie beginnt mit einem bestimmten Ereignis und wird unbegrenzt weitergeführt.

Viele Menschen erkennen jedoch nicht, daß das Jahr 1 lediglich an ein zurückliegendes Ereignis erinnert. Sie denken, daß es tatsächlich den Anfang unserer Welt bezeichnet.

Wenn man schon damit beginnt, von einem Jahr 1 aus zu zählen, so wäre es eine vernünftige Regel, dieses Jahr so weit zurückzuversetzen, daß es keine Notwendigkeit gibt, sich um noch weiter zurückliegende Jahre zu kümmern. Um ein Beispiel für dieses Verfahren zu betrachten, wollen wir bis ins Altertum zurückgehen.

Im jüngsten Teil des Altertums befand sich der Mittelmeerraum (Südeuropa, der Westen Asiens und Nordafrika) unter der Herrschaft des Römischen Reichs, in dessen Zentrum Rom lag. Der letzte römische Kaiser wurde 476 gestürzt, was gelegentlich als Ende des Altertums und Beginn des Mittelalters bezeichnet wird.

Marcus Terentius Varro war ein Römer, der vor der Errichtung des Römischen Reichs lebte, als Rom noch von gewählten Konsuln und einem Senat regiert wurde, so daß man es die Römische Republik nannte.

Varro entschied, daß es sinnvoll wäre, mit der Zählung in jenem Jahr zu beginnen, in dem die Stadt Rom gegründet wurde. Da die Römer nur selten in die Verlegenheit kamen, über vor dieser Gründung liegende Ereignisse zu sprechen, würden sie es bei der Verwendung dieses Systems immer mit positiven Jahreszahlen zu tun haben und so gut wie nie vor dem Problem stehen, vor dem Jahr 1 liegende Jahre zu benennen. Varro studierte die ihm bekannte römische Geschichte und berechnete das Jahr, in dem nach den ihm zur Verfügung stehenden Informationen die Stadt Rom gegründet worden war. Er zählte die Namen der Konsuln, die nach der Überlieferung die Stadt regiert hatten, und die Zahl der Jahre, die jeder dieser Könige in der Geschichte Roms geherrscht hatte. Schließlich ergab sich das Gründungsjahr dieser Stadt. Varro nannte es das Jahr 1 und zählte alle folgenden Jahre von diesem Zeitpunkt an. Man nennt sein System die »römische Zeitrechnung« oder die »Zeitrechnung des Varro«.

Wenn die römischen Schriftsteller die Jahre nach dieser Methode zählten, fügten sie gemeinhin die Abkürzung A. U. C. hinzu, was für *Anno Urbis Conditae* stand – »das Jahr der Stadtgründung«. Varro beispielsweise wurde 637 A. U. C. geboren und starb 726 A. U. C. im Alter von neunundachtzig Jahren. Karl der Große wiederum wurde im Jahre 1553 A. U. C. gekrönt.

Im christlichen Zeitalter gab es jedoch Menschen, die der Meinung waren, die Gründung der Stadt Rom, die in den ersten tausend Jahren ihres Bestehens heidnisch gewesen war, sei nicht der geeignete Zeitpunkt, um den Beginn der Zeitzählung zu markieren. Sie waren der Ansicht, daß die Geburt Jesu das bestimmende historische Ereignis sei und daß das Jahr, in dem Jesus geboren wurde, den Bezugspunkt darstellen sollte.

Das Problem hieran war lediglich, daß das Jahr der Geburt Jesu ungewiß war. In der Bibel werden die Jahre nicht nach der römischen Zeitrechnung gezählt. Doch auch hier gibt es Hinweise, und um das Jahr 525 versuchte ein Mönch namens Dionysius Exiguus, das Jahr der Geburt Jesu zu errechnen.

Im Lukas-Evangelium beispielsweise heißt es, die Geburt Jesu habe zu einem Zeitpunkt stattgefunden, in dem der Kaiser Augustus die Zählung der Bevölkerung seines Reichs angeordnet habe. Weiter heißt es: »Und diese Zählung war die allererste und geschah zu der Zeit, da Cyrenius Landpfleger (Gouverneur) in Syrien war.«

Cyrenius (oder eigentlich Quirinius) war tatsächlich für die militärischen Angelegenheiten in Syrien und Palästina zuständig, und zwar in zwei verschiedenen Zeiträumen während der Herrschaft des Augustus. Augustus regierte von 726 bis 767 A. U. C., und Quirinius nahm das besagte Amt von 747 bis 749 und wieder von 759 bis 762 A. U. C. ein.

Im Matthäus-Evangelium steht, zur Zeit der Geburt Jesu habe Herodes über Judäa geherrscht (natürlich als Marionette Roms). Herodes regierte von 716 bis 749 A. U. C. Der einzige Zeitraum, in dem alle drei genannten Persönlichkeiten (Augustus, Herodes, Quirinius) im Amt waren, waren die Jahre 747 bis 749 A. U. C. Jesus mußte also in diesem Zeitraum geboren sein, wenn die biblischen Informationen stimmten.

Dionysius Exiguus jedoch kam auf das Jahr 753 A. U. C. als Geburtsjahr Jesu, was von der christlichen Welt übernommen wurde. Die Tatsache, daß er sich um mindestens vier Jahre geirrt hatte, wurde erst erkannt, als bereits so viele Menschen sein System benutzten, daß es unmöglich war, es zu ändern.

Wenn wir annehmen, daß Jesus am 25. Dezember 753 A. U. C. geboren wurde, dann ist 754 A. U. C. das Jahr 1, 755 A. U. C. das Jahr 2 und so weiter, bis wir schließlich etwa zum Jahr 1776 (2529 A. U. C. = 1776 + 753) als dem Jahr der amerikanischen Unabhängigkeitserklärung kommen. Um zu zeigen, daß wir die Jahre ab der Geburt Jesu zählen, sprechen wir von 1776 n. Chr. (nach Christi Geburt) oder von A. D. 1776: *Anno Domini,* der lateinische Ausdruck für das »Jahr des Herrn«.

Man kann dieses System als die christliche oder die dionysische Zeitrechnung bezeichnen. Manche Menschen, die nicht dem christlichen Glauben anhängen, ziehen es vor, einfach von »unserer Zeitrechnung« zu sprechen und die entsprechende Abkürzung zu benutzen, so daß es dann etwa 1776 u. Z. heißt. Im Grunde ist dieses System jedoch so weitgehend akzeptiert, daß diese Abkürzungen nur höchst selten verwendet werden – 1776 n. Chr. ist einfach 1776.

Die christliche Zeitrechnung hat einen großen Mangel: Ihr Jahr 1 befindet sich an einem reichlich späten Zeitpunkt der Geschichte. Julius Cäsar und alle Ereignisse vor ihm liegen vor diesem Jahr. So ist es notwendig, auch rückwärts zu zählen. Wenn Cäsar also vierundvierzig Jahre vor 1 n. Chr. ermordet wurde, so wurde er im Jahr 44 v. Chr. (vor Christi Geburt) ermordet. Was die Gründung der Stadt Rom betrifft, so hat sie 753 Jahre vor dem Jahr 1 stattgefunden, also 753 v. Chr. Übrigens wird von jenen, die bei ihrer Zeitrechnung nicht der Geburt Christi gedenken wollen, auch hier eine andere Terminologie verwendet – sie sprechen vom Jahr 753 v. u. Z. (vor unserer Zeitrechnung).

Ein geringfügiger, wenngleich irritierender Mangel dieses

Systems ist die Tatsache, daß man kein Jahr 0 eingeplant hat, um die Zählung der Jahre vor und nach Christus zu trennen. Gäbe es ein Jahr 0, hätte sich das erste Jahrzehnt von 0 bis einschließlich 9 n. Chr. erstreckt, und mit 10 n. Chr. hätte ein neues Jahrzehnt begonnen. Jedes Jahrzehnt würde am 1. Januar eines Jahres mit der Endziffer 0 beginnen, jedes Jahrhundert am 1. Januar eines Jahres mit den Endziffern 00, und jedes Jahrtausend mit einem Jahr mit den Endziffern 000.

Da es jedoch kein Jahr 0 gibt, erstreckt sich das erste Jahrzehnt vom Jahr 1 bis einschließlich 10 n. Chr., und das zweite Jahrzehnt beginnt mit 11 n. Chr. Die Jahrzehnte, Jahrhunderte und Jahrtausende beginnen also am 1. Januar von Jahren, die mit den Ziffern 1, 01 und 001 enden.

In Wahrheit wird das Jahr 2000 n. Chr. also das letzte Jahr des zweiten Jahrtausends sein, und das dritte wird am 1. Januar 2001 beginnen. Man kann jedoch sicher sein, daß die ganze Welt den Beginn des neuen Jahrtausends bereits am 1. Januar 2000 feiern wird. Auch noch so eindringliche Erklärungen, daß die Feier genau ein Jahr zu früh stattfindet, würden daran nichts ändern.

Abgesehen davon kann Jesus nicht später als 749 A. U. C. geboren sein, wenn die Aussagen der Evangelisten Matthäus und Lukas korrekt sind. Das wäre also nicht später als 4 v. Chr., vier Jahre vor seiner eigenen Geburt. Sogar in vielen Ausgaben der Bibel findet man 4 v. Chr. als das Geburtsjahr Jesu.

Die Geschichtsschreibung in der Zeit der römischen Herrschaft führt uns weit zurück ins Altertum. Freilich wurden damals sämtliche Aufzeichnungen von Hand geschrieben, so daß es nur wenige Exemplare der jeweiligen Bücher gab. Manche von ihnen sind gänzlich verlorengegangen.

Die erhalten gebliebenen Dokumente führen uns mit einer gewissen Zuverlässigkeit bis zurück ins Jahr 390 v. Chr. (363 A. U. C.), als ein Trupp Gallier (keltische Barbaren, die in Italien eingefallen waren) Rom eroberte und plünderte. Die Stadt war damals noch recht klein und nicht viel mehr als die Hauptstadt eines Bündnisses aus noch kleineren Nachbarstädten.

Während dieses Barbarenüberfalls wurden die römischen Dokumente fast vollständig zerstört, so daß Hinweise auf frühere Ereignisse der römischen Geschichte teilweise sehr ungenau überliefert sind, teilweise gar nicht mehr nachvollziehbar sind und vielmehr hinzugedichtet wurden. Das ist, nebenbei bemerkt, nicht weiter überraschend. Es gibt beispielsweise Ereignisse der frühen amerikanischen Geschichte, die jedes amerikanische Schulkind und jeder Erwachsene für Tatsachen hält, die aber wahrscheinlich pure Erfindung sind. Das trifft mit Sicherheit auf die hübsche Geschichte von George Washington und dem Kirschbaum zu, höchstwahrscheinlich auch auf die berühmte Rettung des John Smith durch die Häuptlingstochter Pokahontas.

Wenn wir uns dieses vergegenwärtigen, so erhalten wir das Jahr 509 v. Chr. (244 A. U. C.) als das traditionelle Datum der Gründung der römischen Republik. Die Dynastie der sieben Könige, die Rom in den ersten zweieinhalb Jahrhunderten seines Bestehens regierten, kam zu Fall, als der siebte König, Lucius Tarquinius Superbus, gestürzt und in die Verbannung geschickt wurde. Das traditionelle Datum der Gründung Roms – 754 v. Chr. oder 1 A. U. C. – kennen wir bereits.

Reicht die Geschichtsschreibung nun auch in die Zeit vor der Gründung Roms zurück?

Viele Städte berufen sich auf ein traditionelles Datum als Zeitpunkt ihrer Gründung, doch in vielen Fällen hat man dieses Datum absichtlich zurückverlegt – einfach aus dem Grund, daß die Städte älter und verehrungswürdiger erscheinen wollen, als sie tatsächlich sind. Das ist sozusagen eine Frage der Imagepflege, und auch Rom könnte hier keine Ausnahme sein.

Die Stadt Karthago etwa, die große Rivalin Roms im 3. Jahrhundert v. Chr., gab als das traditionelle Datum ihrer Gründung das Jahr 814 v. Chr. an. Damit wäre sie einundsechzig Jahre älter als Rom gewesen. Aber stimmt das tatsächlich? Da wahrscheinlich beide Städte den vorhandenen Zweifel zu ihren Gunsten auslegten, kann man darüber kaum eine Aussage treffen.

Mit Sicherheit befand sich jedoch die Kultur der alten Griechen bereits in ihrer vollen Blüte, als Rom noch eine unbedeutende Siedlung war; und so kann man annehmen, daß sich die griechische Geschichte mit einer gewissen Zuverlässigkeit bis zu einem Zeitpunkt zurückverfolgen läßt, der beträchtlich über den Rahmen der römischen Geschichte hinausreicht.

Die Griechen lebten nicht in einem politisch vereinten Staat, sondern in vielen unabhängigen Stadtstaaten, die verstreut an den Küsten und auf den Inseln des Mittelmeers und des Schwarzen Meers lagen. Jeder Stadtstaat hatte seine eigenen Gebräuche, seine eigenen Legenden, seine eigenen Lebensgewohnheiten. All diese verschiedenen Elemente waren ein Teil der wunderbaren Vielfalt griechischer Kultur, die trotz ihrer Mängel noch heute von manchen für die reizvollste gehalten wird, die es jemals auf der Erde gegeben hat.

Drei Dinge waren allen griechischen Städten gemein: die griechische Sprache, die Epen Homers und die Olympischen Spiele. Die Olympischen Spiele fanden alle vier Jahre statt, und ihre Bedeutung war so groß, daß während der Zeit der Spiele sogar Kriege unterbrochen wurden, damit man sie in Frieden abhalten konnte. Heute ist das anders: Wenn ein großer Krieg tobt, läßt man die Olympischen Spiele nicht stattfinden, damit der Krieg ungestört weitergehen kann – nur einer der Aspekte, die unsere Kultur weniger reizvoll machen als die der alten Griechen.

Mit der Zeit benutzte man die Olympischen Spiele als Mittel zur griechischen Zeitrechnung. Man zählte die Jahre in Vierergruppen, die man *Olympiaden* nannte; ein Jahr war dann das erste, zweite, dritte oder vierte einer bestimmten Olympiade.

Haben verschiedene Berichterstatter über ein bestimmtes Ereignis geschrieben und dabei verschiedene Zeitrechnungen benutzt, so kann man die Zeitrechnungen vergleichen. Wenn Julius Cäsar beispielsweise laut eines römischen Autors im Jahre 709 A. U. C. ermordet wurde und laut eines griechischen Autors im ersten Jahr der 183. Olympiade, kann man eine Formel ausarbeiten, mit der man jedes römische Datum in ein griechisches umrechnen kann und umgekehrt.

Die griechische Geschichtsschreibung wird allgemein bis ins Jahr 600 v. Chr. (153 A. U. C.) für relativ zuverlässig gehalten. Zum Beispiel weiß man, daß der griechische Politiker Solon 594 v. Chr. *Archon* (Herrscher) von Athen wurde und begann, die Gesetzgebung der Stadt zu reformieren.

Ungefähr um 750 v. Chr. übernahmen die Griechen ein Schriftsystem von den Phöniziern; vor diesem Zeitpunkt gab es nur mündliche Überlieferungen. Spätere griechische Geschichtsschreiber versuchten, die Geschichte soweit wie möglich zu rekonstruieren und errechneten das Jahr 776 v. Chr. als das Jahr der ersten Olympischen Spiele. Das wäre dreiundzwanzig Jahre vor der Gründung Roms gewesen.

Der Trojanische Krieg, das Thema von Homers *Ilias,* könnte ungefähr um 1200 v. Chr. stattgefunden haben. Dieses zweifelhafte Datum ist auch der entfernteste Zeitpunkt, bis zu dem wir die Geschichte in Verbindung mit der griechischen Kultur zurückverfolgen können.

Es gab jedoch noch frühere Kulturen als die griechische, die ein Schriftsystem besaßen. Da die Griechen ihre Schrift von den Phöniziern übernahmen und überdies großen Respekt vor der ägyptischen und babylonischen Zivilisation hatten, müssen diese drei Völker schon vor den Griechen eine Schrift entwickelt haben.

Die einzige Quelle über die Geschichte des Altertums, zu der die Gelehrten des europäischen Mittelalters Zugang hatten, war die Bibel. Auch sie schien darauf hinzuweisen, daß die ägyptische und die babylonische Geschichte weit hinter die Zeit der griechischen Hochblüte zurückreichte.

Es gab sogar Überbleibsel der Geschichtsschreibung dieser Epochen, zum Beispiel ägyptische Inschriften auf alten Bauwerken und Denkmälern, die noch im Land zu finden waren. Im Gebiet des alten Babylon fand man Inschriften in gebranntem Ton. Die ägyptische Schrift nannte man *Hieroglyphen* (nach dem griechischen Wort für »heilige Inschriften«, weil man sie so oft in den alten Tempeln fand). Die babylonische Schrift wiederum taufte man *Keilschrift:* Die alten Babylonier benutzten einen Griffel, der auf dem weichen Ton keilförmige Zeichen hinterließ.

Zweifellos konnten Inschriften in Hieroglyphen und in Keilschrift vielfältige Informationen über die vor der griechischen Zeit liegende Geschichte vermitteln. Man stand jedoch lange Zeit vor dem Problem, zwar die lateinischen und griechischen Schriften lesen, die Hieroglyphen und die Keilschrift aber in keiner Weise entziffern zu können.

Ein Wendepunkt kam mit dem Jahr 1798, als der damalige französische General Napoleon Bonaparte (1769–1821) eine seiner riskantesten Operationen durchführte. Er leitete trotz der übermächtigen britischen Seestreitkräfte eine Expedition nach Ägypten und schaffte es auch, seine Armee ins Land zu bringen und schließlich selbst wieder nach Frankreich zurückzukehren. Der größte Teil dieser Armee blieb jedoch in Ägypten, entweder während des Krieges gefallen oder in britischer Kriegsgefangenschaft.

Während die Armee nun in Ägypten war, stieß einer ihrer Pioniere mit Namen Bouchard (vielleicht auch Boussard, man weiß sonst nichts über ihn) auf ein Fragment eines schwarzen Basaltsteins, das 114 cm lang und 72 cm breit war. Die Ecken waren abgeschlagen. Der Fundort lag in der Nähe der ägyptischen Stadt Raschid, fünfzig Kilometer von Alexandria entfernt. Die Europäer nannten diese Stadt Rosette, so daß das Objekt als »Stein von Rosette« in die Geschichte einging.

Auf dem Stein befand sich eine an sich nicht sonderlich interessante Inschrift mit dem Datum des Jahres 196 v. Chr., also des neunten Jahres der Regierung des ägyptischen Königs Ptolemäus V. (210–181 v. Chr.). Es war eine der typischen Danksagungen an einen Herrscher, um ihn in guter Stimmung zu halten und noch mehr Geld aus ihm herauszuholen.

Von Bedeutung war allerdings die Tatsache, daß die Inschrift dreimal wiederholt wurde: in Griechisch, in ägyptischen Hieroglyphen, und in der ägyptischen Schrift Demotisch, einer einfacheren Form der Hieroglyphen. Man nahm an, daß jede der drei verschiedenen Schriften dieselbe Botschaft übermittelte, so daß alle Völker Ägyptens sie verstehen konnten. Die griechische Botschaft konnte jeder des Griechischen mächtige Gelehrte ohne Schwierigkeiten lesen. Das Problem war nun, herauszufinden, welches (oder welche) ägyptischen Zeichen den einzelnen griechischen Wörtern entsprachen. Damit konnte der Stein von Rosette eine Art griechisch-ägyptisches Wörterbuch werden, mit dem endlich das Entziffern der Hieroglyphen möglich wurde. Es gibt im Englischen sogar eine Redensart, in der der Stein als Symbol für einen Schlüssel zu einem bislang unlösbaren und verwirrenden Phänomen verwendet wird.

Das Entziffern des Ägyptischen war also möglich, aber nicht einfach. Es dauerte Jahre, bis diese Aufgabe gelöst war. Nachdem die französische Armee in Ägypten kapitulieren mußte, fiel der Stein den Briten in die Hände und wurde ins Britische Museum gebracht. Dort beschäftigten sich Gelehrte aus aller Herren Länder mit ihm.

Im Jahre 1802 hatte der schwedische Forscher Johan David Akerblad die Idee, sich an die Ägypter selbst zu wenden. Im Jahre 640 war Ägypten von islamischen Armeen eingenommen worden, und die Ägypter waren gezwungen, allmählich vom Christentum zum Islam zu konvertieren, ihre eigene traditionelle Sprache aufzugeben und das Arabische zu übernehmen.

Doch in Ägypten lebte immer noch ein kleines Volk, das am Christentum festhielt und das man die Kopten – eine Verballhornung von »Ägypten« – nennt. Die koptische Sprache ist vom alten Ägyptisch abgeleitet. Indem Akerblad nun die griechische Inschrift und sein Wissen über das Koptische anwandte, gelang es ihm, einige Sätze der demotischen Inschrift auf dem Stein von Rosette zu übersetzen.

1814 widmete sich der englische Forscher Thomas Young (1773–1829) derselben Aufgabe. Er gelangte zu der Auffassung, daß bestimmte Hieroglyphen auf dem Stein die Namen des Königs Ptolemäus und der Königin Kleopatra darstellen mußten, da ihre ovale Umrahmung sie besonders bedeutsam zu machen schien. Aufgrund dieser Annahme (die sich später bestätigte) erarbeitete er die Bedeutung einer größeren Anzahl von Symbolen in den Hieroglyphen.

1821 war es der französische Sprachforscher Jean François

Champollion (1790—1832), der einen weiteren Fortschritt erzielte. Er erkannte als erster, daß manche der Hieroglyphen Buchstaben, andere Silben und wieder andere Wörter darstellten. Es war eine außerordentlich komplizierte Sprache, aber als Champollion seine Arbeit beendet hatte, war der schwierigste Teil der Aufgabe erfüllt. Andere Wissenschaftler entzifferten später weitere Einzelheiten, und mit der Zeit öffnete sich ihnen die ganze Welt der ägyptischen Inschriften.

Ähnliches gilt für die Entzifferung der Keilschrift. Der persische König Darius I. (558—486 v. Chr.) hatte seinen Thron im Jahre 521 v. Chr. mit zweifelhaften Methoden gewonnen. Zum Zwecke der Öffentlichkeitsarbeit ließ er auf einen Felsabhang nahe der heute zerstörten Stadt Behistun (oder Bisitun) im westlichen Iran eine Inschrift einmeißeln. Sie beschrieb in allen Einzelheiten die mit Darius endende Thronfolge, so wie der König sie selbst sah. Die Inschrift befand sich in mittlerer Höhe auf dem Felsen, hoch genug, um gesehen zu werden, ohne daß man sie zerstören konnte. Außerdem wurde sie in drei verschiedenen Sprachen angebracht, die sich der Keilschrift bedienten – in Altpersisch, Assyrisch und Elamitisch –, so daß möglichst viele Einwohner des vielsprachigen Reiches sie verstehen konnten. Altpersisch hatte man mit Hilfe des heutigen Persisch entziffern können. Auf seiner Grundlage war es möglich, auch den assyrischen und elamitischen Teil der Inschrift zu übersetzen.

Mit dieser Aufgabe befaßte sich der englische Archäologe Henry Creswicke Rawlinson (1810—1895). Um die Inschriften vor Augen zu haben, mußte er sich an einem Seil vom oberen Rand des Felsens hinunterlassen, hundertfünfzig Meter über dem Erdboden. Er brauchte Jahre, um die Botschaft vollständig abzuschreiben, aber 1847 konnte er sich endlich damit beschäftigen, die Sprachen zu entziffern.

Diese Entdeckung führte schließlich zur Entschlüsselung aller Keilschriften, und der Weg der Wissenschaft zur Erforschung der langen Geschichte Mesopotamiens – des Zweistromlands zwischen den Flüssen Euphrat und Tigris – war frei.

Heute wissen wir, daß Ägypten unter Thutmosis III. am

mächtigsten war. Dieser Pharao regierte von 1504 bis 1450 v. Chr., beinahe drei Jahrhunderte vor dem Trojanischen Krieg. Die Pyramiden wurden weitere tausend Jahre früher, um das Jahr 2400 v. Chr., erbaut, und um 2850 v. Chr. war es Narmer, der Ägypten zum ersten Mal einte und zu einem mächtigen Königreich machte. Die Zeitspanne von der Einigung Ägyptens bis zu dem griechischen Philosophen Sokrates (470–399 v. Chr.) entspricht damit der von Sokrates bis zum heutigen Tag.

Was das Zweistromland betrifft, so wurde es vor der Eroberung durch die Perser von den Chaldäern beherrscht. Einer der mächtigsten chaldäischen Monarchen war Nebukadnezar, der von 605 bis 562 v. Chr. regierte. Vor den Chaldäern kamen die Assyrer, die ihre Hochblüte unter dem von 681 bis 669 v. Chr. regierenden Assarhaddon erlebten. Und lange vor dieser Zeit erreichte die babylonische Kultur unter dem von 1953 bis 1913 v. Chr. herrschenden Hammurabi ihren Höhepunkt. Die früheste der großen Kulturen dieser Region war die sumerische. Sie hatte ihre Hochblüte unter Sargon von Akkade, der von 2414 bis 2358 v. Chr. regierte.

Nach den heutigen Erkenntnissen scheinen es die Sumerer gewesen zu sein, die um 3100 v. Chr. die Kunst des Schreibens erfunden haben. Um 3000 v. Chr. hatte sich diese Fähigkeit nach Elam im Osten und nach Ägypten im Westen ausgebreitet. Um 2200 v. Chr. hatte sie Kreta erreicht, 2000 v. Chr. Indien und 1500 v. Chr. die Hethiter. In China hat man die Schrift vielleicht unabhängig entwickelt, jedoch nicht vor 1300 v. Chr. Auch die Mayas im südlichen Mexiko erfanden eine Schrift, doch wiederum erst zweitausend Jahre später.

Wenn die Schrift also ein unerläßlicher Schlüssel für unseren Zugriff auf die Geschichte ist, so kann man sagen, daß die Geschichte ungefähr um 3100 v. Chr. beginnt, also vor fünftausend Jahren. Sie hat jedoch in einem kleinen Gebiet nahe der Mündung von Euphrat und Tigris begonnen, das nun im Südosten des Irak liegt. Die Geschichtsschreibung hat sich langsam ausgebreitet und später neue Anfänge in China und, noch später, im Süden Mexikos gefunden. Erst in der Neuzeit erfaßt die Geschichte den gesamten Erdball.

Wir müssen jedoch das Prinzip der Evolution in Betracht ziehen. Bevor die Schrift in Gebrauch kam, muß es einige Jahrhunderte lang Vorläufer gegeben haben – eine Periode, in der Bilder oder Muster verwendet wurden, um das menschliche Denken zu leiten. So hatten beispielsweise die in den peruanischen Anden lebenden Inkas vor der Zeit des Kolumbus noch keine Schrift entwickelt, benutzten aber ein kompliziertes System farbiger Schnüre mit Knoten, um Informationen verschiedener Art festzuhalten. Hier war eindeutig ein Schriftsystem im Entstehen begriffen.

Auch ohne die Entwicklung einer eigenen Schrift besaßen die Inkas eine hohe und reibungslos funktionierende Zivilisation. Dasselbe muß auch auf die Mayas zutreffen, bevor sie ihre Schrift entwickelten, und auf die Chinesen, die Ägypter und die Sumerer.

Wo, könnten wir also fragen, liegt nun der Ursprung der Zivilisation?

3.

DIE ZIVILISATION

Bis vor wenigen Jahrhunderten war das Alte Testament die einzige Quelle, die die christliche Welt für Informationen über die frühesten Epochen der Menschheit besaß. Ein großer Teil dieser Schrift bestand aus einer Reihe von Dokumenten, die sich mit rituellen und ethischen Einzelheiten bei der Verehrung des Gottes Jahwe befaßten. Da das Volk von Israel und Juda die wichtigsten Gläubigen dieses Gottes stellte, enthält das Alte Testament auch historische Dokumente, die von diesen Völkern und ihren nächsten Nachbarn handeln.

Diese historischen Teile sind offenbar der zeitgenössischen weltlichen Geschichtsschreibung entnommen. Zwar sind sie vom religiösen Standpunkt ihrer Autoren geprägt, doch scheinen sie relativ zuverlässig zu sein, wenn man die Wunder und Moralpredigten außer acht läßt. Das Buch Samuel und das Buch der Könige könnten sogar die frühesten historischen Schriften von wirklicher Güte darstellen, die wir besitzen. Auf jeden Fall reichen sie mehrere Jahrhunderte weiter zurück als die Werke des griechischen »Stammvaters« der Geschichtsschreibung, des Herodot (485–430 v. Chr.).

Die größte Schwierigkeit beim Umgang mit der Geschichte des Alten Testaments ist, daß es keine Daten im heutigen Sinne liefert – keine, die von einem bestimmten Anfang ausgehen. Es enthält jedoch *Zeiträume,* wie lange ein bestimmter König regierte, wie alt ein Mann war, als er einen Sohn zeugte, wie viele Jahre von einem Ereignis zum anderen verstrichen waren. Darüber hinaus berichten manche biblischen Passagen über Ereignisse, mit denen sich auch andere Historiker des Altertums beschäftigt haben. Diese wiederum haben Daten im Rahmen von Zeitrechnungen geliefert, die wir mit der unseren in Beziehung setzen können.

Das bedeutet, daß wir bei einigen festen Daten beginnen und dann vorsichtig zurückgreifen können, bis wir vielleicht zum Jahr der Ereignisse kommen, mit denen das Alte Testament beginnt. So etwas hat bereits vor relativ langer Zeit der aus Irland stammende anglikanische Bischof James Ussher (1581–1656) versucht. Wie Varro die frühen Legenden der römischen Geschichte untersucht und wie Dionysius Exiguus biblische Hinweise auf die Geburt Jesu betrachtet hatte, so spürte Ussher den legendenhaften Erzählungen in den Büchern Mose nach. Er berechnete die wahrscheinlichen Daten aller in der Bibel geschilderten Ereignisse; und diese Daten stehen heute noch in vielen Ausgaben der englischen King-James-Bibel (auch in meiner eigenen).

Das wohl früheste Ereignis in der Bibel, für das man mit gewisser Sicherheit ein Datum angeben kann, ist die Thronbesteigung des Saul, des ersten Königs von Israel. Bei der Berechnung dieses Datums kann man allgemeine historische Fakten einbeziehen, die sich nicht allein auf die Bibel stützen. Die übliche Schätzung ist, daß Saul den Thron um das Jahr 1020 v. Chr. bestiegen hat, als Ägypten und Assyrien eine Zeit des Niedergangs erlebten. Aus diesem Grund konnte David (1043–973 v. Chr.), der Nachfolger Sauls, ein Reich aufbauen, das die gesamte Ostküste des Mittelmeers umfaßte. Sobald Assyrien seine alte Stärke wiedergewonnen hatte, war diese kurze Zeit der israelitischen Vorherrschaft beendet.

Ussher allerdings hat das Jahr von Sauls Thronbesteigung auf 1095 v. Chr. berechnet.

Vor Saul ist alles Legende, und wir haben keine eindeutigen Ereignisse, die auch außerhalb der Bibel erscheinen. Da ist zum Beispiel die Zeit der Richter, die im Buch der Richter beschrieben wird. Die verschiedenen jüdischen Stämme, die lose verbündet waren, hatten das Land Kanaan eingenommen. Die Griechen nannten diese Region später Palästina, nach den Philistern, die die südöstliche Küste bewohnten. Die jüdischen Stämme bekämpften einander und waren daher häufig unter fremder Herrschaft, die durch das Auftauchen eines starken Führers (eines »Richters«) in dem einen oder anderen Stamm beendet werden konnte.

Die Bibel überliefert die Anzahl der Jahre, die die verschiedenen Richter regierten. Ussher nahm an, daß sich diese Führer ablösten, und berechnete daher, daß diese Epoche dreihundertdreißig Jahre dauerte und 1425 v. Chr. begann. Die heutige Geschichtsforschung ist der Ansicht, daß die Richter unterschiedliche Stämme regierten und daß die Zeiten ihrer Herrschaft sich wahrscheinlich überschnitten. Man schätzt daher, daß die Zeit der Richter womöglich nur hundertachtzig Jahre gedauert und um 1200 v. Chr. begonnen hat.

Ussher verlegt die Eroberung Kanaans unter dem legendären Josua in die Zeit von 1451 bis 1425 v. Chr. Es ist jedoch viel wahrscheinlicher, daß sie von 1230 bis 1200 v. Chr. stattgefunden hat, kurz vor dem Trojanischen Krieg.

Immerhin befand sich das ägyptische Reich zwischen 1451 und 1425 v. Chr. immer noch in der Zeit seiner Hochblüte und hatte Kanaan und die angrenzenden Gebiete fest unter Kontrolle. Irgendwelche Wüstenstämme hätten keinerlei Chancen gehabt, auch nur einen Teil Kanaans zu erobern. Zwischen 1230 und 1200 v. Chr. jedoch befand sich das ägyptische Reich in einem raschen Niedergang, und die Eroberung wäre tatsächlich möglich gewesen.

Ussher verlegt den Auszug aus Ägypten in das Jahr 1491 v. Chr.; doch wenn er überhaupt stattgefunden hat, muß das um 1237 v. Chr. gewesen sein. Dies war das Ende der Regierung des Pharao Ramses II., als Ägypten zunehmend in Schwierigkeiten geriet und kurz vor dem Einfall der »Völker des Meeres« stand, die das Reich um ein Haar dem Chaos preisgegeben hätten.

Laut Ussher ist der legendäre Abraham 2126 v. Chr. nach Kanaan gelangt. Zu einem Zeitpunkt, in dem das Römische Reich die christliche Religion noch nicht übernommen hatte, versuchten übrigens einige Christen, eine neue Zeitrechnung einzuführen. Sie sollte zeigen, daß die christliche Geschichte älter war als die des stolzen Rom und Griechenlands. Man entwarf also eine Zeitrechnung, die im Jahre 2016 v. Chr. mit Abraham begann. Dieses Datum lag mehr als ein Jahrhundert später als jenes, das Ussher berechnen sollte. Im übrigen wurde diese Zeitrechnung immer nur von einer kleinen Zahl von Menschen verwendet.

Die Sintflut, die nach der Bibel die ganze Erde verwüstete,

hat Ussher in das Jahr 2349 v. Chr. verlegt. Das wäre ungefähr die Zeit, in der Sargon von Akkade sein Reich errichtete, ohne irgendeine Flut zu bemerken, und einige Zeit nach der Errichtung der Pyramiden. Auch in den ägyptischen Überlieferungen, die diesen Zeitraum ohne Unterbrechung abdekken, existieren keine Hinweise auf irgendeine weltweite Flut.

Es gibt Hinweise, daß eine große Flut das Zweistromland überschwemmte, doch sie fand um 2800 v. Chr. statt. Alle Flußsysteme sind gelegentlichen Fluten ausgesetzt, so zum Beispiel auch die amerikanischen Ströme Missouri und Mississippi. Natürlich war es ein lokales, auf das Flußtal begrenztes Ereignis, doch es war so gewaltig, daß die sumerischen Überlebenden, erschrocken über die Größe der Naturkatastrophe im einzigen Teil der Erde, den sie kannten, es als weltweit auffassen und auch so darüber berichten konnten.

Die Flut fügte der Zivilisation jener Zeit einen Schlag zu, der kaum zu übertreffen war. Sie zerstörte wahrscheinlich den größten Teil der Dokumente, und die Sumerer erfanden phantastische Legenden für die Zeit vor der Flut – etwa Geschichten von Königen, die Zehntausende von Jahren regierten. Die frühesten Teile der Bibel wurden zu einer Zeit verfaßt, als die Juden sich in babylonischer Gefangenschaft befanden (586–539 v. Chr.). Die Autoren nahmen daher die babylonische Version der frühen Geschichte auf, einschließlich der Geschichte von der weltweiten Flut.

Vor diesem Ereignis berichtet die Bibel von den »vorsintflutlichen« Patriarchen, deren Leben jeweils beinahe tausend Jahre umspannt; eine Art schwaches Echo auf die Aufzählung der vorsintflutlichen Könige der Sumerer mit ihrer wesentlich höheren Lebensdauer. Rechnet man das überlieferte Alter jedes Patriarchen bei der Geburt seines ältesten Kindes zusammen, kann man zu dem Datum gelangen, an dem Adam und Eva entstanden und die Schöpfung stattfand.

Die jüdischen Gelehrten haben das Jahr der Schöpfung auf 3760 v. Chr. gelegt, mit diesem Datum beginnt die religiöse Zeitrechnung der Juden. Man nennt sie die weltliche jüdische Zeitrechnung – »weltlich«, weil sie die Jahre ab der Schöpfung der Welt zählt.

Ussher berechnet das Datum der Schöpfung auf das Jahr 4004 v. Chr., genau viertausend Jahre vor der Geburt Jesu. Ich bezweifle, daß das Zufall ist. Ussher hat wahrscheinlich einige der weniger gut zu berechnenden Daten angepaßt, um mit einem so passenden Ergebnis aufwarten zu können.

Bis zum 19. Jahrhundert akzeptierte die christliche Welt, sogar die Historiker und Wissenschaftler, daß 4004 v. Chr. das Datum des Ursprungs des Universums war. Würden wir dieser weltlichen christlichen Zeitrechnung folgen, so wären die Erde und das Universum keine sechstausend Jahre alt.

Man könnte sich nun fragen, ob ein solches Datum für den Anfang aller Dinge überhaupt plausibel sein kann. Schließlich liegen alle geschichtlichen Überlieferungen, auch die der Sumerer, in diesem Zeitraum von sechstausend Jahren. Freilich spricht die Bibel davon, daß der Mensch schon zum Zeitpunkt der Schöpfung voll ausgebildet, voll entwickelt und mit voller Intelligenz ausgestattet war – und daß er sich unter göttlicher Obhut befand. Unter diesen Umständen hätte es natürlich nicht länger als neunhundert Jahre dauern müssen, um von der Schöpfung bis zu der ziemlich fortgeschrittenen sumerischen Kultur zu gelangen, die in der Lage war, die Schrift zu erfinden.

Natürlich waren die zivilisierten Völker immer von noch nicht zivilisierten »Barbaren« umgeben. Noch im 19. Jahrhundert fanden die Europäer in verschiedenen Teilen der Welt »primitive«, des Schreibens nicht mächtige Völker. Diese Tatsache mußte die Auffassung von einer sechstausendjährigen Welt jedoch nicht notwendigerweise erschüttern.

Die Europäer waren nur zu gern bereit, die Minderwertigkeit und Degeneration anderer Völker zu konstatieren, was durchaus unrichtig war. Viele Völker waren zivilisiert, als die Vorfahren der Europäer selbst noch Barbaren waren; und Völker, die man für Barbaren hält, können Kinder gebären, die nach entsprechender Ausbildung große Dinge vollbringen.

Betrachten wir also die Menschheit, ohne die biblische Geschichte wörtlich zu nehmen; und versuchen wir, einfach nur danach zu urteilen, was wir beobachten und ableiten können.

Entstehung des modernen Menschen

Geschichtliche Zeit	1990		
	1.000	Buchdruck mit beweglichen Typen	
	0 (A.D. 1)	Geburt Jesu	
	1.000 v. Chr.	Eisenzeit	
	2.000 v. Chr.	Pyramiden	
	3.000 v. Chr.	Bronzezeit	
		Beginn der Geschichte / der Schrift	
	4.004 v. Chr.	Jahr der Schöpfung laut Chronologie des Bischofs Ussher	
Steinzeit Vorgeschichte	10.000 v. Chr.	Beginn der Zivilisation Beginn des Ackerbaus	
	30.000 v. Chr.	Cro-Magnon-Mensch	
	40.000 v. Chr.	Homo sapiens sapiens – der moderne Mensch	
	100.000 v. Chr.	Homo sapiens neanderthalensis	Hominiden
	250.000 v. Chr.		
	1,5 M'J/o*	Homo erectus	Java-Mensch Peking-Mensch
Weder Affe noch Mensch		Homo habilis	Ursprung des modernen Menschen
	2 M'J/o		
	3 M'J/o		
	4 M'J/o	Australopithecus robustus africanus afarensis (›Lucy‹)	

* Millionen Jahre vor heute

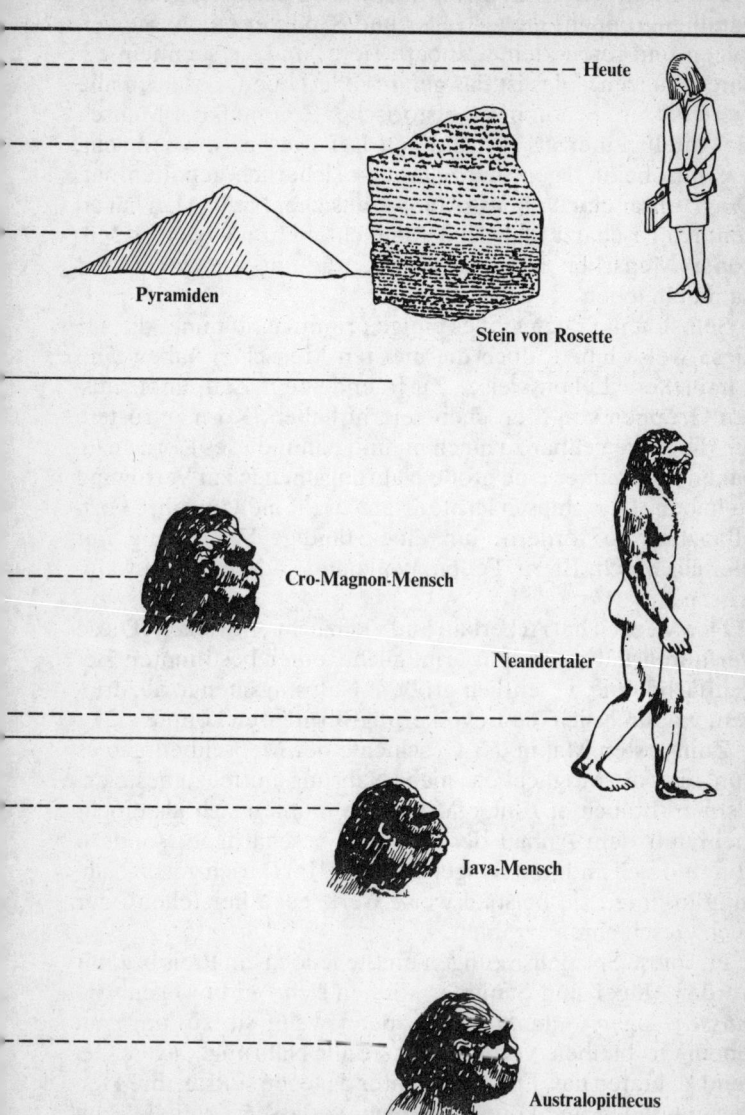

Heute

Pyramiden

Stein von Rosette

Cro-Magnon-Mensch

Neandertaler

Java-Mensch

Australopithecus

Die einfachste Form menschlicher Organisation ist die von Familiengruppen, die als Jäger und Sammler leben. Sie verfolgen und töten kleine, eßbare Tiere, und sie sammeln eßbare Pflanzen. Dies ist das gefahrvolle Leben, das auch alle Tiere führen. Schon in prähistorischer Zeit muß der Mensch viel intelligenter als die anderen Lebewesen gewesen sein, was ihm beim Jagen und Sammeln sicherlich geholfen hat. Doch es war eine Lebensform, die unsicher blieb. Man hat eigentlich geschätzt, daß die Erde nicht mehr als zwanzig Millionen Menschen ernähren könnte, die nur vom Jagen und Sammeln leben.

Selbst heute noch gibt es einige primitive Stämme, die auf diese Weise leben, doch die meisten Menschen haben eine komplexere Lebensweise. Zu irgendeinem Zeitpunkt müssen Gruppen von Menschen gelernt haben, Korn zu rösten, um die Ähren eßbar zu machen, und dann, dieses Korn anzubauen, um immer eine große Nahrungsmenge zur Verfügung zu haben. Der Mensch lernte, Tiere zu zähmen und ihre Fortpflanzung zu fördern, um eine ständige Versorgung mit Fleisch, Milch, Eiern, Fellen, Wolle und anderem zu gewährleisten.

Der Mensch hat Ackerbau und Viehzucht entwickelt. Diese Verfahren haben es ihm ermöglicht, einer bestimmten Bodenfläche eine wesentlich größere Nahrungsmenge abzuringen, wodurch sich die Bevölkerung vermehren konnte.

Zum ersten Mal in der Geschichte der Menschheit gab es nun auch die Möglichkeit, mehr Nahrungsmittel zu besitzen, als man brauchte. Einige Menschen mußten sich also nicht mehr mit dem Anbau der Nahrung beschäftigen, sondern konnten sich anderen Dingen widmen. Im Tausch gegen Nahrung konnten sie beispielsweise Werkzeuge herstellen oder auch Geschichten erzählen.

Für diese Spezialisierungen mußte jedoch ein Preis bezahlt werden. Jäger und Sammler können sich frei bewegen. Sie *müssen* sogar umherwandern, denn wenn sie zu lange an einem Ort bleiben, verbrauchen sie alle Nahrung, die die Gegend zu bieten hat. Die Viehzüchter dagegen sind an ihre Herden gebunden und können sie nicht verlassen. Und die Bauern können sich überhaupt nicht bewegen, da sie in der Nähe ihrer Anbaufläche bleiben müssen. Darüber hinaus müssen sie ihre Nahrungsquelle vor den Jägern und Sammlern schützen, die sich ansonsten an den ungewöhnlichen Vorräten bedienen würden, die Viehzüchter und Bauern durch mühsame Arbeit geschaffen haben. Letztere müssen sich also an festen Orten zusammenfinden, in enger Nachbarschaft, um bei den Verteidigungsanstrengungen zusammenarbeiten zu können. Sie müssen einen passenden Ort mit ausreichender Wasserversorgung auswählen, möglichst auf einer Anhöhe gelegen und vielleicht auch hinter Mauern, um die Verteidigung zu erleichtern.

Ferner erfordert die neue Lebensform Vorausplanung, die Bereitschaft, monatelang ohne sofortiges Ergebnis hart zu arbeiten, nur in Erwartung einer schließlich günstigen Ernte. Sie erfordert auch die Zusammenarbeit von einzelnen und von Gruppen, da der Anbau im allgemeinen nicht ohne Bewässerung aus einem naheliegenden Fluß durchgeführt werden kann. Bewässerung jedoch funktioniert nur dann, wenn ein System aus Gräben und Dämmen gebaut und instand gehalten wird.

Um diese Zusammenarbeit und eine Entscheidungsfindung zu ermöglichen, müssen Gruppen von Menschen Herrscher wählen, sowohl auf weltlichem wie auf spirituellem Gebiet. Ein Herrscher kann ihnen natürlich auch aufgezwungen werden. Sie müssen Soldaten unterhalten und Steuern bezahlen. Alles in allem ist eine von Ackerbau und Viehzucht abhängige Gesellschaft *wesentlich* komplexer als eine Gesellschaft von Jägern und Sammlern.

Sie ist im ganzen gesehen auch sicherer und bietet eine größere Vielfalt, doch gibt es immer jene, die sich nach der idealisierten Einfachheit des Jagens und Sammelns zurücksehnen. Diese Sehnsucht hat die Legenden von einem »goldenen Zeitalter« hervorgebracht, das man in längst vergangene Zeiten verlegte. Dazu gehört nicht zuletzt die Geschichte von Adam und Eva, die in einem idyllischen Garten Eden Früchte sammeln, bis sie in ein Leben mit Ackerbau und Viehzucht verstoßen werden.

Das Kennzeichen der neuen Gesellschaft jedenfalls war die Stadt. Sie war zuerst klein und einfach, wurde jedoch größer und komplexer, als die Bevölkerung wuchs und Wohlstand erwarb. Das lateinische Wort *Civitas* bedeutet »Stadt«, und ein *Civis* ist ein »Stadtbewohner« oder »Bürger«. Wenn sich Menschen also in Städten versammeln, sind sie *zivilisiert* und stellen eine *Zivilisation* dar. Eine Zivilisation muß nicht unbedingt eine Schrift besitzen, aber sie macht eine Schrift mit der Zeit unvermeidlich. Wenn die Zivilisation komplexer wird, wird ein Schriftsystem notwendig, auch wenn es nur darum geht, die Erntemenge aufzuzeichnen, Steuern zu berechnen, Belege aufzulisten, für die Zusammenarbeit nötige Botschaften hin- und herzusenden.

Jede Gesellschaft, die eine Schrift entwickelt hat, ist zu diesem Zeitpunkt eine recht fortgeschrittene Zivilisation gewesen. Gesellschaften von Jägern und Sammlern sind zu einfach, um einer Schrift zu bedürfen; und eine Gesellschaft wird sich nicht die beträchtliche Mühe machen, ein Schriftsystem zu entwickeln, wenn sie nicht dazu getrieben wird.

Wir müssen also annehmen, daß die Sumerer, die 3100 v. Chr. eine Schrift erfanden, zuerst Ackerbau und Viehzucht eingeführt haben. Sie müssen im Tal von Euphrat und Tigris ein Bewässerungssystem entwickelt haben und Regierungen, die sich mit den weltlichen wie den religiösen Angelegenheiten befaßten (nach Ansicht der frühen Bauern erforderte ein erfolgreicher Ackerbau eine große Zahl von Opfern für die wankelmütigen Götter). Ferner müssen sie eine ausgebildete Armee mit Rüstungen und Waffen gehabt haben, Wagen zum Transport und so weiter.

All dies braucht Zeit. Es ist nicht so, daß eines Tages ein Sumerer aufgewacht wäre und gesagt hätte: »Meine Güte, mir ist gerade eingefallen, daß wir Getreide anbauen sollten. Wir sollten also erst mal ein Bewässerungssystem entwerfen.«

Statt dessen muß sich alles in unzähligen kleinen Schritten entwickelt haben, mit Aufbrüchen und Rückschritten, mit erfolgreichen und mit mißlungenen Versuchen. Damit ist natürlich klar, daß die neunhundert Jahre, die zwischen Usshers Schöpfungsdatum und der Erfindung der sumerischen Schrift liegen, bei weitem nicht ausreichen. Wir können nicht erwarten, daß sich in neunhundert Jahren eine Zivilisation entwikkeln kann, die komplex genug ist, um den Menschen ein Schriftsystem aufzuzwingen.

Uns erscheint das ganz logisch, da wir wissen, wie langsam und zaghaft sich jede evolutionäre Entwicklung vollzieht. Man denke nur daran, wie lange die Bürger der Vereinigten Staaten gebraucht haben, um die Abschaffung der Sklaverei zu vollbringen, oder daran, daß es seither immer noch nicht gelungen ist, zu vermeiden, andere Menschen wegen ihrer Hautfarbe oder ihrer Sprache zu diskriminieren.

Ich glaube, daß die Langsamkeit der Evolution auch den Menschen des Altertums bewußt war. Damals schienen alle Menschen zu glauben, daß der Mensch nicht nur von Göttern erschaffen worden sei, sondern daß es auch die Götter waren, die ihm die Zivilisation geschenkt hatten. Es schien einfach nicht genug Zeit oder genug menschliche Fähigkeiten (oder beides) gegeben zu haben, um all das ohne göttliche Hilfe zu vollbringen.

Der griechischen Mythologie zufolge hat beispielsweise Prometheus der Sonne ihr Feuer gestohlen und es den Menschen gebracht; Athene gab der Menschheit das Geheimnis des Anbaus von Ölbäumen und die Kunst des Webens preis; Demeter schenkte die Technik des Ackerbaus, Poseidon das Schlachtroß, Apollo die Künste und so weiter.

In der Bibel ist Adams ältester Sohn Kain bereits ein Bauer, der zweite Sohn Abel ein Viehzüchter (Hirte). Wie hatten die beiden Ackerbau und Viehzucht gelernt? In der Bibel steht darüber nichts, aber es scheint klar zu sein, daß Gott es ihnen beigebracht hat.

Auch in unserer heutigen materialistischen Zeit ist es schwierig, zu glauben, daß die alten Völker all ihre Leistungen aus eigener Kraft vollbracht haben. Wie konnten die Ägypter Pyramiden bauen, wenn ihnen kaum Technologie zur Verfügung stand? Wenn wir zu aufgeklärt sind, um das Vorhandensein von Göttern oder Dämonen zu akzeptieren, suchen wir nach einer »wissenschaftlichen« Entsprechung, nach intelligenten Wesen aus dem Weltraum.

In letzter Zeit haben Bücher über solche »Astronauten des Altertums« ihre Autoren reich gemacht, trotz der Tatsache, daß sie vollkommen bar jedes bedeutsamen Inhaltes sind.

Derartige Theorien, mögen ihnen nun Götter, Dämonen oder Wesen von anderen Sternen zugrunde liegen, sind eigentlich eine Beleidigung des unbeugsamen Geistes der Menschheit. Es waren *Menschen,* die die Zivilisation und alles, was daraus entstanden ist, geschaffen haben, und man sollte ihnen dieses Verdienst nicht vorenthalten. Die Ägypter haben die Pyramiden *tatsächlich* gebaut, indem sie viele Jahrhunderte lang Techniken für diesen Zweck entwickelten und zuerst sehr einfache Vorläufer der Pyramiden, dann immer kompliziertere Varianten bauten.

Die prähistorische (vorgeschichtliche) Phase der menschlichen Entwicklung muß über das Jahr 4004 v. Chr. zurückreichen, vielleicht sogar weit darüber hinaus. Wie bereits erwähnt, können wir aber ohne Schriftstücke nicht sehr viel Genaues über bestimmte Ereignisse erfahren. doch können wir einige allgemeine Fakten festhalten.

Die Wissenschaft von der prähistorischen Epoche nennt man *Archäologie,* von den griechischen Wörtern für »die Wissenschaft von alten Dingen« hergeleitet.

Es hat schon immer ein Interesse für Objekte gegeben, die von Menschen vergangener Zeiten stammten. In England beispielsweise interessierte man sich dafür, Überreste der römischen Zeit zu finden und einzuordnen – alte Speerspitzen, Münzen, Bruchstücke von Keramik.

Im 18. Jahrhundert wurde diese Forschung bereits wesentlich ernsthafter betrieben, was mit den alten römischen Städten Herculaneum und Pompeji zu tun hat. Diese südlich des Vesuv gelegenen Städte befanden sich im ersten Jahrhundert des Römischen Reichs in voller Blüte. Ihre Einwohner hatten keinerlei Vorahnung des drohenden Verhängnisses, denn der Vesuv war seit Menschengedenken nicht mehr aktiv. Doch am 24. August des Jahres 79 trat der Vesuv mit einem gewaltigen Getöse in Aktion und begrub die beiden Städte. Pompeji wurde von sechs Metern Schutt und Asche bedeckt, Herculaneum noch tiefer begraben.

Vom Jahre 1709 an begann man, sich in den Hügel, der Pompeji bedeckte, hineinzugraben, und entdeckte alle Arten von Gegenständen: Skulpturen, Töpferei, Reste von Häusern, Möbel, Inschriften. Kurz, Pompeji entpuppte sich als ein reiches Archiv über das römische Alltagsleben, um das sich die römische Geschichtsschreibung nicht gekümmert hatte.

Durch diese Funde erkannte man in Europa zum ersten Mal, wie nützlich es sein konnte, uralte Ruinen zu erforschen. Weitere Überzeugungsarbeit leistete ein deutscher Kaufmann namens Heinrich Schliemann (1822–1890), der von Kindheit an von der Geschichte Trojas fasziniert war, wie sie in Homers »Ilias« erzählt wird. Er war fest davon überzeugt, daß die Geschichte kein Mythos, sondern – wenn man die Götter ausnahm – wahr sei. Und er entwickelte geradezu eine Besessenheit und unglaubliche Hingabe, Spuren dieser Stadt zu finden.

1868 reiste er gen Osten und begann mit seinen Forschungen. Er hatte die Beschreibungen in der »Ilias« studiert und entschieden, daß ein Hügel nahe der kleinen Stadt Hissarlik im Nordwesten der Türkei der Standort Trojas sein mußte, womit er augenscheinlich recht hatte. Mit großem Enthusiasmus, wenn auch unwissenschaftlich, arbeitete er sich zu den tiefsten Schichten vor. Dabei zerstörte er allerdings viel in den oberen Bereichen Verborgenes. Schließlich fand er jedoch eine Stadt, die er mit Troja identifizierte, und weitere, noch frühere Städte.

Auch in den Ruinen von Mykene auf dem griechischen Festland gelangen Schliemann wichtige Funde. Mykene war zur Zeit des Trojanischen Kriegs die bedeutendste Stadt Griechenlands und die Heimat Agamemnons, des griechischen Heerführers.

Schliemann bewies, daß es tatsächlich eine bronzezeitliche Kultur in Griechenland gegeben hatte (also eine Kultur, die noch nicht über die Fähigkeit zum Schmelzen von Eisen verfügte) und daß Homer sie mit erstaunlicher Korrektheit beschrieben hatte. Diese homerische Kultur lag vor der bekannten Epoche des klassischen Griechenland. Später entdeckte man auch die minoische Kultur Kretas, die ihre Blüte bereits um 3000 v. Chr. erlebte, mit einer hochentwickelten Architektur und, was mich immer wieder erstaunt, mit sanitären Installationen.

Kreta war die erste Zivilisation, die eine Marine entwickelte – schließlich ist es eine Insel. Diese Marine schützte die Küsten so effizient, daß die Städte auch ohne Mauern in Frieden lebten. Als die minoische Kultur um 1400 v. Chr. zerstört wurde, war dies vor allem das Resultat eines Vulkanausbruchs auf einer weiter nördlich gelegenen ägäischen Insel. Durch den Ascheregen und die Gewalt der Flutwellen, die seine Küsten überrannten, erlitt Kreta katastrophale Zerstörungen.

Die Funde Schliemanns machten weltweit enormen Eindruck, nicht nur durch die Entdeckung der Objekte, sondern auch, weil sie mit dem Trojanischen Krieg zu tun hatten – einem Krieg, der dank der überlegenen Kunst des Homer zweieinhalb Jahrtausende lang im Denken Europas verhaftet geblieben war. Überall begann man nun, die Ruinen des Altertums zu erforschen. Die angewandten Methoden wurden dabei wesentlich sorgfältiger, präziser und wissenschaftlicher als alles, was Schliemann getan hatte.

In Kleinasien entdeckte man die Kultur der Hethiter. Nach den Berichten in der Bibel hatte man angenommen, daß die Hethiter ein sehr kleines Volk in Kanaan gewesen waren. Nun stellte sich heraus, daß sie in ihrer Zeit ein mächtiges Reich gebildet hatten, das um 1350 v. Chr. das große ägyptische Reich zu einem Stillhalteabkommen zwingen konnte.

Gegen Ende des 19. Jahrhunderts entdeckte man zum ersten Mal Hinweise auf die sumerische Kultur, die älteste der Erde. Zwischen 1922 und 1934 erarbeitete der englische Archäologe Charles Leonard Woolley (1880–1960) mit Hilfe von Ausgrabungen ihre ganze Geschichte. Er arbeitete am Ort der alten Stadt Ur, aus der nach biblischer Darstellung Abraham nach Kanaan auswanderte.

Wenn man nun einen Gegenstand aus einer Ausgrabungsstätte in die Hand nimmt, wie alt kann dieses Objekt sein, wenn man keinerlei Datum darauf findet?

Die einfachste Methode, einen Gegenstand zu datieren, resultiert aus seiner Lage. Normalerweise findet man ihn in einer gewissen Tiefe im Boden. Im allgemeinen kann man annehmen, daß in derselben Tiefe gefundene Objekte gleich alt sind, während tiefer gelegene Objekte älter sein müssen, was allerdings keineswegs absolut sicher sein kann, da der Fundort durch natürliche oder von Menschen hervorgerufene Prozesse durcheinandergeraten sein kann.

Es gibt noch verschiedene andere Methoden zur ungefähren Altersbestimmung. Sie erfordern beträchtliche Anstrengungen und sorgfältige Überlegungen, aber am Ende können die bei einer bestimmten Ausgrabung entdeckten Gegenstände recht zuverlässig ihrem Alter nach zugeordnet werden.

Darüber hinaus findet man unter den am Ort hergestellten Objekten gelegentlich einen Gegenstand, der aus einer entfernten Gegend stammt – schließlich hat es schon im frühen Altertum Handel gegeben. Hierdurch läßt sich dann eine Beziehung zwischen verschiedenen Daten herstellen. Kennt man das ungefähre Datum des fremden Gegenstands, so kann man annehmen, daß die örtlichen Objekte ein ähnliches Alter haben. Dies ist besonders nützlich, wenn der fremde Gegenstand aus einer der Schrift mächtigen Kultur stammt, die örtlichen Objekte jedoch nicht. Ein derartiges Verfahren der Übertragung kann jedoch nicht weiter als 3100 v. Chr. zurückreichen. Ist es möglich, auf irgendeine andere Weise genaue Daten über frühere Zeiten zu erhalten?

Erstaunlicherweise ist die Antwort positiv.

Zum Beispiel setzen sich in manchen Seen regelmäßig Sedimente ab, im Winter ein feines, dunkles Sediment, im Frühling und im Sommer, wenn Schnee und Eis schmelzen, ein helleres Sediment. Dieses läßt sich nun in Schichten zerlegen, wobei man weiß, daß jede hell-dunkle Schicht ein Jahr ergibt. Solche Jahresschichten nennt man Warven, von dem schwedischen Wort für »regelmäßige Wiederholung«, da man dieses Phänomen zuerst in eiszeitlichen Seen Schwedens entdeckt hat.

Weitet man den Begriff aus, so kann man auch jede andere

regelmäßige Ablagerung von Sedimenten als Warve bezeichnen. Dabei kann es sich um jahreszeitliche Trockenperioden handeln, um einen regelmäßigen Wechsel der Windverhältnisse oder um ganz andere Ursachen. Der erste, der versucht hat, mit diesem Verfahren Daten zu bestimmen und in solchen Sedimenten gefundene Objekte zu datieren, war der schwedische Geologe Gerard de Geer (1858–1943). Inzwischen ist es möglich, mit Hilfe von Warven achtzehntausend Jahre zurückzurechnen, was schon an sich ausreicht, um Bischof Usshers Vorstellung einer sechstausend Jahre alten Welt zu widerlegen.

Der amerikanische Astronom Andrew Ellicott Douglass (1867–1962) wiederum arbeitete in Arizona und begann, sich mit der Erforschung von Holz zu beschäftigen. Im trockenen Klima Arizonas blieben alte Holzstücke ausgezeichnet erhalten, und Douglass erkundete die Bedeutung der sogenannten Jahresringe.

Im Sommer wächst ein Baum normalerweise rasch, wenn das Wetter entsprechend günstig ist, und langsam, wenn dem nicht so ist. Dieser Wechsel von raschem und langsamem Wachstum läßt Ringe entstehen, und zwar einen Ring in jedem Jahr. Ist ein Sommer ungewöhnlich kühl oder ungewöhnlich trocken, so ist der Jahresring schmal. Ein warmer und feuchter Sommer bringt hingegen einen breiten Jahresring hervor.

Bei einem lebenden Baum fand Douglass nun ein bestimmtes Ringmuster, schmal und breit, das sich bis zu hundert Jahre zurückverfolgen ließ. Zu diesem Zweck mußte er den Baum nicht fällen. Man kann von der Rinde zur Baummitte mit einer Bohrung eine Probe entnehmen und sie untersuchen; der Baum erholt sich davon wieder.

Nehmen wir einmal an, wir untersuchten ein Stück Holz, von dem wir vermuten, daß es von einem vor einigen Jahrzehnten gefällten Baum stammt. Seine Jahresringe passen zu einem älteren Teil im Muster eines lebenden Baums; und wenn man nun zu dem Punkt zurückzählt, an dem die Muster erstmalig zusammenpassen, könnte man beispielsweise herausfinden, daß das Holz von einem vor vierunddreißig Jahren

46

gefällten Baum stammt. Damit könnte man dessen Muster mit einer nun genauen Datierung weiter zurückverfolgen.

1920 hatte Douglass ein Muster erarbeitet, das sich bis ungefähr ins Jahr 1300 n. Chr. verfolgen ließ. Das bedeutete, daß keine von Menschen stammende Datierung mehr nötig war. Entdeckte man ein altes Indianerdorf, so konnte das Muster der Jahresringe im Bauholz der Häuser das Erbauungsdatum jedes Hauses anzeigen. Späteren Forschern gelang es, diese Muster insgesamt achttausend Jahre weit zurückzuverfolgen.

Derartige Datierungsmethoden sind allerdings recht speziell und können nicht überall angewendet werden. Vor nicht allzu langer Zeit hat man aber etwas anderes entwickelt.

Im Jahre 1940 isolierte der 1913 geborene kanadisch-amerikanische Biochemiker Martin David Kamen eine Abart des Kohlenstoffs, die man Carbon-14 (C-14) nennt. C-14 ist radioaktiv und spaltet sich langsam und sehr regelmäßig. Dabei vergehen fünftausendsiebenhundert Jahre, bis die Hälfte einer bestimmten Menge verschwunden ist. In weiteren fünftausendsiebenhundert Jahren ist die Hälfte der Restmenge verschwunden und so weiter. Bei seiner Spaltung gibt C-14 Teilchen ab, die mit großer Präzision gemessen werden können, so daß man dem Spaltprozeß genau folgen kann.

Selbst bei dieser im Vergleich zur Dauer eines Menschenlebens langsamen Zerfallsgeschwindigkeit wäre jede Menge von C-14, die bei der Entstehung der Erde existiert hätte, inzwischen schon lange verschwunden. (Über das Alter der Erde werden wir in einem späteren Kapitel sprechen.) Dennoch existiert C-14 auch heute in der Atmosphäre, weil es ständig hergestellt wird. Kosmische Strahlung aus dem Weltraum prallt auf Atome in der Atmosphäre und produziert eine bestimmte kleine Menge C-14. Diese Produktion gleicht den Zerfallsprozeß gerade aus, so daß die Menge an C-14 konstant bleibt.

Die Pflanzen nehmen aus der Luft Kohlendioxid auf, und ein Teil dieses Kohlendioxids enthält C-14-Atome, die ein Teil des Pflanzengewebes werden. Diese C-14-Atome spalten sich regelmäßig, doch dafür wird eine neue Menge C-14 aufgenommen. Auch hier gleichen sich Aufnahme und Spaltung aus, so daß jede lebende Pflanze ein bestimmtes Niveau an C-14 enthält.

Sobald eine Pflanze stirbt, spaltet sich das C-14 in ihrem Gewebe weiter, ohne daß nun neues C-14 hinzukommt. Daher kann man feststellen, wie lange ein Bestandteil einer Pflanze tot ist, indem man die in ihm enthaltene Menge an C-14 bestimmt. Dies geschieht durch die Messung der Menge bestimmter Teilchen, die der Gegenstand abgibt.

Auf diese Weise ist man in der Lage, Holz, Textilien, Holz-kohlenstücke aus Lagerfeuern und überhaupt alles Organi-sche zu datieren. Im Jahre 1947 hat der amerikanische Chemi-ker Willard Frank Libby (1908–1980) diese Technik vervoll-kommnet, und seither hat man bis zu fünfundvierzigtausend Jahre alte Objekte datiert.

Mit Hilfe dieser Radiocarbonmethode ließen sich bei-spielsweise um die Stadt Jericho herum Spuren finden, die darauf hinweisen, daß hier bereits um 9000 v. Chr. Ackerbau und Siedlungen existierten. Das sind sechstausend Jahre, bevor die erste Schrift erfunden wurde. Es mag Orte geben, an denen es bereits weitere tausend Jahre früher Ackerbau gegeben hat. Wir können also sagen, daß die Zivilisation zwölftausend Jahre alt ist – oder genau doppelt so alt wie nach Bischof Usshers Auffassung die Erde und das Univer-sum.

Natürlich haben schon vor Beginn der Zivilisation Men-schen als Sammler und Jäger gelebt, die als Einzelwesen ge-nauso intelligent waren wie der zivilisierte Mensch von heute. Wir können also fragen, ob auch die Spezies Mensch einen Anfang hat, natürlich einen, der älter als der Beginn der Zivi-lisation wäre. Um die Frage einzuschränken, können wir nach dem Anfang von »Menschen, wie wir es heute sind« fra-gen und diese Lebewesen als die *modernen Menschen* be-zeichnen.

4.
DER MODERNE MENSCH

D ie von Archäologen entdeckten Werkzeuge sind aus verschiedenen Materialien hergestellt. In einer beliebigen Region können sich vor vergleichsweise kurzer Zeit hergestellte Werkzeuge aus Eisen befinden. Ältere Geräte sind oft aus Bronze, noch ältere aus Stein.

Das ist nicht weiter geheimnisvoll. Steine fanden sich schon immer überall, aber Bronze muß aus einem bestimmten Gemisch aus Kupfer- und Zinnerz ausgeschmolzen werden, eine recht fortschrittliche Technik, deren Entwicklung lange Zeit in Anspruch nahm. Eisen wird aus Eisenerz gewonnen, das häufiger vorkommt als Kupfer- und Zinnerz, doch eine größere Hitze und kompliziertere Technik erforderlich macht.

Im Jahre 1834 unterteilte der dänische Archäologe Christian Jürgensen Thomsen (1788—1865) die menschliche Geschichte erstmalig in eine Steinzeit, eine Bronzezeit und eine Eisenzeit.

In verschiedenen Regionen findet man diese Epochen zu verschiedenen Zeiten. Es gibt auch heute noch einige isolierte Flecken, in denen Menschen noch in der Steinzeit leben, doch die meisten Zivilisationen befinden sich in der Eisenzeit. Sie haben die Technik der Eisengewinnung entweder selbst erfunden, von Nachbarn übernommen, oder sie wurde ihnen von fremden Eroberern überbracht.

Im westlichen Asien, wo die ältesten Kulturen existierten, könnte die Bronzezeit um 3000 v. Chr. begonnen haben und die Eisenzeit um 1300 v. Chr. Bronzezeit und Eisenzeit sind also Epochen geschichtlicher Zeit. Vor 3000 v. Chr., also in prähistorischer Zeit, befand sich die ganze Welt in der Steinzeit.

Inzwischen ist allerdings klargeworden, daß der Begriff Steinzeit keineswegs eine gleichförmige Epoche bezeichnet. Die Art und Weise, in der Steinwerkzeuge hergestellt wurden, wurde langsam immer ausgefeilter, und dieser Entwicklungsprozeß selbst ging mit der Zeit immer rascher vonstatten. Dies ist ein Grundmerkmal der Technik, das sich bis in die heutige Zeit fortgesetzt hat.

In den letzten Jahrtausenden vor Anbruch der Bronzezeit stellte man die Steinwerkzeuge durch Schleifen und Polieren her, nicht mehr, wie anfangs, durch Abmeißeln. Der britische Archäologe John Lubbock (1834–1913) schlug daher 1865 vor, die letzten Jahrtausende der Steinzeit als Jungsteinzeit zu bezeichnen, oder, lateinisch, als *Neolithikum*. Es ist die Zeit der polierten Steinwerkzeuge. Die Zeit davor ist die Altsteinzeit (lateinisch *Paläolithikum*), die Zeit der abgeschlagenen Steinwerkzeuge.

Es war zu Anfang des Neolithikums, daß Ackerbau und Viehzucht in Gebrauch kamen, daß Städte gegründet wurden, daß die Zivilisation begann und daß daraus die erste »Bevölkerungsexplosion« resultierte. Man nennt dies auch die »neolithische Revolution«. Sprechen wir über die Menschen, die *vor* dieser »Revolution« lebten und damit vor dem Beginn der Zivilisation, so sprechen wir vom *paläolithischen Menschen*. Wie weit zurück können wir seine Geschichte verfolgen?

Zuerst einmal wäre festzustellen, daß alle Menschen auf der Erde, so verschieden sie bei oberflächlicher Betrachtung auch aussehen mögen, im Grunde gleich sind. Die heutige Menschheit bildet eine einzige Art, die sich frei untereinander vermehren kann. Unterschiede in der Farbe der Haare, der Haut und der Augen sind zum großen Teil auf einen unterschiedlichen Gehalt des Pigments *Melanin* zurückzuführen. Dies aber ändert nichts an dem grundlegend einheitlichen Charakter der Menschheit, ebensowenig wie die Unterschiede in der Form der Augen oder der Nase, der Schädelform oder der Größe.

Diese Eigenheiten sind natürlich mit enormen Unterschieden in der historischen Entwicklung, bei gesellschaftlichen und psychologischen Reaktionen verbunden, aber das verleiht ihnen keine biologische Bedeutung. Die Tragödien, die von den sichtbaren Unterschieden menschlicher Rassen herrühren, sind eher ein Ausdruck psychischer Fehlhaltungen als

50

biologischer Tatsachen. Die australischen Ureinwohner und die Indianer, die vor der Ankunft der Europäer als einzige Australien und Nord- und Südamerika besiedelten, sind ebenso *moderne Menschen* wie jeder Europäer.

In Australien wie in Amerika hat man Grabstätten ausgegraben und dabei Skelette von Menschen gefunden, die teilweise lange vor der Ankunft der Europäer lebten. Alle menschlichen Knochen, die ja auf diesen Kontinenten gefunden wurden, stammen vom modernen Menschen. Sie unterscheiden sich nicht wesentlich voneinander. Natürlich gibt es individuelle Abweichungen, wie sie auch unter lebenden Menschen existieren, die sich auf das Geschlecht oder das Alter zurückführen lassen, oder auf Krankheiten, die die Knochen angreifen, wie etwa Arthritis oder Rachitis. Es gibt jedoch nichts Systematisches, das eines dieser Skelette bedeutend vom modernen Menschen unterscheidet.

Auch ein weiterer Aspekt ist von Interesse. Datiert man frühe amerikanische und australische Skelette mit Hilfe der Methoden, die der Archäologie heute zur Verfügung stehen, so wird deutlich, daß keines ein bestimmtes Höchstalter überschreitet. Daraus ist zu schließen, daß Australien und Amerika bis zu einem bestimmten Zeitpunkt der Vergangenheit überhaupt nicht von Menschen bewohnt waren – bis der moderne Mensch irgendwann von anderswoher auftauchte und diese leeren Kontinente bevölkerte. Dasselbe gilt für beinahe alle Inseln der Erde.

Die meisten Archäologen sind davon überzeugt, daß der Mensch Nordamerika vom Nordosten Sibiriens aus betrat. Dies muß natürlich zu einer Zeit geschehen sein, als der Meeresspiegel beträchtlich niedriger lag als heute, und zwar weil soviel Wasser in den gewaltigen Eiskappen gebunden war, die während der Eiszeit auf Nordsibirien und Nordamerika lagen. Das Absinken des Meeresspiegels führte zu einer breiten Brücke trockenen Landes zwischen Sibirien und Alaska, zumindest bis zum Schmelzen der Gletscher. Die Menschen überquerten diese Landbrücke, indem sie am Südrand der Gletscher entlangzogen. Sie siedelten in Nordamerika und fanden langsam ihren Weg nach Mittel- und Südamerika.

Zu ungefähr derselben Zeit nutzten Menschen in Südostasien diese Gelegenheit und wanderten von den westindonesischen Inseln nach Neuguinea, dann nach Australien und schließlich nach Tasmanien.

In beiden Fällen scheint die Wanderung vor ungefähr fünfundzwanzig- bis dreißigtausend Jahren begonnen zu haben. Sie dauerte bis ungefähr 8000 v. Chr., bis der Mensch die Südspitze Südamerikas erreichte, und womöglich bis 1000 n. Chr., bis er erstmals nach Neuseeland vordrang.

Wir können daraus schließen, daß der moderne Mensch mindestens dreißigtausend Jahre alt ist, denn die ersten Menschen, die in Australien und Amerika einwanderten, waren zweifellos moderne Menschen.

Vor mehr als dreißigtausend Jahren müssen alle auf der Erde lebenden Menschen in Europa, Asien, Afrika und auf einigen nahe der Küsten liegenden Inseln gelebt haben. Die Frage wäre nun, wann der moderne Mensch auf dieser gewaltigen Landmasse entstanden ist, die manchmal als die Alte Welt oder als die »Weltinsel« bezeichnet wird.

Im Jahre 1868 fand man in Südfrankreich eine Anzahl menschlicher Skelette. Der genaue Fundort war eine Höhle mit Namen Cro-Magnon, ungefähr hundertzwanzig Kilometer östlich von Bordeaux gelegen. Diese Skelette repräsentieren eine heute Cro-Magnon genannte Rasse. Weitere Funde solcher mehr als dreißigtausend Jahre alten Überreste folgten.

Den modernen Menschen noch weiter zurückzuverfolgen ist sehr schwierig. Es läßt sich nicht mit Sicherheit feststellen, wann der moderne Mensch erstmals aufgetaucht ist, doch die übliche Schätzung lautet auf ungefähr vierzigtausend Jahre vor der heutigen Zeit.

Wir werden weitersuchen müssen, doch wollen wir nun nicht mehr auf dem »modernen Menschen« bestehen. Der wissenschaftliche Name, den man ihm gegeben hat, ist *Homo sapiens* (lateinisch für »der weise Mensch«, was ein etwas ungerechtfertigtes Selbstlob sein mag). Gibt es ältere Unterarten des Homo sapiens, die noch nicht ganz den modernen Menschen darstellen?

5.
DER HOMO SAPIENS

Wenn wir feststellen, daß der moderne Mensch recht plötzlich vor ungefähr vierzigtausend Jahren aufgetaucht ist, so muß das diejenigen, die an die biblische Darstellung glauben, nicht notwendigerweise erschüttern.

Im ersten Buch Mose, Kapitel 1, Vers 26 und 27, heißt es: »Und Gott sprach: Lasset uns Menschen machen, ein Bild, das uns gleich sei ... Und Gott schuf den Menschen ihm zum Bilde, zum Bilde Gottes schuf er ihn ...«

Im zweiten Kapitel desselben Buchs, Vers 7, gibt die Bibel einen zweiten Schöpfungsbericht: »Und Gott der Herr machte den Menschen aus einem Erdenkloß, und er blies ihm ein den lebendigen Odem in seine Nase. Und also ward der Mensch eine lebendige Seele.«

Wie dem auch sei, ob Gott nun lediglich seinen Willen ausgedrückt oder ob er wirklich ein menschliches Wesen aus Ton geformt hat, wie ein Töpfer ein Gefäß formt, Tatsache ist, daß es von einem Moment zum anderen ein menschliches Wesen gegeben hat.

Obwohl Bischof Ussher berechnet hat, daß diese Schöpfung im Jahre 4004 v. Chr. stattfand, sind seine Berechnungen nicht mit den Aussagen der Bibel identisch. Die Bibel selbst gibt keinen genauen Zeitpunkt an. Sie sagt nichts darüber aus, wie lang jeder Tag der Schöpfung war, wie lang die Frühzeit dauerte oder ob ihr Bericht irgendwelche Lücken hat. Wenn der moderne Mensch plötzlich vor vierzigtausend Jahren entstanden ist, wie die archäologische Forschung zu beweisen scheint, würde diese Tatsache nicht immer noch zu der biblischen Darstellung passen?

Freilich gibt es eine Alternative: die Evolution. Die menschliche Technik und das menschliche Gesellschaftssystem haben sich entwickelt. Könnte das nicht auch auf die Menschheit selbst zutreffen? Ist der moderne Mensch nicht plötzlich aufgetaucht, sondern vielmehr das Ergebnis einer Anhäufung kleiner Veränderungen? Hat er sich also aus Lebewesen entwickelt, die selbst noch nicht ganz der moderne Mensch waren?

Man könnte meinen, hier werde die Analogie zu weit getrieben. Bislang haben wir über mechanische und soziale Phänomene gesprochen. Was auch immer sich entwickelt hat, seien es nun Flugzeuge oder die Zivilisation, war dem leitenden Einfluß des menschlichen Geistes unterworfen. Wenn sich also auch der Mensch selbst aus etwas entwickelt hat, das weniger komplex und fortgeschritten als ein menschliches Wesen war, was war der leitende Geist, der diese Veränderung hervorgerufen hat?

Wir könnten antworten: »Gott!« – aber die Bibel läßt eine derartige Antwort nicht zu. Statt dessen heißt es in 1. Mose 1, 11: »Und Gott sprach: Es lasse die Erde aufgehen Gras und Kraut, das sich besame, und fruchtbare Bäume, da ein jeglicher nach seiner Art Frucht trage … Und es geschah also.« In 1. Mose 1, 21 wiederum steht: »Und Gott schuf große Walfische und allerlei Getier, das da lebt und webt, davon das Wasser sich erregte, ein jegliches nach seiner Art, und allerlei gefiedertes Gevögel, ein jegliches nach seiner Art …« Und in 1. Mose 1, 24 ist zu lesen: »Und Gott sprach: Die Erde bringe hervor lebendige Tiere, ein jegliches nach seiner Art: Vieh, Gewürm und Tiere auf Erden, ein jegliches nach seiner Art. Und es geschah also.«

Man kann darüber streiten, ob das biblische Wort *Art* dasselbe bedeutet wie der gleichlautende wissenschaftliche Begriff Art oder Spezies; aber es ist wohl deutlich, daß die Bibel sagt, die verschiedenen Arten des pflanzlichen und tierischen Lebens seien als *unterschiedliche* Arten geschaffen worden. Von dem Augenblick an, in dem sie geschaffen wurden, haben sie für sich existiert, und es dürfte keine Frage sein, daß sich das eine nicht in das andere verwandelt – ein Hund nicht in eine Katze oder eine Giraffe nicht in einen Tannenbaum.

Darüber hinaus scheinen unsere eigenen Beobachtungen mit dieser Interpretation der biblischen Aussagen übereinzustimmen. Katzen gebären Katzen, während Hunde Hunde gebären. Und wenn wir uralte Beschreibungen bestimmter

Tiere studieren oder alte Bilder betrachten, die diese Tiere darstellen, entsprechen diese Tiere den unseren, und zwar ohne Veränderungen.

Dennoch läßt sich die zunächst scheinbar unwahrscheinliche Vorstellung einer biologischen Evolution nicht niederschlagen.

Zuerst einmal lassen sich die Lebewesen in ein hübsches Schema einordnen. Es gibt hundeähnliche Tiere (Füchse, Wölfe, Schakale, Kojoten) und katzenähnliche Tiere (Tiger, Löwen, Leoparden, Jaguare). Es gibt rinderähnliche Tiere (Bisons, Büffel, Yaks) und pferdeähnliche Tiere (Esel, Maultiere, Zebras). Die hundeähnlichen und die katzenähnlichen Tiere gleichen sich darin, daß sie Fleisch fressen, während die rinderähnlichen und pferdeähnlichen Tiere Pflanzenfresser sind. Alle erwähnten Tiere wiederum sind behaart und gebären lebende Junge, die sie mit Milch säugen.

Dann gibt es Vögel, Reptilien und Fische, die sich recht stark von den oben genannten Tieren unterscheiden, die aber immer noch ähnlich gebaute Skelette aufweisen.

Es ist tatsächlich möglich, die Lebewesen in einem baumähnlichen Schema unterzubringen. Auf dem Stamm stünde »Leben«, und dieser Stamm verzweigte sich in Pflanzen und Tiere, die sich wiederum in große und dann immer kleinere Gruppen verzweigen würden. Diese Zweige lassen sich schließlich in winzige Zweiglein spalten, die all die verschiedenen Arten von Lebewesen darstellen. Heute sind mindestens zwei Millionen verschiedene Arten bekannt – die meisten davon sind Insekten –, und vielleicht sind noch weitere Millionen zu entdecken, von denen wieder die meisten Insekten sein werden.

Viele Menschen haben versucht, solche Lebensbäume zu zeichnen. Sogar ich habe das als Zehnjähriger versucht, nachdem ich diverse Bücher über Naturgeschichte verschlungen hatte. Ich war damals überzeugt, etwas ganz Neues zu vollbringen, gab mein Vorhaben aber rasch auf, als es viel zu kompliziert wurde.

Der erste, dem eine wirklich erfolgreiche Klassifikation der Lebewesen gelang, war der schwedische Botaniker Karl von Linné (1707–1778). Im Jahre 1735 klassifizierte Linné die Pflanzen nach einer bestimmten Methode. Zuerst faßte er ähnliche *Arten* (Spezies) zu *Gattungen* (Genus) zusammen, ähnliche Gattungen zu *Ordnungen,* ähnliche Ordnungen zu *Klassen,* und so weiter. 1758 weitete er sein System auf die Tierwelt aus. Darüber hinaus erfand er das Konzept, von jeder einzelnen Lebensform mit dem Namen ihrer Gattung und ihrer Art zu sprechen, also den beiden spezifischsten Unterteilungen. Zum Beispiel war Linné der erste, der die Menschheit als Homo sapiens klassifizierte.

Die Tatsache, daß die Klassifikation der Lebewesen an die Verzweigungen eines Baumes erinnert, hat einigen Menschen die Vorstellung vermittelt, der Baum des Lebens sei wie ein wirklicher Baum gewachsen. Vielleicht, vermuteten sie, habe es einmal eine einfache Form von Leben gegeben, die sich in zwei Arten aufgespalten habe. Diese wiederum hätten sich immer weiter geteilt, bis sich die winzigen Zweige ergaben, die eine einzelne Art darstellten. Das alles sei in kleinsten Schritten geschehen, die eine gewaltige Menge Zeit beanspruchten.

All dies schien einen Sinn zu ergeben: Wenn die verschiedenen Formen des Lebens unabhängig voneinander geschaffen worden wären (wie in der Bibel oder anderen Darstellungen beschrieben), hätte es keine Verbindung zwischen ihnen geben müssen. Warum hätten sie in Gruppen existieren sollen, und in Untergruppen, Unteruntergruppen, und so weiter? Eine unabhängige Schöpfung hätte so etwas nicht hervorgebracht, eine biologische Evolution dagegen sehr wohl.

Eine derartige Beweisführung ist verführerisch, jedoch nicht zwingend. Linné und einige seiner Nachfolger, die sein Klassifikationsschema weiter ausbauten, glaubten nicht an eine biologische Evolution.

Nun sind tatsächlich die folgenden drei Argumente gegen eine biologische Evolution anzuführen: Wenn die Evolution einerseits für die Verschiedenheit der Lebewesen verantwortlich ist, dann müßte sie weitergehen; und jedermann kann sehen, daß sie *nicht* weitergeht. Andererseits wäre Gott in der Lage, das Leben in einem System von Gruppen und Untergruppen zu erschaffen, ganz wie es ihm beliebt. Und wenn schließlich eine Evolution tatsächlich stattgefunden haben sollte, so hätte hinter einem derartigen Vorgang eine leitende Intelligenz stehen müssen. Diese wiederum hätte Gott sein müssen; die Bibel aber spricht nicht davon, daß sich Gott bei der Erschaffung des Lebens der Evolution bedient hat.

Die frühen Vertreter der Evolutionstheorie, die »Evolutionisten«, hätten auf das erste Argument entgegnet, die biologische Evolution vollziehe sich so langsam, daß sie für das bloße Auge nicht sichtbar sei. In Tausenden von Jahren der Zivilisation mag nichts zu bemerken sein, doch war dies womöglich ein Vorgang von Jahrmillionen.

Das ist kein sonderlich plausibles Argument für Menschen, die im Einklang mit der Bibel davon überzeugt sind, daß die Erde ganze sechstausend Jahre alt ist. Doch im Verlauf des 19. Jahrhunderts gewann jene Argumentation zunehmend an Bedeutung und Überzeugungskraft, die der Erde ein hohes Alter zusprach. Wir werden das in den folgenden Kapiteln näher betrachten.

Dem zweiten Argument, Gott könne tun, was immer er wolle, kann man natürlich nicht widersprechen. Doch ist dies eine Argumentationsweise, die in der Wissenschaft nicht zulässig ist. Im Grunde kann jeder, der vor einem Problem steht, sagen: »Es ist Gottes Wille« – und wenn das als zulässige Aussage gelten darf, ist die Wissenschaft als solche am Ende.

Der dritte Punkt, der die Notwendigkeit einer leitenden Intelligenz betrifft, ist schwer zu beantworten. Die Vertreter der Evolutionstheorie hatten Schwierigkeiten, einen Mechanismus zu entwerfen, der ohne eine leitende göttliche Intelligenz funktionieren konnte.

Die bekannteste Formulierung des erwähnten Argumentes ist folgende: Wenn man in der Wüste eine Uhr fände, die perfekt hergestellt wäre und genauestens funktionierte, würde man wohl kaum annehmen, sie habe sich spontan von selbst gebildet. Man würde annehmen, daß sie von einem intelligenten Wesen hergestellt worden wäre, wahrscheinlich von einem Menschen, der sie aus irgendeinem Grund dort liegengelassen hätte. Eine derartige Überlegung wäre wohl zwingend.

Betrachtet man nun das Universum und all die in ihm enthaltenen Dinge, so zeigt sich, daß dieses System unendlich viel komplexer ist als eine Uhr und mit unendlich größerer Präzision arbeitet. Muß man demnach nicht auch hier ein intelligentes Wesen als Schöpfer annehmen, ein Wesen, das um so viel intelligenter ist als der Mensch, wie das Universum wunderbarer ist als eine Uhr – also doch ein Gott?

Für jene, die das Konzept der Evolution nicht akzeptieren wollten, schien dies ein unwiderlegbares Argument zu sein. Dennoch fand sich eine Antwort. Nach vielen Jahren der Forschung und des Nachsinnens veröffentlichte der englische Naturforscher Charles Robert Darwin (1809–1882) im Jahre 1859 ein Buch mit dem Titel *Die Entstehung der Arten durch natürliche Zuchtwahl.*

Dieser letzte Begriff – Zuchtwahl oder Selektion – ist der Schlüssel zu Darwins Theorie. Wenn sich eine Art vermehrt, entstehen unter den neuen Generationen immer kleine Variationen. Dies betrifft Größe, Stärke, Aussehen, Verhalten, Intelligenz, Ausdauer und unzählige weitere Eigenschaften. Soweit wäre alles zufällig. Doch einige der Variationen verhelfen der Art dazu, besser an ihre Umgebung angepaßt und damit besser lebensfähig zu sein. Sie würden durch den Einfluß ihrer natürlichen Umgebung »ausgewählt«. Eine natürliche Selektion würde also nicht mittels Intelligenz funktionieren, obwohl ihr Ergebnis so aussieht, als *sei* Intelligenz beteiligt gewesen.

Seit der Veröffentlichung von Darwins Werk ist weit mehr als ein Jahrhundert vergangen, und in dieser Zeit hat die Menschheit auf vielen Gebieten enorme Fortschritte gemacht. Fortschritte, die die Theorie Darwins verbessert und gestärkt haben. Als Ergebnis dieser Entwicklung akzeptiert die heutige Biologie die Evolution als eine Tatsache – ja sogar als den Kernpunkt der Biologie –, obwohl man immer noch lebhafte Diskussionen über die Einzelheiten dieses Mechanismus führt.

Auf der Suche nach der Entstehung des modernen Menschen müssen wir uns also nicht nur fragen, wann und wo er erschienen ist, sondern auch, aus welchem Lebewesen, das noch nicht ganz der moderne Mensch war, er sich *entwickelt* hat. Zu diesem Zweck wollen wir ein Stück zurückgreifen.

Als Darwin seine Theorie über die treibende Kraft hinter der biologischen Evolution entwickelte, verließ er sich nicht allein auf eine philosophische Argumentation. Diese hätte die Theorie lediglich einleuchtend gemacht. Um sie zwingend zu machen, also um jemanden zu *zwingen*, sie auch gegen seinen Willen zu akzeptieren, mußte Darwin Beweise anführen. Diese Beweise waren schon vorhanden, als Darwin sein Buch schrieb, und seither hat man auf vielen Gebieten eine Vielfalt zusätzlicher Beweise für die Evolutionstheorie entdeckt. Freilich gibt es auch heute noch Menschen, die diese Theorie ablehnen und darauf bestehen, daß die Schöpfung genauso stattgefunden habe, wie es die Bibel schildert.

Einer der wichtigsten Beweise für die Evolution – und sicherlich der in der Öffentlichkeit bekannteste – sind die Fossilien. Das Wort Fossil stammt vom lateinischen *fossilis* für »ausgegraben«. Man hat es schließlich besonders für jene aus der Erde ausgegrabenen Dinge verwendet, die an lebende Organismen oder an Teile davon erinnerten.

Derartige Fossilien waren schon im Altertum bekannt, aber die meisten Menschen wußten nicht, was sie damit anfangen sollten. Man war etwa der Ansicht, sie seien einfach Launen der Natur oder Teil einer Kraft, die sogar Felsen dazu brächte, an Lebewesen erinnernde Dinge hervorzubringen. Im Mittelalter dachte man, die Fossilien seien der Versuch des Satans, das Werk Gottes bei der Erschaffung der Lebewesen nachzuahmen – was dem Teufel natürlich gründlich mißlungen war. Andere Menschen waren der Ansicht, daß Gott womöglich erst damit experimentiert hätte, Lebewesen zu schaffen, bis er sich seiner Sache sicher war, und daß die Fossilien sozusagen seine ersten Versuche darstellten.

Leonardo da Vinci war der erste, der eine vernünftige Erklärung hatte. Er war der Meinung, die Fossilien seien Überreste von einstmals lebenden Organismen. Irgendwie seien sie im Schlamm versunken, worauf die Bestandteile ihrer

Körper langsam zu einer steinigen Materie geworden wären, bis sie schließlich versteinerte Duplikate ihrer ursprünglich aus Fleisch und Blut bestehenden Originale wurden.

Der englische Naturforscher John Ray (1627–1705) ging noch einen Schritt weiter. Er arbeitete an einer Klassifikation der Pflanzen und Tiere (sie war die beste vor der Zeit Linnés), und so betrachtete er die Fossilien aus dieser Perspektive. Ihm fiel auf, daß die Fossilien zwar lebenden Organismen ähnelten, diese Ähnlichkeit aber nicht vollkommen war. Es schien, als stellten sie Organismen dar, die mit bestimmten lebenden Organismen zusammenhingen, mit ihnen aber nicht identisch waren.

Im Jahre 1691 kam Ray darauf, daß die Fossilien im großen und ganzen die Überreste von aus der Urzeit stammenden Pflanzen und Tieren seien, die nicht den lebenden Organismen entsprachen. Sie existierten nicht mehr, weil sie ausgestorben waren.

Die Vorstellung, ein Lebewesen könne aussterben, stand im Widerspruch zu der Vollkommenheit der göttlichen Schöpfung, so daß man die Ansichten Rays vorerst nicht akzeptierte. Der Forscher selbst hatte große Vorbehalte gehabt, sie überhaupt öffentlich vorzutragen. Als aber immer mehr verschiedene Fossilien gefunden wurden, erschienen Rays Ansichten immer glaubwürdiger.

Ein Schweizer Naturforscher namens Charles Bonnet (1720–1797) suchte nun nach Möglichkeiten, die Existenz der Fossilien von ihrem Makel zu befreien, daß sie auf eine lange Erdgeschichte und auf das Aussterben anderer Arten hinwiesen. Dieses hätte nämlich die Idee einer Evolution nahegelegt. Bonnet schlug also vor, die Fossilien könnten Formen des Lebens darstellen, die bei der Sintflut ums Leben gekommen und dadurch ausgestorben waren.

Im Jahre 1770 verallgemeinerte er dieses Konzept, indem er sagte, es habe eine ganze Reihe von Katastrophen gegeben, bei denen das Leben auf der Erde vollständig ausgelöscht worden sei, so daß danach eine neue Schöpfung stattgefunden habe. Die Bibel, meinte Bonnet, behandle nur die Zeit nach der letzten Katastrophe und beschreibe darüber hinaus eine spätere Katastrophe (die Sintflut), die nicht ganz so zerstörerisch gewirkt habe.

Diese Auffassung, die man *Katastrophentheorie* nannte, hat in letzter Zeit eine gewisse Wiedergeburt erlebt, doch in der von Bonnet entwickelten Form ist sie nicht mehr akzeptabel. Als immer mehr Fossilien entdeckt wurden, benötigte man auch immer mehr Katastrophen, und es wurde zunehmend klar, daß es keiner Katastrophe gelungen war, alles Leben auszulöschen. Die Fossilien ließen mehr und mehr an eine Evolution statt an eine Reihe von Katastrophen denken. Übrigens war Bonnet der erste, der den Begriff *Evolution* in diesem Zusammenhang verwendete.

Ans Licht der Öffentlichkeit gelangte die Frage nach der Herkunft der Fossilien schließlich besonders durch die Forschungen des englischen Geologen William Smith (1769–1839). Smith lebte zu einer Zeit, als an vielen Stellen Englands Kanäle für Transportzwecke in den Boden gegraben wurden. Smith war für die Konstruktion dieser Kanäle zuständig und reiste durch das Land, um sie zu begutachten. Dabei entwickelte er sein Interesse für die Felsschichten, die durch die Grabungen sichtbar wurden. Diese Schichten unterschieden sich teilweise deutlich voneinander. Das lateinische Wort für diese Schichten oder Formationen war *Stratum* (Plural: Strata).

Im Jahre 1799 begann Smith, Aufsätze über dieses Thema zu schreiben, und seine Leidenschaft war so ausdauernd und umfassend, daß er weithin als »Strata-Smith« bekannt wurde. Seine wichtigste Beobachtung war, daß jede Schicht ihre eigenen Arten von Fossilien besaß, die in anderen Schichten nicht zu finden waren. Auch wenn die Schicht stark gebogen und gefaltet war, so daß sie an einer Stelle verschwand, um viele Kilometer entfernt wieder aufzutauchen, behielt sie ihre charakteristischen Fossilien. Wie Smith 1816 feststellte, war es sogar möglich, eine bestimmte Schicht, die man zuvor noch nicht untersucht hatte, durch ihren Gehalt an Fossilien zu bestimmen.

Es war möglich, die Schichten in einer regelmäßigen Folge anzuordnen, von den direkt unter der Oberfläche gelegenen bis hin zu den tiefsten. Nahm man nun an, daß jede Schicht aus Schlamm (oder Sediment) bestanden hatte, der sich aus dem Wasser abgelagert hatte, und daß dieses Sediment von Hitze und Druck in *Sedimentgestein* verwandelt worden war, lag die Annahme nahe, daß eine Schicht um so älter war, je tiefer sie lag.

Außerdem schienen die Fossilien desto weniger den noch lebenden Organismen zu ähneln, je tiefer die Schichten lagen. Geht man von der ältesten Schicht zur jüngsten, so kann man beobachten, wie sich die Formen langsam, aber sicher in Richtung der heutigen Lebewesen verändern. Es ist, als werde die Evolution mit den eigenen Augen erfahrbar.

Natürlich sind die Nachweise nicht vollständig. Auch heute noch repräsentieren die bekannten Fossilien lediglich ungefähr zweihunderttausend verschiedene Arten, was nicht mehr als ein Prozent des Gesamten ausmachen kann. Zur Zeit William Smiths war die Zahl der bekannten Fossilien wesentlich geringer.

Der Grund für diese relativ geringe Zahl an Fossilien ist, daß ein Lebewesen nur dann versteinern kann, wenn es im Schlamm versinkt, und zwar unter Bedingungen, unter denen es nicht verwest. Dann muß es eine sehr lange Zeit erhalten bleiben, bis die Atome, aus denen es besteht, langsam von aus dem Gestein stammenden Atomen ersetzt werden. Nur so kann sich der Organismus (oder Teile davon) in Fels verwandeln, ohne sein ursprüngliches Aussehen zu verlieren. Und schließlich muß es die geologischen Wechselfälle lange genug unzerstört überstehen, bis es vom Menschen entdeckt wird. Dabei versteinern die harten Teile von Lebewesen (Schalen, Knochen, Zähne) wesentlich leichter als die weichen Teile, so daß Organismen ohne harte Teile nur selten in fossiler Form zu finden sind.

Im ganzen gesehen ist unser Bestand an Fossilien sehr unvollständig und wird es wahrscheinlich auch bleiben. Wir wissen jedoch genug, um eine evolutionäre Veränderung eindeutig beweisen zu können. Dabei wäre auch zu beachten, daß sich eine wissenschaftliche Darstellung nicht allein auf Fossilien zu stützen braucht, sondern sich auf Hinweise aus vielen

Zweigen der Naturwissenschaft berufen kann, die samt und sonders bekräftigen, was die Fossilien uns zeigen.

Historisch gesehen ist der Kampf um die Anerkennung der Evolutionstheorie nirgendwo so verzweifelt gewesen wie im Falle der Evolution des Menschen. Es sieht beinahe so aus, als wären die Menschen bereit gewesen, die Evolution zu akzeptieren, hätte man nur irgendwie eine Ausnahme zugunsten des Homo sapiens machen können – hätte man wenigstens ihm alleine erlauben können, voll entwickelt dem Geist Gottes entsprungen zu sein.

Darwin selbst hat in der *Entstehung der Arten* sorgfältig auf jede Überlegung bezüglich der menschlichen Evolution verzichtet; nicht weil er gedacht hätte, der Mensch sei davon ausgenommen, sondern weil er keinen Sturm der Entrüstung heraufbeschwören wollte. Sein Buch löste natürlich trotzdem einen Skandal aus, und im Jahre 1871 wußte Darwin, daß er nichts mehr zu verlieren hatte. Er veröffentlichte ein Buch mit dem Titel *Die Abstammung des Menschen,* in dem er kühn das Thema der menschlichen Evolution anging.

Die auf die Publikation folgende Reaktion war erwartungsgemäß gewaltig. Da das weniger hoch entwickelte Tier, das als Vorläufer des Menschen dienen sollte, nach Meinung der »Evolutionisten« zweifellos einem Menschenaffen geglichen hatte, erhob sich die Frage, ob der Mensch ursprünglich in der Form eines Affen oder in der eines Engels geschaffen worden war. Der bekannte britische Politiker Benjamin Disraeli (1804–1881) prägte ein Sprichwort, indem er erklärte: »Ich stehe auf seiten der Engel.«

Was die lautstarken Diskussionen betraf, so hätten sie ohne jede Einigung bis in alle Ewigkeit weiter fortgeführt werden können. Was man brauchte, war irgendein sichtbarer Beweis für die menschliche Evolution, und der beste und dramatisch wirkungsvollste Beweis wäre ein versteinertes Wesen gewesen, das irgendwo zwischen einem Affen und einem Menschen rangierte. Diese fehlende Übergangsform nannte man in den Jahrzehnten nach der Veröffentlichung von Darwins Buch das »missing link«, also das fehlende Glied der Kette.

Einen sichtbaren Beweis zu finden war leichter gesagt als getan. Wenn diese Fossilien tatsächlich existierten, wie groß war die Chance, daß irgend jemand auf sie stieß und sie dann auch als das erkannte, was sie waren?

Natürlich brachte man bestimmte ausgestorbene Tiere mit dem Menschen in Verbindung. Wenn diese Tiere nun durch eine Katastrophe ausgelöscht worden waren, mußte der Mensch schon vor diesem Ereignis existiert und es überlebt haben.

So hatte man bereits 1799 an einem vereisten Abhang der arktischen Küste Sibiriens den gefrorenen Rumpf eines elefantenähnlichen Wesens gefunden. Es war kein moderner Elefant, da er eine große Erhebung auf dem Schädel hatte, dazu ein dickes, langhaariges Fell, kleine Ohren und ungewöhnlich lange Stoßzähne. Es war eindeutig eine ausgestorbene Form des Elefanten, die an ein kaltes Klima angepaßt war und in der Eiszeit gelebt haben mußte.

In der Folge fand man weitere Mammutleichen, und im Jahre 1860 entdeckte der französische Paläontologe Edouard Lartet (1801–1871) in einer Höhle einen Mammutzahn, auf dem sich eine ausgezeichnete Darstellung eines Mammuts befand (die Paläontologie ist die Wissenschaft von den ausgestorbenen Lebewesen). Der Schöpfer dieser Zeichnung mußte lebende Mammuts gesehen haben. Das Mammut war vom Menschen gejagt worden, und vielleicht hatte das zu seinem Aussterben vor zehntausend Jahren geführt. Nach dieser Entdeckung war es keine Frage, daß der Mensch und das Mammut in früheren Zeiten gemeinsam gelebt hatten. Als später Skelette der menschlichen Cro-Magnon-Rasse entdeckt wurden, fand man bei ihnen auch die Knochen ausgestorbener Tiere, die die Cro-Magnon-Menschen offenbar gejagt, getötet und gegessen hatten.

Für sich genommen, konnten diese Tatsachen die Befürworter der biblischen Darstellung immer noch nicht erschüttern. Die Bibel aber beschreibt eine Katastrophe, die nicht vollständig war: die Sintflut. Die Mammuts und andere ausgestorbene Tiere, die man mit dem Menschen in Verbindung brachte, hätten aus irgendeinem Grund die Flut nicht überleben können; vor der Zeit Noahs hätten die Menschen sie ohne weiteres gejagt haben können.

Schon vor diesen Entdeckungen – und sogar bevor Darwin sein berühmtes Buch veröffentlichte – hatte man jedoch Skelette entdeckt, die eindeutig menschlich waren und die doch nicht vom »modernen« (heutigen) Menschen stammten.

Zwischen Düsseldorf und Elberfeld erstreckt sich entlang des kleinen Flusses Düssel das Neandertal. Hier waren im Jahre 1856 einige Arbeiter damit beschäftigt, eine Kalksteinhöhle auszuräumen. Sie fanden dabei ein paar Knochen. Das war an sich nichts Ungewöhnliches, und so war es nur logisch, die Knochen zusammen mit dem übrigen Schutt wegzuschaffen. Nachdem dies geschehen war, hörte ein in der Nähe wohnender Professor von diesem Fund. Er bemühte sich zum Fundort, und es gelang ihm, ungefähr vierzehn der Knochen zu retten, darunter einen Schädel.

Die Knochen waren eindeutig menschlich, doch besonders der Schädel zeigte einige interessante Unterschiede von dem eines modernen Menschen. Über den Augen hatte er vortretende Knochenwülste, die »normale« Menschen nicht besitzen. Ferner hatte er eine fliehende Stirn, ein zurückweichendes Kinn und ungewöhnlich vorstehende Zähne.

Man nannte den ehemaligen Besitzer der Knochenfunde bald den *Neandertaler* und stellte sich die Frage, ob er eine primitivere Form des Menschen und vielleicht der Urahn des modernen Menschen war. Traf das tatsächlich zu, so war die menschliche Evolution bewiesen.

Natürlich wurde dieser Ansicht sofort heftig widersprochen. Abgesehen vom Schädel waren die Knochen eindeutig menschlich, und der Schädel selbst konnte einfach der eines von Geburt an deformierten oder unter einer Knochenkrankheit leidenden Menschen sein. Der bekannteste Wissenschaftler, der diese Ansicht vertrat, war der gegen die Evolutionstheorie eingestellte deutsche Pathologe Rudolf Virchow (1824–1880).

Eine sehr populäre Erklärung war, der Schädel sei lediglich ungefähr vierzig Jahre alt und stamme von einem russischen Soldaten, der 1813 oder 1814 gestorben sei, als die russische

Armee bei der Verfolgung der Napoleonischen Truppen durch Deutschland marschierte.

Drei Jahre nach der Entdeckung des Neandertalers erschien Darwins Buch, und die Anhänger der Evolutionstheorie waren nun darauf bedacht, den Fund entsprechend zu interpretieren. Im Jahre 1863 untersuchte der englische Biologe Thomas Henry Huxley (1825–1895), ein engagierter Anhänger Darwins, die Knochen und vertrat anschließend die Meinung, der Neandertaler sei eine frühe Form des Menschen und ein Vorläufer des modernen Menschen.

Im folgenden Jahr gab ein anderer britischer Forscher dem Neandertaler den Namen *Homo neanderthalensis*. Damit plazierte er ihn in dieselbe Gattung wie den modernen Menschen und wies ihm lediglich eine andere Art zu.

Wäre die Entdeckung der Knochen in der Höhle im Neandertal ein isolierter Vorfall gewesen, so wäre die Diskussion um die Evolution ungebrochen weitergegangen. Doch im Jahre 1886 fand man in einer belgischen Höhle zwei ähnliche Skelette. Ihre Schädel zeigten alle charakteristischen Kennzeichen des Neandertalers, wodurch es sehr schwierig wurde, immer noch zu behaupten, alle drei Menschen hätten unter derselben abnormalen Knochenkrankheit gelitten, die beim modernen Menschen vollkommen unbekannt war. Das Pendel neigte sich zugunsten des Neandertalers als eines Vorfahren des Homo sapiens, besonders als weitere derartige Skelette gefunden wurden.

Dennoch besaß man ein halbes Jahrhundert lang lediglich verstreute Knochen und Überreste des Neandertalers. Erst 1908 gelang es dem französischen Paläontologen Marcellin Boule (1861–1942), ein vollständiges, aus einer französischen Höhle stammendes Skelett eines Neandertalers zusammenzusetzen. Aus seiner Rekonstruktion entstand die bekannte Vorstellung des Neandertalers als einer untersetzten Kreatur mit Säbelbeinen und einem abstoßenden, affenähnlichen Gesicht.

Diese Vorstellung wurde natürlich von den Illustratoren genährt, die den Neandertaler grundsätzlich unrasiert darstellen, während der Cro-Magnon-Mensch immer frisch rasiert und mit äußerst noblem Gesichtsausdruck gezeigt wird. Wer den Filmklassiker *Dr. Jekyll und Mr. Hyde* mit Frederic March gesehen hat, dem wird aufgefallen sein, daß Dr. Jekyll genauso aussieht, wie man sich den Cro-Magnon-Menschen vorstellt, während Mr. Hyde bis aufs Haar dem Neandertaler gleicht. Ich kann mir kaum vorstellen, daß das purer Zufall ist.

Wie sich später herausstellte, hatte Boule sich mit dem stark arthritischen und deformierten Skelett eines alten Mannes beschäftigt. Die Untersuchungen anderer, jüngerer und gesünderer Individuen, die man seither gefunden hat, legen nahe, daß der Neandertaler nicht sonderlich »unmenschlich« ausgesehen hat. Freilich sind da die dicken Überaugenwülste, die großen Zähne, das vorstehende Gebiß, das zurückweichende Kinn und die fliehende Stirn, doch im ganzen gesehen hat sich der Neandertaler ganz genauso bewegt wie wir und vom Hals abwärts keine wichtigen Unterschiede zu uns aufgewiesen.

Darüber hinaus war das Gehirn des Neandertalers so groß wie das unsere, vielleicht sogar ein wenig größer, wenngleich es anders proportioniert war. Es war vorne kleiner (daher die fliehende Stirn), hinten dagegen größer. Da man den vorderen Teil des Hirns mit den verfeinerten Regionen des abstrakten Denkens identifiziert, könnte man annehmen, daß der Neandertaler weniger intelligent war als wir – aber dafür gibt es keine wirklichen Beweise.

Der Neandertaler war offensichtlich kleiner und untersetzter als wir und hatte eine schwerere und kräftigere Muskulatur, doch all diese Unterschiede scheinen, biologisch gesehen, nicht viel zu bedeuten. Man ist heute der Ansicht, daß er zu derselben Art gehört wie wir, so daß sein wissenschaftlicher Name nun *Homo sapiens neanderthalensis* lautet, während der moderne Mensch *Homo sapiens sapiens* ist.

Der Neandertaler hat großteils in Europa gelebt, und besonders in Frankreich hat man mehr Überreste von ihm entdeckt als anderswo, doch scheint er sich bis nach Zentralasien ausgebreitet zu haben. In seiner typischen Gestalt ist er erstmals vor hunderttausend Jahren erschienen, obwohl einige

besonders primitive Exemplare bis zu zweihundertfünfzig-
tausend Jahre alt sein sollen. Vor ungefähr fünfunddreißig-
tausend Jahren ist der Neandertaler ausgestorben, bald nachdem der moderne Mensch aufgetaucht ist.

Wir können nicht mit Sicherheit sagen, ob der moderne
Mensch irgendwo anders entstanden und dann in Europa ein-
gewandert ist, um den Neandertaler zu verdrängen, oder ob
der Neandertaler sich allmählich verändert und vor vierzigtausend Jahren Exemplare des modernen Menschen hervorgebracht hat, um von ihren Nachkommen innerhalb der nächsten fünftausend Jahre verdrängt zu werden. Das letztgenannte Konzept scheint logischer.

Wie der moderne Mensch den Neandertaler verdrängt hat
– ob durch Krieg, durch Vermischung oder durch beides –, ist
nicht festzustellen. Die Funde geben uns nur unzureichende
Hinweise.

Jedenfalls ist der Neandertaler das früheste Beispiel des
Homo sapiens, das wir kennen. Damit wäre unsere Art mindestens hunderttausend Jahre alt, vielleicht auch wesentlich
älter.

Verfolgen wir nun das evolutionäre Schauspiel weiter zurück, so kann auch der Neandertaler nicht einfach aus dem
Nichts entstanden sein. Es muß noch frühere Vorfahren des
Menschen gegeben haben, die *nicht* Homo sapiens waren,
dem Menschen aber stärker ähnelten als jedem anderen Lebewesen, einschließlich der Menschenaffen. Ein solches
Wesen, das dem Menschen stärker ähnelt als den Menschenaffen, nennt man einen *Hominiden*.

Der moderne Mensch ist der jüngste Hominide, der erschienen ist, und er ist der einzige noch lebende Hominide;
doch in der Urzeit muß es frühere und einfachere Hominiden
gegeben haben. Als nächstes müssen wir daher nach den Anfängen der Hominiden suchen.

6.
DIE HOMINIDEN

Der deutsche Naturforscher Ernst Haeckel (1834–1919) war ein engagierter Anhänger der Evolutionstheorie. Er war davon überzeugt, daß irgendwann frühe Hominiden existierten, und gab ihnen sogar den (griechischen) Namen *Pithecanthropus*, was auf deutsch »Affenmensch« bedeutet. Der Begriff *Affenmensch* wurde in populärwissenschaftlichen Texten bald häufig verwendet und ersetzte den früheren Terminus »missing link«.

Als sich das 19. Jahrhundert seinem Ende zuneigte, war man ernsthaft auf der Suche nach irgendwelchen fossilen Spuren, die auf solche frühen Hominiden hindeuten konnten.

Einer dieser Sucher war der holländische Paläontologe Marie Eugène Dubois (1858–1940). Er stellte die Überlegung an, daß sich der Mensch auf der ganzen Erde ausgebreitet habe, während die Affen wesentlich weniger mobil gewesen und näher bei ihren Ursprungsregionen geblieben seien. Die Affen mußten sich also an den Orten entwickelt haben, die sie immer noch bewohnten, und auch die Hominiden – als eine Art Menschenaffen – mußten von dort stammen.

Nun leben von den vier Arten von Menschenaffen die Gorillas und die Schimpansen in Afrika, während die Orang-Utans und die (nicht immer zu den Menschenaffen gerechneten) Gibbons in Südostasien und Indonesien beheimatet sind.

Haeckel hatte spekuliert, daß der Gibbon (der kleinste der Menschenaffen) jener Urform am nächsten kam, von der alle Menschenaffen abstammten. Das stimmte zwar nicht, doch Haeckels These lenkte Dubois' Interesse auf Indonesien. Zu seiner Zeit war dieses aus großen Inseln bestehende Land zum großen Teil eine holländische Kolonie und trug den Namen Holländisch-Ostindien. Als Holländer lag es für Dubois nahe, dort eine Arbeitsmöglichkeit zu suchen.

Sein Vorhaben gelang wie gewünscht. Er trat in die holländische Armee ein und hoffte, nach Ostindien versetzt zu werden. Tatsächlich erhielt er 1889 von seiner Regierung den Auftrag, an bestimmten javanischen Orten nach Fossilien zu suchen. Java war die am stärksten bevölkerte, wenngleich nicht die größte der indonesischen Inseln.

In Java angekommen, begann Dubois mit seiner Suche. Er hatte erstaunliches Glück. 1891 stieß er in der Nähe des Dorfes Trinil im Zentrum Javas auf Zähne und Teile eines uralten Schädels. Der Schädel zeigte eine fliehende Stirn und Überaugenwülste wie beim Neandertaler; doch der Teil des Schädels, der das Gehirn enthalten hatte, war relativ klein.

Das Gehirn eines erwachsenen Mannes wiegt ungefähr einundhalb Kilogramm und hat ein Volumen von 1450 Kubikzentimetern. Der Neandertaler besaß ein etwas größeres Gehirn mit einem Volumen von 1500 Kubikzentimetern. Der Hohlraum in dem von Dubois gefundenen Schädel hatte lediglich ein Volumen von 900 Kubikzentimetern. Das in diesem Raum enthaltene Gehirn konnte nur 0,9 Kilo gewogen und drei Fünftel des Umfangs eines normalen menschlichen Gehirns aufgewiesen haben.

Natürlich hätte der Schädel von einem Kind stammen können, doch das war offensichtlich nicht der Fall. Wenn sich beim Menschen Knochenwülste über den Augen entwickeln, geschieht das bei männlichen Erwachsenen. Frauen sowie Kinder beiderlei Geschlechts besitzen keine Knochenwülste. Selbst bei den Neandertalern, deren Wülste wesentlich deutlicher hervortreten als die des modernen Menschen, sind die Schädel junger Exemplare vergleichsweise glatt. Der Schädel, den Dubois entdeckt hatte, besaß jedoch sehr deutliche Überaugenwülste und war daher höchstwahrscheinlich der eines Erwachsenen.

Das Gehirn, das der uralte Schädel einst enthalten hatte, wäre immer noch doppelt so groß gewesen wie das jedes heute lebenden Gorillas. Es war also zwischen dem Gehirn eines Menschenaffen und dem eines Menschen einzuordnen. Auch die Zähne schienen in gewisser Weise zwischen denen von Menschenaffen und Menschen zu stehen. Dubois war davon überzeugt, daß er Haeckels Pithecanthropus gefunden hatte. So nannte er das Skelett auch, obwohl es den meisten seiner Zeitgenossen einfacher erschien, vom *Java-Menschen* zu sprechen.

An dem Ort, an dem er den Schädel und die Zähne entdeckt hatte, setzte Dubois seine Suche fort; und im Jahre 1892 fand er ganze vierzehn Meter von der Fundstätte des Schädels einen Schenkelknochen. Er befand sich in derselben Tiefe wie der Schädel und schien auch so alt wie dieser zu sein, doch er sah vollkommen menschlich aus. Seiner Form nach schien es klar, daß das Wesen, das ihn einst besessen hatte, aufrecht stehen und ebensogut auf zwei Beinen gehen konnte wie ein moderner Mensch.

Dubois war davon überzeugt, daß der Schenkelknochen und der Schädel zum selben Individuum gehört hatten. Er nannte den Java-Menschen daher *Pithecanthropus erectus* (»aufrecht stehender Affenmensch«) und ließ seine Erkenntnisse 1894 veröffentlichen. Es ging um die erste Entdeckung von Überresten eines Wesens, das unzweifelhaft ein Hominide war und ein Gehirn besessen hatte, das unleugbar zwischen dem eines Menschenaffen und dem eines Menschen stand. Dubois' Bericht rief eine gewaltige Kontroverse hervor. Die Gegner der Evolutionstheorie waren nicht davon abzubringen, daß Dubois lediglich den Kopf eines Idioten gefunden hatte. Solange nur ein derartiger Schädel bekannt war, konnte die Diskussion nicht beendet werden. Dubois wurde des Geschreis und Streitens derart müde, daß er seine Knochen jahrelang unter Verschluß hielt und nicht mehr darüber sprechen wollte. Die Suche mußte von anderen fortgesetzt werden.

In den späten dreißiger Jahren fuhr ein anderer holländischer Paläontologe, Gustav von Koenigswald, nach Java und setzte die Suche fort. Dabei bat er die Bewohner der Insel um ihre Mithilfe. Er erklärte ihnen genau, wonach er suchte und daß er für jedes Stück Knochen, das sie ihm brachten, einen Groschen bezahlen würde, so klein das Stück auch sein mochte. Das war ein Fehler, denn jeder, der einen Knochen fand, brach ihn in kleine Stücke, um den Betrag für jedes einzelne Stück zu kassieren.

Dennoch besaß Koenigswald schließlich drei Schädel und einige Fragmente von Kieferknochen mit darin steckenden Zähnen. Alle Schädel waren klein. Es mochte einen menschlichen Idioten mit einem kleinen Gehirn gegeben haben, aber vier waren eindeutig zuviel. Der Java-Mensch war tatsächlich ein echter Hominide.

In der Zwischenzeit hatte sich das öffentliche Interesse China zugewandt. In der chinesischen Medizin glaubte man, zu Pulver gemahlene fossile Knochen und Zähne könnten als Medikament verwendet werden. Aus diesem Grund waren in den chinesischen Apotheken Fossilien zu finden. Im Jahre 1900 erwies sich einer der alten Zähne als recht menschlich, was eine Suche nach menschlichen Fossilien auslöste.

Knapp fünfzig Kilometer südwestlich von Peking liegt die Stadt Zhoukoudian (in alter Schreibweise Choukoutien), in deren Nähe sich eine Anzahl mit hartem Erdreich gefüllter Höhlen befindet. Hier schien ein vielversprechender Ort für die Suche nach Fossilien zu sein.

In einer der Höhlen fand man vorerst einige Quarzstücke. Sie hatten nicht auf natürliche Weise dorthin gelangen können und waren vielleicht von Menschen hingebracht worden. Der kanadische Paläontologe Davidson Black (1884–1934) arbeitete sich daher tiefer in die Höhle hinein und inspizierte alles genauestens.

1923 fand man den ersten Zahn, 1926 einen weiteren und 1927 einen dritten. Man untersuchte diese Zähne sorgfältig, sie schienen weder zu einem Menschen noch zu einem Menschenaffen zu gehören. Black gelangte zu der Ansicht, daß sie zu einem Hominiden gehörten, den er *Sinanthropus pekinensis* (»China-Mensch aus Peking«) nannte. In der Öffentlichkeit wurde das Wesen einfach als *Peking-Mensch* bekannt.

1929 grub man Fragmente eines Schädels, eines Kiefers und weitere Zähne aus. Nach dem Tode Blacks wurden die Arbeiten unter dem deutschen Paläontologen Franz Weidenreich (1873–1948) weitergeführt. Mit der Zeit entdeckte man Teile von vierzig verschiedenen Hominiden.

Unglücklicherweise waren inzwischen die Japaner in

China eingefallen und hatten auch das Gebiet um den Fundort besetzt. Sie erlaubten die Fortführung der Grabungen, doch 1941, als der Krieg sich auszuweiten schien, beschlossen die Paläontologen, die Knochen sicherheitshalber in die Vereinigten Staaten zu schicken. Zwei Tage nach der Absendung der Knochen aber griffen die Japaner Pearl Harbor an, und in den auf den Überraschungsschlag folgenden Wirren gingen die Knochen verloren, um nie wieder aufzutauchen.

Im Verlauf erster Untersuchungen hatte man jedoch genug erforscht, um zeigen zu können, daß der Peking-Mensch dem Java-Menschen stark ähnelte. Inzwischen hat die Paläontologie entschieden, daß der Java-Mensch und der Peking-Mensch zur selben Art gehören. Und obwohl sie nicht Homo sapiens sind, stehen sie ihm nahe genug, um zur selben Gattung zu zählen. Namen wie Pithecanthropus und Sinanthropus waren also nicht mehr zutreffend. Man gab ihnen statt dessen die Bezeichnung *Homo erectus.*

Nach dem Zweiten Weltkrieg entdeckte man weitere Knochen des Homo erectus, und zwar in Afrika und vielleicht auch in Europa (Homo heidelbergensis). Es stellte sich heraus, daß dieser Hominide trotz seines vergleichsweise kleinen Gehirns erstaunliche Fähigkeiten besessen haben muß. Die Funde bei Zhoukoudian legen nahe, daß es der Homo erectus war, der sich vor fünfhunderttausend Jahren erstmals das Feuer zunutze machte.

Der bei Peking gefundene Homo erectus hatte später als jener aus Java gelebt und ein etwas größeres Gehirn besessen. Tatsächlich könnte der Homo erectus erstmals vor einteinhalb Millionen Jahren erschienen sein und bis vor 250 000 Jahren gelebt haben, wobei er allmählich ein größeres Gehirn entwickelte. Sein Gehirn könnte ursprünglich ein Volumen von 850 Kubikzentimetern gehabt und schließlich 1100 Kubikzentimeter erreicht haben.

Nebenbei bemerkt, sind Zeitspannen wie 250 000 bis einteinhalb Millionen Jahre viel zu weit entfernt, um mit Hilfe der Radiocarbonmethode oder einem der anderen beschriebenen Verfahren gemessen zu werden. Es gibt jedoch andere radioaktive Halbwertzeiten, die wesentlich größer sind als die des Kohlenstoffs C-14, und man kann diese sehr langsamen Zerfallsvorgänge nutzen, um das Alter des Gesteins zu messen, in dem die Überreste des Homo erectus gefunden wurden. Ich werde darauf ausführlicher zurückkommen.

Was geschah vor 250000 Jahren mit dem Homo erectus? Höchstwahrscheinlich hat er sich weiterentwickelt und dabei ein immer größeres Gehirn bekommen, um zuerst Homo sapiens neanderthalensis und schließlich Homo sapiens sapiens zu werden. Wir besitzen zwei oder drei Knochenfragmente, die aus der Periode zwischen Homo erectus und Homo sapiens zu stammen scheinen, aber sie reichen nicht aus, um die Verbindung mit Sicherheit feststellen zu können.

Gibt es irgendeine Chance, daß man die fehlenden Fossilien finden wird? Die Paläontologen suchen ständig und sorgfältig nach ihnen – aber die Chance ist nicht sehr groß. Legte man alle jemals entdeckten Fossilien von Hominiden auf einen Haufen, so würden sie in eine relativ kleine Kiste passen. Hominiden sind im allgemeinen zu intelligent, um unter Bedingungen im Schlamm steckenzubleiben, unter denen sich Fossilien bilden können. Gibt es irgendwelche Hominiden, die noch älter sind als der Homo erectus?

Im Jahre 1931 begann der britische Paläontologe Louis S. B. Leakey (1903–1972), in der Schlucht von Olduvai zu graben, einem Ort im westafrikanischen Tansania, an dem das Sedimentgestein zwei Millionen Jahre alt ist. Leakey vermutete Spuren früher Hominiden in diesem Gestein.

In den frühen sechziger Jahren entdeckte er drei Schädel, die beinahe wie jene des Homo erectus aussahen. Ihre Knochen waren jedoch dünner und ihre Gehirne noch kleiner. Das Gehirnvolumen hätte lediglich achthundert Kubikzentimeter umfaßt und nur knapp die Hälfte unseres eigenen Gehirns gewogen.

Leakey bezeichnete diese Schädel als Überreste des *Homo habilis,* des »geschickten Menschen«, da trotz des geringen Gehirnvolumens in der Nähe der Knochen Steinwerkzeuge gefunden wurden. Diese Hominiden besaßen also eine ausreichende Intelligenz, um Werkzeuge zu benutzen, und sie waren geschickt genug, sie auch herzustellen.

Leakey schätzte das Alter des Homo habilis auf ungefähr 1,8 Millionen Jahre. Es wäre möglich, daß es sich um sehr frühe Exemplare des Homo erectus handelt. Vielleicht hat sich der Homo habilis auch in zwei auseinanderlaufenden Richtungen entwickelt, die zum Homo erectus beziehungsweise zum Homo sapiens führten. Im letzteren Fall hätte die Entwicklung vom Homo erectus in einer Sackgasse geendet. Es ist jedoch unmöglich, ohne weitere Fossilien genauere Aussagen zu treffen, so daß die Paläontologen noch heute über den genauen Stammbaum des modernen Menschen spekulieren und diskutieren. Dabei ist es keine Frage, daß wir von primitiven Hominiden abstammen, wie auch immer die genauen Einzelheiten lauten mögen.

Der Homo habilis ist der älteste Hominide, der genügend Ähnlichkeit zum modernen Menschen aufweist, um zur Gattung Homo zu gehören. Es wäre also anzunehmen, daß die Gattung als solche 1,8 Millionen Jahre alt ist.

Das bedeutet freilich keineswegs, daß der Homo habilis der früheste Hominide ist, den es jemals gegeben hat. Es könnte noch einfachere Hominiden mit noch kleineren Gehirnen gegeben haben, die sich so stark vom Menschen unterscheiden, daß man sie von der Gattung Homo ausschließen muß – und die dem Menschen dennoch näher stehen als den Menschenaffen. Diese Wesen hat es tatsächlich gegeben.

Im Jahre 1923 zog der 1893 in Australien geborene Arzt Raymond Arthur Dart nach Südafrika, um dort an einem medizinischen Institut zu lehren. 1924 sah er auf dem Kaminsims eines Bekannten einen fossilen Pavianschädel und fragte, woher dieser stamme. Die Fundstätte war ein Ort namens Taung, wo man Kalksteinfelsen gesprengt hatte. Dart sandte eine Botschaft an die dort arbeitenden Menschen und bat sie um alle Fossilien, die sie fanden.

Man schickte ihm einen Karton voller Kalkstein mit Fossilien. Er löste die Stücke heraus und entdeckte, daß sie – zusammengesetzt – dem Schädel eines jungen Affen ähnelten, abgesehen davon, daß die Höhlung für das Gehirn zu groß für einen jungen Affen war. Überaugenwülste waren nicht vorhanden. 1925 publizierte Dart seine Beobachtungen und vermutete, das Fossil könne eine ausgestorbene Lebensform darstellen, die ungefähr in der Mitte zwischen dem Menschenaffen und dem Menschen liege. Er nannte dieses Wesen *Australopithecus africanus* (»südlicher Affe aus Afrika«).

Zu dieser Zeit wurde noch immer über die javanischen Funde von Dubois diskutiert, so daß man Dart wenig Aufmerksamkeit schenkte. 1934 jedoch kam der schottische Paläontologe Robert Broom (1866–1951) nach Südafrika, da er vermutete, daß Dart womöglich auf etwas Wichtiges gestoßen sei. Broom begann dort mit der Suche nach weiteren derartigen Fossilien.

1936 besuchte er nicht weit von Johannesburg liegende Kalksteinhöhlen und entdeckte einen weiteren fossilen Schädel des Australopithecus, diesmal eines erwachsenen Exemplars. Zwei Jahre lang sammelte er Fossilienfragmente: einen Schenkelknochen, einen weiteren Schädel, einen Kiefer. Es schien sich um etwas größere Wesen als das von Dart beschriebene zu handeln, selbst wenn man ihr höheres Lebensalter in Betracht zog. Schließlich taufte man sie *Australopithecus robustus,* da sie dickere und robustere Knochen besaßen als das früher aufgetauchte Exemplar.

Wahrscheinlich existiert eine Anzahl verschiedener Arten dieser Lebewesen, die sich stark genug von uns unterscheiden, um eine eigene Gattung zu bilden. Ihr Name bleibt *Australopithecus,* obwohl sie *keine* Affen sind. Die gesamte Gattung wird auch als die der Australopithecinen bezeichnet.

Sie sind kleine Hominiden, teilweise selbst als Erwachsene nur 120 Zentimeter groß. Ihre Gehirne sind kleiner als die aller Hominiden der Gattung Homo. Das Gehirn scheint ein Volumen von 490 Kubikzentimetern und ein Gewicht von nicht mehr als einem Pfund gehabt zu haben. Das wäre lediglich ein Drittel unseres Gehirns und weniger als das Gehirngewicht eines modernen Gorillas. Da der Australophitecus jedoch lediglich ein Achtel des Körpergewichts eines Gorillas aufweist, ist sein Gehirn verhältnismäßig wesentlich größer.

Der Australopithecus könnte sehr einfach Werkzeuge aus Knochen und Holz benutzt haben. Er war dagegen noch nicht weit genug fortgeschritten, um mit Steinwerkzeugen umgehen zu können, was offenbar auf die Angehörigen der Gattung Homo beschränkt ist.

1977 entdeckte der amerikanische Paläontologe Donald Johnson das älteste Exemplar eines Australopithecus, das jemals gefunden wurde. Er fand genügend Knochen, um ungefähr vierzig Prozent des gesamten Skeletts zusammensetzen zu können. Da es sich eindeutig um ein weibliches Skelett handelte, gab man ihm aus irgendeinem Grund den Namen »Lucy«. Seine wissenschaftliche Bezeichnung lautet *Australopithecus afarensis*. Das Wort *afarensis* ist aus der Tatsache abgeleitet, daß der Fundort in einer Afar genannten Region Ostafrikas liegt, nahe der Südküste des Roten Meeres.

Lucy war offensichtlich eine junge Erwachsene und knapp über einen Meter groß. Ihre Hüft- und Schenkelknochen bestätigten etwas, was man schon aufgrund der anderen Fossilien von Australopithecinen vermutet hatte: Sie ging aufrecht und genauso mühelos wie wir.

Alle Hominiden bis hin zu dem frühesten, den wir kennen, besitzen eine einzigartige, doppelt gekrümmte Wirbelsäule, die den Besitzer unbegrenzt aufrecht halten kann. Affen dagegen können zwar aufrecht gehen, doch tun sie dies nur für kurze Zeit und finden den Vorgang eindeutig unbequem.

Es sieht so aus, als hätte die evolutionäre Entwicklung, die zu den Hominiden und schließlich zum Menschen geführt hat, nicht ein riesiges Gehirn oder eine geschickte Hand ausgemacht, sondern vielmehr eine Biegung des Rückgrats, die das aufrechte Stehen ermöglichte. Aus dieser Tatsache könnte alles weitere gefolgt sein.

Sobald ein Hominide aufrecht stand, waren seine vorderen Gliedmaßen völlig von der Aufgabe befreit, den Körper aufrecht zu halten. Sie waren also frei, die herumliegenden Gegenstände zu inspizieren und mit ihnen umzugehen. Jede Veränderung, die die Hände und Augen für diesen Zweck besser verwendbar machte, verbesserte auch die Überlebensfähigkeit des Organismus. Sie bedeutete ein längeres Leben und mehr Nachkommen, die die besseren und gewandteren Hände, die längeren und zum Greifen geeigneteren Daumen und die schärferen Augen erbte.

Je häufiger Hände und Augen dazu benutzt wurden, Dinge zu betasten und mit ihnen umzugehen, desto mehr Informationen flossen ins Gehirn. Wieder war jede Veränderung, die das Gehirn größer und komplexer machte, nützlich und verbesserte die Überlebenschancen. Auch dies bedeutete also ein längeres Leben und mehr Nachkommen, die das bessere Gehirn erbten – dessen Größe sich in der Zeitspanne vom Australopithecus bis zur Gegenwart verdreifacht hat.

Lucy ist ungefähr vier Millionen Jahre alt. Sie ist womöglich nicht der älteste Australopithecine, nicht das erste Lebewesen, das aufrecht stehen und frei auf zwei Beinen gehen konnte, doch ist sie das älteste derartige Wesen, das uns bekannt ist. Einige Paläontologen glauben, die Australopithecinen seien einige Millionen Jahre früher entstanden und hätten ursprünglich ein Gehirnvolumen von lediglich 350 Kubikzentimetern und ein Gehirngewicht von 360 Gramm gehabt. Bevor wir hierüber konkrete Aussagen treffen können, benötigen wir jedoch weitere und ältere Fossilien.

In gewisser Weise haben wir das »missing link« immer noch nicht gefunden. Selbst Lucy, der älteste bekannte Australopithecus, steht wegen ihrer Fähigkeit zum aufrechten Gang dem Menschen viel näher als dem Affen. Sie ist nicht der »Affenmensch«, das in der Mitte zwischen den Menschenaffen und dem Menschen stehende Wesen, nach dem man so lange gesucht hat. Bei zwei verschiedenen Gelegenheiten sind Hoffnungen in dieser Richtung aufgetaucht, die sich aber wieder als falsch erwiesen.

Im Jahre 1935 befand sich der erwähnte Koenigswald in Hongkong, kurz vor seiner Reise nach Java, auf der er nach weiteren Fossilien des Homo erectus suchte. In Hongkong stieß er nun in einheimischen Apotheken auf vier interessante Zähne. Sie sahen ganz wie menschliche Zähne aus, waren aber viel größer.

Bis zu diesem Zeitpunkt (und auch später) hatten sich alle frühen Hominiden als kleiner als der Homo sapiens erwiesen. Selbst die zuerst im Neandertal gefundene Variante des Homo sapiens, die offenbar stärker und muskulöser als der moderne Mensch war, war nicht so groß wie wir. In gewisser

Weise ist der Homo sapiens sapiens der Riese unter den Hominiden.

Die Zähne, die Koenigswald entdeckt hatte, hätten Hominiden gehören müssen, die beträchtlich größer als wir waren – wenn sie tatsächlich von Hominiden stammten. Koenigswald wagte nicht recht, dies anzunehmen. Er nannte das Wesen, dem die Zähne gehört hatten, *Gigantopithecus* (griechisch für »Riesenaffe«).

Natürlich war die Öffentlichkeit nur zu gern bereit zu glauben, daß irgendwann riesige Hominiden existiert hatten. Selbst in der Bibel, in 1. Mose 6, 4, heißt es in einem vielzitierten Vers: »Es waren auch zu den Zeiten Riesen auf Erden ...« Das hebräische Wort *Nephillim,* hier als »Riesen« übersetzt, bedeutet jedoch nicht allein Riesen bezüglich der Körpergröße. Es kann einfach heldenhafte Menschen, große Krieger, legendäre Halbgötter und Helden bedeuten. Viele Menschen, die die Bibel wörtlich nehmen, meinen allerdings, das Wort bedeute körperlich große Menschen.

Freilich erzählen auch die Märchen vieler Länder von Riesen, von menschenähnlichen Wesen mit großem Gewicht und entsprechender Statur, die meist als dumm und leicht zu hintergehen beschrieben sind. Sind diese Geschichten eine entfernte Erinnerung an Affenmenschen, oder handelt es sich nur um den bekannten Kunstgriff der Geschichtenerzähler, die Schwierigkeiten und die Bösewichter größer erscheinen zu lassen, damit der Held noch heroischer erscheint? Ist es vielleicht ebenso wie mit der Geschichte von David und Goliath, bei der jeder Partei für den kleinen David ergreift?

1955 beschlossen chinesische Wissenschaftler, alle erreichbaren Apotheken zu durchforsten, um irgendwelche eventuell vorhandenen Teile des sagenhaften Wesens zu entdecken. Sie fanden tatsächlich Dutzende riesiger Zähne und ein paar riesige Unterkiefer.

Es stellte sich heraus, daß Gigantopithecus tatsächlich war, was sein Name bedeutet. Er war keineswegs ein Hominide, sondern ein riesiger, ungefähr 2,70 Meter großer Affe – der größte bekannte Affe, der jemals gelebt hat (obwohl er wesentlich kleiner war als das berühmte und beliebte Ungeheuer King Kong). Er hatte menschenähnliche Zähne, da er sich auf ähnliche Weise ernährte wie der Mensch, doch seine Kiefer waren eindeutig affenähnlich.

Vielleicht ist der Gigantopithecus erst zu Zeiten der frühen Neandertaler ausgestorben, so daß es möglich wäre, daß er für die Entstehung der Märchenriesen verantwortlich ist. Irgendwie kann ich daran aber nicht so recht glauben.

Noch rätselhafter als der Gigantopithecus war der Fall eines Fundes aus dem Jahre 1911. Der Fundort war Piltdown in Südengland und der glückliche Finder ein englischer Rechtsanwalt namens Charles Dawson (1864—1916). Es ging um einen Schädel, später auch um einen Unterkiefer mit einigen Zähnen. Der Schädel sah recht menschenähnlich aus, der Kiefer dagegen affenähnlich. Man nannte den Fund *Eoanthropus dawsoni* (griechisch für »Dawsons Frühmensch«) oder einfach den Piltdown-Menschen.

Konnte er mit seinem menschlichen Schädel und seinem affenähnlichen Kiefer der in der Mitte stehende Affenmensch sein, also das »missing link«?

Vierzig Jahre lang standen die Paläontologen vor einem Rätsel. Bei allen anderen Hominiden hatte sich herausgestellt, daß Schädel und Kiefer *gleichzeitig* menschenähnlicher wurden. Ein Hominide mit einem menschlichen Schädel und einem affenähnlichen Kiefer schien einfach nicht ins Schema zu passen. Je mehr Fossilien entdeckt wurden, desto weniger echt schien der Piltdown-Mensch, doch die Paläontologen, die als erste Schädel und Kiefer zusammengefügt hatten, verteidigten ihn hingebungsvoll.

Nun, er war tatsächlich nicht echt. 1953 bewies man eindeutig, daß der Piltdown-Mensch eine Fälschung war. Der Schädel war menschlich und darüber hinaus nicht sehr alt. Der Kiefer stammte von einem Orang-Utan und war gleichfalls jüngeren Datums. Man hatte die Knochen behandelt, um sie sehr alt aussehen zu lassen, und die Zähne waren abgeschliffen worden, damit sie paßten. Die Verbindungsstücke zwischen Schädel und Kiefer hatte man weggebrochen, so daß man nicht sehen konnte, daß die Einzelteile eindeutig *nicht* zusammenpaßten.

Den Beweis, daß beide Teile jüngeren Datums waren, erbrachte eine Fluoranalyse. Solange Knochen im lebenden Körper sind, enthalten sie wenig oder keine Atome des Elements Fluor. Wenn Knochen aber im Boden liegen und zu Fossilien werden, nehmen sie sehr langsam Fluor aus dem Boden und dem in ihm enthaltenen Wasser auf. Die Menge an Fluor in einem Fossil kann einen ungefähren Eindruck vermitteln, wie lange das Objekt im Boden gewesen ist.

Wer könnte einen derartigen Schwindel angezettelt haben? Meist wird der Finder Dawson verdächtigt, doch gibt es keine Beweise, und auch ein halbes Dutzend anderer Personen steht unter Verdacht. Auch das Motiv hat niemand herausfinden können. Jedenfalls bleibt es der berühmteste Schwindel der Wissenschaftsgeschichte, zumindest was die lange Zeit bis zu seiner Aufdeckung betrifft.

Natürlich war die Fälschung leicht zu erkennen, nachdem die Sache an den Tag gekommen war; und es hat beträchtliches Erstaunen hervorgerufen, daß so viele gelehrte Professoren darauf hereinfallen konnten.

Ein Teilgrund dafür ist, daß man 1911 noch sehr wenig über die frühen Hominiden wußte. Heutzutage weiß die Paläontologie, daß eine derartige Kombination aus einem Menschenschädel und einem Affenkiefer extrem unwahrscheinlich ist. Damals war dem noch nicht so.

Außerdem sind auch Paläontologen nur Menschen, und die Sache hatte nicht zuletzt mit Nationalstolz zu tun. Man hatte damals bereits in Spanien, Frankreich, Deutschland und Belgien Fossilien von Hominiden gefunden, doch in England war sehr wenig in dieser Richtung aufgetaucht. Als die britischen Paläontologen die Gelegenheit sahen, mit einem Fund, der derart unvergleichlich und einzigartig war, über den Rest des Kontinents zu triumphieren, konnten sie einfach nicht widerstehen. Sie nannten ihn den »ersten Engländer« und bestanden auf seiner Authentizität.

Doch selbst wenn wir das echte Bindeglied zwischen den Hominiden und den Affen nicht gefunden haben, können wir sicher sein, daß der erste Hominide nicht aus dem Nichts entstanden ist. Die Menschen und die Menschenaffen werden manchmal unter dem Begriff *Hominoiden* zusammengefaßt; und es muß einen ersten Hominoiden gegeben haben: ein Wesen, von dem alle Menschenaffen wie auch die Menschen abstammen und das sich zu einer früheren Zeit von der Unterordnung der Affen abgespaltet hat.

Nimmt man nun die Menschen, die Affen, die Menschenaffen und einige noch primitivere Lebewesen (die Halbaffen) zusammen, so kommt man zu der *Ordnung* der *Primaten* (vom lateinischen Wort für »die ersten«). Unser nächster Schritt ist also, dem Ursprung der Hominoiden und Primaten nachzuforschen.

7.
DIE PRIMATEN

Die heutige Forschung ist bereits weit in die Urzeit vorgestoßen, viel weiter, als man sich noch vor zweihundert Jahren hätte träumen lassen. Nehmen wir an, daß die Linie der Hominiden sechs Millionen Jahre alt ist, so waren die Australopithecinen während drei Vierteln dieser Periode die einzigen lebenden Hominiden. Erst im letzten Viertel der Geschichte der Hominiden ist die Art Homo erschienen, und 98 Prozent der Gesamtzeit waren verstrichen, als der Homo sapiens neanderthalensis erschien. 99,3 Prozent wiederum waren vergangen, als der Homo sapiens sapiens auftauchte; und zivilisiert sind wir erst seit einem Sechshundertstel der Zeit, die die Hominiden existieren. Es ist jedoch offensichtlich, daß die evolutionäre Geschichte der Hominiden weit über ihr erstes Erscheinen hinausreicht.

Man muß kein Anhänger der Evolutionstheorie sein, um festzustellen, daß die Affen und Menschenaffen uns ähneln. Schon im Altertum war man sich der Tatsache bewußt, daß die Affen beinahe Karikaturen des Menschen darstellen. Und das englische Wort für Affe – »monkey« – ist zwar von ungewisser Herkunft, doch ich stelle mir gerne vor, daß es nicht ohne Grund an den Klang des Wortes »manikin« (Männchen) erinnert.

Innerhalb der Ordnung der Primaten war der Zweig der Affen im Altertum der einzige, den die Bewohner des Mittelmeerraums kannten (wenn man vom Menschen selbst absieht). Doch obwohl diese Affen bei weitem nicht die Menschenähnlichkeit von Menschenaffen aufwiesen, waren die Übereinstimmungen unübersehbar. Die Gesichter der Tiere waren die verschrumpelter kleiner Menschen. Sie besaßen Hände, die eindeutig an menschliche Hände denken ließen, und sie betasteten ihre Umgebung wie die Menschen mit einer lebhaften Neugier und waren sichtbar intelligenter als andere Tiere.

Andererseits hatten sie Schwänze und lebten einfach in

den Tag hinein. Die meisten der uns bekannten Tiere haben einen so deutlich sichtbaren Schwanz, daß dieser Unterschied schon an sich die Einzigartigkeit des Menschen anzuzeigen und uns in eine eigene Klasse zu plazieren scheint.

In der Bibel findet sich jedoch eine Erwähnung des Affen, für die in manchen Sprachen ein spezieller Begriff verwendet wird. Bei der Beschreibung der Handelsunternehmungen des Königs Salomon heißt es im ersten Buch der Könige 10, 22: »Denn der König hatte Tarsisschiffe ... Diese kamen in drei Jahren *einmal* und brachten Gold, Silber, Elfenbein, Affen und Pfauen.«

Tarsis (oder Tarschisch) wird gewöhnlich mit Tartessos identifiziert, einer im Altertum westlich von Gibraltar gelegenen Stadt an der spanischen Küste. Im Nordwesten Afrikas, gegenüber von Tartessos, lebte damals (und lebt noch heute) eine zur Gruppe der Makaken gehörende Affenart. Von ihr ist in der zitierten Bibelstelle die Rede. In späteren Jahren, als Nordwestafrika unter die Herrschaft von »Barbaren« geriet, nannte man sie auf englisch »barbary ape«. Einige dieser Affen leben heute noch auf der von England besetzten Halbinsel Gibraltar und sind die einzigen wildlebenden Affen Europas.

Das Seltsame an dieser Affenart war, daß sie keinen Schwanz besaß. Dieser Affe glich dem Menschen daher mehr als andere Affen. Als der griechische Philosoph Aristoteles (384–322 v. Chr.) seine Klassifikation der Lebewesen entwickelte, setzte er den schwanzlosen Affen an die Spitze der Gruppe der Affen. Er befand sich damit gleich unterhalb des Menschen, und dies nur aufgrund seiner Schwanzlosigkeit.

Der griechische Arzt Galen (130–200 n. Chr.) gab sich mit der äußeren Ähnlichkeit nicht zufrieden. Er sezierte Exemplare des besagten Affen und berichtete, daß die Muskeln, Knochen und inneren Organe samt und sonders eine deutliche Ähnlichkeit mit dem menschlichen Körper aufwiesen.

Im Mittelalter wehrten sich viele Menschen gegen diese Ähnlichkeit. Da in der Bibel stand, der Mensch sei zum Ebenbild Gottes erschaffen worden, und da sie diesen Ausdruck wörtlich auffaßten statt symbolisch, wollten sie nicht, daß bloße Tiere in diese Vorstellung eindrangen. Man neigte dazu, die Affen im Bunde mit dem Teufel zu sehen. Vielleicht waren sie zum Bilde des Satans erschaffen worden wie der Mensch zum Bilde Gottes.

Es gab andere Wesen, von denen die Europäer des Altertums und des Mittelalters nichts wußten, Tiere, die größer als Affen waren und die dem Menschen noch stärker glichen. Wie der auf Gibraltar lebende Affe besaßen sie keine Schwänze; und da sie dem Menschen besonders ähnlich sehen, nennt man sie *Anthropoiden* (griechisch für »Menschenartige«) oder Menschenaffen.

Im Jahre 1641 erschien ein Bericht über ein Tier, das aus Afrika stammte und das in Holland in einer Menagerie des Prinzen von Oranien gehalten wurde. Der Beschreibung nach scheint es ein Schimpanse gewesen zu sein. Andere Berichte sprachen von einem großen, menschenartigen Tier in Borneo, das wir heute Orang-Utan nennen. Auf malaiisch bedeutet Orang-Utan »Mann der Wildnis«, und das Tier ist dem Menschen derart ähnlich, daß manche der Eingeborenen davon überzeugt waren, es könne sprechen, wolle aber nicht, da es fürchte, sonst zur Arbeit angehalten zu werden. Die beiden anderen menschenartigen Affen, der Gorilla und die verschiedenen Gibbon-Arten, wurden später entdeckt. Die Gibbons sind die kleinsten der Menschenaffen, wenn man sie überhaupt zu diesen zählen will. Die anderen drei – Gorilla, Schimpanse und Orang-Utan – werden gelegentlich als die »großen Menschenaffen« bezeichnet.

Als Linné die Mitglieder der Ordnung zusammenstellte, die er Primaten nannte, wußte er genug über die anthropoiden Affen, um sich gezwungen zu sehen, den Homo sapiens in diese Ordnung aufzunehmen, obwohl er die biblische Darstellung der Schöpfung voll akzeptierte. Nach den ihm bekannten Berichten über den Orang-Utan überschätzte er dessen menschenartige Natur und schloß ihn in die Gattung Homo ein, als *Homo troglodytes* (»höhlenbewohnender Mensch«). Das war natürlich falsch.

Unter den lebenden Primaten ist der Gorilla der größte. Ein männlicher Gorilla ist ungefähr so groß wie ein Mensch und kann 180 Kilo schwer werden; ein Weibchen ist beträchtlich kleiner. Der Gorilla ist der einzige Primat, der ein größeres Körpergewicht als der Mensch hat. Nur der ausgestorbene Primat Gigantopithecus war noch größer.

Wollen wir dem Ursprung der Hominoiden und der Primaten nachspüren, so sollten wir uns zuerst einen Überblick darüber verschaffen, wie die Erdgeschichte bezüglich der Fossilien eingeteilt wird.

Die Teile der Erdgeschichte, die sich durch eine üppige Menge fossiler Reste in den sedimentären Felsschichten auszeichnen, unterscheidet man in drei größere Abschnitte oder Zeitalter – das Paläozoikum (griechisch für »altes Leben«), das Mesozoikum (»mittleres Leben«) und das Känozoikum (»jüngeres Leben«).

Wie schon der Name sagt, gehören die ältesten und üblicherweise am tiefsten liegenden Schichten zum Paläozoikum. Zum Känozoikum gehören die jüngsten und meist ganz oben liegenden Schichten, und das Mesozoikum liegt in der Mitte. Die Trennlinien liegen an Punkten, an denen ein mehr oder weniger plötzlicher Wechsel bezüglich der Natur der vorhandenen Fossilien aufscheint.

Vorerst wollen wir uns mit dem Känozoikum befassen. Dieses jüngste Erdzeitalter umfaßt die letzten 65 Millionen Jahre der Erdgeschichte.

Man unterteilt das Känozoikum in sieben Unterabteilungen oder *Epochen*. Die Zeitangaben in der folgenden Tabelle bedeuten »Millionen Jahre vor heute« (M'J/o).

Paläozän (»alt-neu«), 65−54 M'J/o

Eozän (»Dämmerung des Neuen«), 54−38 M'J/o

Oligozän (»ein wenig neu«), 38−26 M'J/o

Miozän (»weniger neu«), 26−7 M'J/o

Pliozän (»neuer«), 7−2,5 M'J/o

Pleistozän (»großteils neu«), 2,5−0,01 M'J/o

Holozän (»ganz neu«), die letzten 10000 Jahre

Das Holozän ist die jüngste Epoche und die, in der wir heute leben. Sie umfaßt die gesamte Zivilisation einschließlich der Erfindung des Ackerbaus.

Das Pleistozän umfaßt die gesamte Geschichte der Gattung Homo.

Das Pliozän umfaßt die gesamte Geschichte der Australopithecinen. Um den Ursprung der Hominoiden und der Primaten im allgemeinen zu erforschen, müssen wir nun hinter das Pliozän zurückgehen.

Im Jahre 1934 stieß der amerikanische Paläontologe G. Edward Lewis bei einer Grabung im Siwalik-Hügel in Nordindien auf einige Zähne und Teile eines Kiefers. Sie befanden sich in einer Felsschicht, die selbst für Australopithecinen zu alt war. Die Fossilien waren über sieben Millionen Jahre alt und stammten daher aus dem späten Miozän.

Lewis war sich nicht sicher, ob diese Fossilien einen Hominiden darstellten oder nicht. War es ein Hominide, so war er noch primitiver als die Australopithecinen, doch diese Entscheidung war allein auf der Basis von Zahnfunden schwer zu treffen. Lewis nannte das Fossil daher *Ramapithecus* oder »Affe des Rama«, wobei Rama einer der hinduistischen Hauptgötter ist. Sehr ähnliche Fossilien werden dem *Sivapithecus* zugewiesen; Siva (Schiwa) ist eine andere Hindu-Gottheit.

Fossilien von Primaten, die den Menschenaffen stärker ähneln als dem Menschen, nennt man *Pongiden,* und vielleicht befindet sich der Ramapithecus nahe der Grenzlinie zwischen den Hominiden und den Pongiden und könnte unter beide Gruppen fallen. Wir bräuchten Oberschenkel- und Hüftknochen, um festzustellen, ob der Ramapithecus aufrecht ging oder nicht. Im Augenblick neigen die Paläontologen dazu, ihn den Pongiden zuzuordnen und zu vermuten, daß der Ramapithecus eher wie ein Gorilla ging als wie ein Mensch. Ferner wird angenommen, daß der Ramapithecus und der Sivapithecus vor vierzehn Millionen Jahren entstanden sind.

Als Louis Leakey und seine Frau Mary Grabungen an der Küste des ostafrikanischen Victoriasees durchführten, stießen sie auf Knochen, die eindeutig einem ausgestorbenen Affen gehörten. Das war keine Frage, da Kiefer und Zähne sehr affenähnlich waren.

Leakey taufte das Wesen zu Ehren eines Schimpansen aus dem Londoner Zoo, der Consul hieß und bei den Besuchern außerordentlich beliebt war. Den neuen Fund nannte Leakey nun *Proconsul* (»vor Consul«). Nach und nach fand man eine größere Anzahl von Proconsul-Knochen, einschließlich eines vollständigen Skeletts, so daß die Paläontologen feststellen konnten, inwiefern Proconsul primitiver war als die heutigen Menschenaffen.

Proconsul scheint zu einer Gruppe primitiver Affenarten gehört zu haben, die alle zu einer Gattung namens *Dryopithecus* (»Eichbaumaffen«) zählen. Der Gattungsname bezieht sich darauf, daß die Fossilien zusammen mit Spuren urzeitlicher Eichenwälder gefunden wurden.

Es hat offenbar Dryopithecus-Arten von unterschiedlicher Größe gegeben, manche davon nicht größer als ein kleiner Affe, andere fast so groß wie ein Gorilla. Die früheste Art scheint sich vor ungefähr fünfundzwanzig Millionen Jahren entwickelt zu haben, gerade am Anfang des Miozäns.

Der Dryopithecus dürfte der gemeinsame Vorfahre der heutigen Schimpansen und Gorillas sein; doch bleibt die Frage, ob auch der Ramapithecus und die Hominiden von ihm abstammen. Diese Frage können wir noch nicht beantworten, aber der Dryopithecus scheint ein möglicher Kandidat für den Titel des gemeinsamen Ahnen der großen Menschenaffen und der Menschen zu sein.

Aus ungefähr derselben Zeit wie Dryopithecus stammen Fossilien, die man dem *Pliopithecus* zuweist. Er wäre der mögliche Urahn der Gibbons, der kleinsten unter den menschenartigen Affen.

Gehen wir zurück ins Oligozän, so finden sich einige Fossilienfragmente, denen man den Namen *Aegyptopithecus* (»ägyptischer Affe«) gegeben hat, da ihr Fundort in Ägypten liegt. Der Aegyptopithecus könnte sich vor vierzig Millionen Jahren im späten Eozän entwickelt haben. Er – oder ein ähnliches Wesen – könnte den gemeinsamen Ahnen der Hominoiden darstellen, also aller Pongiden und der Hominiden.

Wir müssen weiter ins Eozän und ins Paläozän zurückkreisen, um die Fossilien sehr primitiver Primaten kennenzulernen, aus denen die gesamte Ordnung *Primates* entstanden ist. Sie umfaßt nicht nur die Hominoiden, sondern auch alle Arten von Affen und dazu Gruppen von Tieren, die noch primitiver als Affen sind, aber immer noch zur Ordnung der Primaten zählen.

Primitiver als die Affen sind beispielsweise die Lemuren, die heute vor allem auf der südostafrikanischen Insel Madagaskar vorkommen. Sie ähneln eher den Eichhörnchen als den Affen, stehen diesen jedoch nahe genug, um zur Ordnung der Primaten zu gehören. Vor ungefähr fünfzig Millionen Jahren – im frühen Eozän – waren die Lemuren weit verbreitet; und aus ihnen sind die Affen und Menschenaffen entstanden.

Noch primitiver als die Lemuren sind die Spitzhörnchen, die von einigen Forschern nur unter Vorbehalt als Primaten klassifiziert werden. Genausoviel wie mit den Primaten oder sogar mehr scheinen sie mit den Insektenfressern gemein zu haben, wie etwa den Spitzmäusen und Igeln. Der früheste Primat kann jedoch gut wie ein Spitzhörnchen ausgesehen haben. Man hat einige Zähne aus dem frühen Paläozän gefunden, die ungefähr sechzig Millionen Jahre alt sind und zu einem rattengroßen Lebewesen gehören. Dieses Tier hat man *Purgatorius* getauft, und es besteht die theoretische Möglichkeit, daß es dem Urprimaten nahekommt.

Vor dem bislang behandelten Känozoikum erstreckt sich das Mesozoikum. Wir können den evolutionären Prozeß noch weiter zurückverfolgen, wenn wir uns einer noch umfassenderen Gruppe zuwenden, der Klasse der *Säugetiere*. Dies ist unser nächstes Vorhaben.

8.
DIE SÄUGETIERE

Die Ordnung der Primaten ist eine von zwanzig Ordnungen, die gemeinsam zur Klasse der Säugetiere gehören. Alle Arten von Säugetieren (wissenschaftlich *Mammalia*) haben bestimmte Eigenschaften gemein. Sie haben alle Haare und ein Zwerchfell; sie gebären lebende Junge, meist mit Hilfe einer Plazenta; die Jungen werden alle mit Milch genährt, die von der Mutter produziert und mit sehr wenigen Ausnahmen von Brüsten oder Zitzen abgegeben wird. Die Brüste, lateinisch *Mammae,* haben der Klasse auch ihren biologischen Namen gegeben.

Zu den Säugetieren gehören beispielsweise: Ameisenbären, Igel, Fledermäuse, Kaninchen, Ratten, Seehunde, Wale, Katzen, Hunde, Bären, Elefanten, Pferde, Rinder, Schafe, Ziegen, Affen und natürlich der Mensch.

Das ist freilich ein recht bunter Haufen. Die meisten Säugetiere sind Landbewohner; doch die Wale und die Delphine leben permanent im Wasser, während die Fledermäuse sich in der Luft genauso wohl fühlen wie die Vögel. Das größte Säugetier, der Blauwal, kann einunddreißig Meter lang werden und bis zu hundertfünfzig Tonnen wiegen. Er ist nicht nur das größte Säugetier, sondern das größte Tier überhaupt, nicht nur der heutigen Zeit, sondern der gesamten Erdgeschichte. Was die Dinosaurier betrifft, so ist der Blauwal doppelt so schwer wie der schwerste Dinosaurier, der je gelebt hat.

Die kleinsten Säugetiere leiden unter einem ernsten Nachteil, da Säugetiere Warmblüter sind und ihre Körpertemperatur auf einem relativ hohen Niveau halten müssen. Die normale Körpertemperatur beim Menschen beträgt beispielsweise ca. 37°C. Je kleiner ein Tier ist, desto größer ist seine Oberfläche in Relation zu seinem Gewicht und desto rascher verliert es die Wärme, die es erzeugt.

Die kleinsten Säugetiere sind winzige Spitzmäuse, einschließlich des Schwanzes kaum zehn Zentimeter lang und nur wenige Gramm schwer.

Wenn sie nicht schlafen, müssen sie beinahe ununterbrochen fressen, um ihren Stoffwechsel in Gang zu halten.

Wir halten die Säugetiere für die Herren der Welt, und sie sind sicher die intelligentesten Tiere. In ihrer Gesamtheit sind sie jedoch nicht sonderlich erfolgreich.

Auf den Menschen trifft das natürlich nicht zu. Im Verlauf des Holozäns und der zehntausend Jahre der Zivilisation hat sich die Gesamtbevölkerung der Menschheit von vier auf fünftausend Millionen erhöht, ein eintausendzweihundertfünfzigfacher Anstieg. Auch die Haustiere, die der Mensch schützt und nutzt, haben sich gewaltig vermehrt.

Die Erde kann jedoch nur eine bestimmte Menge an tierischem Leben ernähren, und für jede zusätzliche Einheit an Menschen oder ihren Lieblingstieren muß eine entsprechende Einheit anderen tierischen Lebens entfallen. Es ist daher nicht verwunderlich, daß während des Holozäns einige große Säugetiere ausgestorben sind. Dazu gehören das Mammut und das Mastodon, beides Verwandte des Elefanten, das Riesen-Faultier Südamerikas, der irische Elch, der das größte Geweih aller jemals lebenden Hirsche besaß, der Höhlenbär, der Auerochse, der wilde Vorfahr des Rinds, und andere mehr.

Man diskutiert darüber, ob diese Tiere vom Menschen zu Tode gejagt wurden oder ob ihr Aussterben auf eine klimatische Veränderung zurückzuführen ist.

Meine Meinung (als Laie) ist, daß es sich dabei um eine recht unsinnige Diskussion handelt. Natürlich war der Mensch verantwortlich. Selbst wenn er diese Tiere nicht aktiv zu Tode gejagt hat – worauf ich aber wetten möchte –, hat er langsam ihren Lebensraum besetzt. Unter solchen Bedingungen sind große Säugetiere besonders verwundbar. Sie brauchen eine große Menge Nahrung und daher eine große Fläche, auf der sie ihre Nahrung finden können. Sie treten nicht sonderlich zahlreich auf. Sie wachsen langsam, haben wenig Junge und das in vergleichsweise großen Zeitabständen. Eine ungewöhnlich große Zahl von Todesfällen ist bei den großen Säugetieren daher ein wesentlich stärkerer Aderlaß als derselbe Vorgang bei kleineren, fruchtbareren Arten.

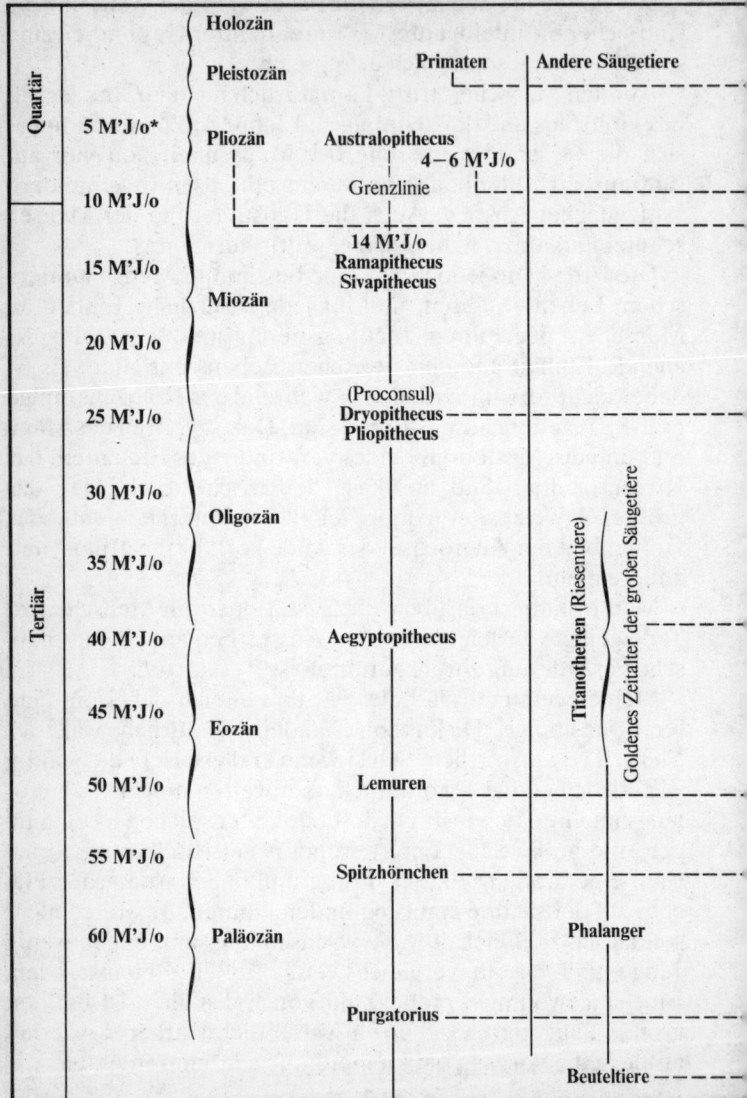

Zeitalter der Säugetiere
(Känozoikum)

			Primaten	Andere Säugetiere
Quartär		Holozän		
		Pleistozän		
	5 M'J/o*	Pliozän	Australopithecus	
			4–6 M'J/o	
	10 M'J/o		Grenzlinie	
	15 M'J/o	Miozän	14 M'J/o Ramapithecus Sivapithecus	
	20 M'J/o			
	25 M'J/o		(Proconsul) Dryopithecus Pliopithecus	
Tertiär	30 M'J/o	Oligozän		
	35 M'J/o			
	40 M'J/o		Aegyptopithecus	
	45 M'J/o	Eozän		
	50 M'J/o		Lemuren	
	55 M'J/o		Spitzhörnchen	
	60 M'J/o	Paläozän		Phalanger
			Purgatorius	
				Beuteltiere

Titanotherien (Riesentiere)

Goldenes Zeitalter der großen Säugetiere

* Millionen Jahre vor heute

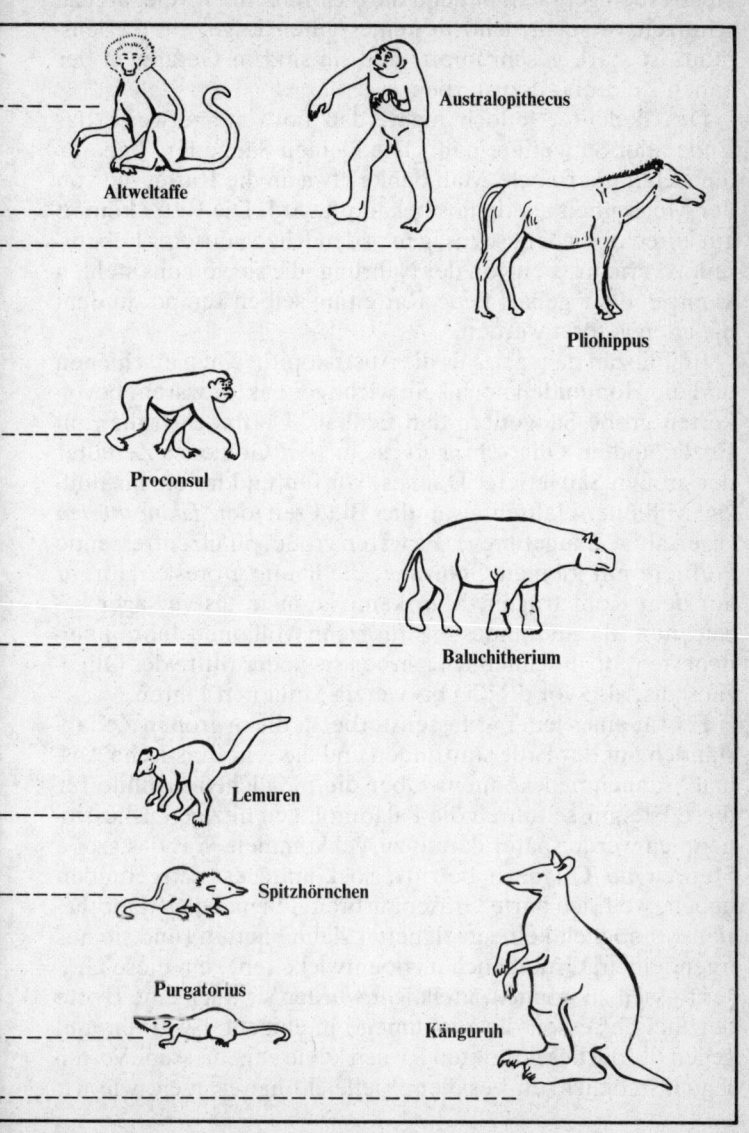

Altweltaffe

Australopithecus

Pliohippus

Proconsul

Baluchitherium

Lemuren

Spitzhörnchen

Purgatorius

Känguruh

Selbst jene großen Säugetiere, die man noch nicht zum Aussterben gebracht hat und die die Menschheit verspätet zu schützen versucht, sind in keiner guten Lage. Ihr Lebensraum ist stark geschrumpft, und sie sind in Gefahr, in der nahen Zukunft auszusterben.

Das bedeutet jedoch nicht, daß notwendigerweise das Ende aller Säugetiere naht. Die kleinen Säugetiere behaupten sich immer noch. Man denke etwa an die Ratte, die von der Menschheit gnadenlos bekämpft wird. Die Ratte kommt gut zurecht. Sie lebt sozusagen in den Ritzen unseres Lebensraums, ernährt sich von der Nahrung, die sie von uns stehlen kann; und sie gebärt neue Ratten im selben Tempo, in dem die alten getötet werden.

Im Pliozän dagegen, als die Australopithecinen erschienen und die Hominiden noch kein wichtiger Faktor waren, bevölkerten große Säugetiere den Erdball. Und noch früher, im Eozän und im Oligozän, gab es eine Art Goldenes Zeitalter der großen Säugetiere. Damals, vor fünfunddreißig bis fünfzig Millionen Jahren, war die Blütezeit der *Titanotherien* (»gewaltige Säugetiere«). Es waren große, pflanzenfressende Huftiere mit kleinen Gehirnen, die häufig groteske Hörner auf dem Kopf trugen. Man kann sie nicht als Versager bezeichnen, da sie mindestens fünfzehn Millionen Jahre überdauerten, doch schließlich starben sie in der Mitte des Oligozäns aus, also vor dreißig bis vierzig Millionen Jahren.

Es war eines jener »Massensterben«, die in großen Zeitabständen auf der Erde stattfinden und die sehr drastische Ausmaße annehmen können. Über die möglichen Gründe für diese Ereignisse führen die Paläontologen hitzige Diskussionen; ich werde später darauf zurückkommen. Was das große Sterben im Oligozän betrifft, so könnte es stattgefunden haben, weil sich harte Gräser ausbreiteten und die Titanotherien womöglich keine geeigneten Zähne hatten (und sie aus irgendeinem Grund auch nicht entwickelten), um diese Gräser fressen zu können. Vielleicht wurden sie auch eine Beute der Fleischfresser, die zunehmend intelligenter wurden und gegen die die beschränkten Riesen keine angemessene Verteidigungsmöglichkeit besaßen. Vielleicht hat es auch, wie wir noch sehen werden, eine noch dramatischere Katastrophe gegeben.

Das größte aller jemals auf dem Land lebenden Säugetiere war das Baluchitherium (»Säugetier aus Baluchistan«). Seine fossilen Überreste entdeckte der amerikanische Zoologe Roy Chapman Andrews (1884–1960) im Jahre 1907 in Baluchistan im heutigen Pakistan.

Das Baluchitherium war ein großes, hornloses Rhinozeros, das an den Schultern 5,4 Meter groß war. Damit waren seine Schultern so weit vom Boden entfernt wie der Kopf einer großen Giraffe. Wenn das Baluchitherium seinen Kopf hob, befand sich dieser acht Meter über dem Boden. Sein Gewicht könnte bis zu dreißig Tonnen betragen haben, was dreimal so viel wäre wie das des größten jemals lebenden afrikanischen Elefanten.

Warum wurden die Säugetiere im Eozän und im Oligozän so groß? Sie waren vor dieser Zeit viel kleiner, und danach wurden sie auch wieder kleiner. Die Antwort ist kein großes Rätsel.

Lange vor dem Känozoikum, das gelegentlich das »Zeitalter der Säugetiere« genannt wird, dominierten riesige Reptilien die Landgebiete der Erde. Manche von ihnen waren sogar noch größer als die größten Säugetiere, die das Känozoikum später hervorbrachte; und während diese Reptilien existierten, konnten die Säugetiere kein größeres Körpermaß entwickeln. Sie wären dann in die ökologischen Nischen eingedrungen, die die Reptilien besetzt hielten, und wären von ihnen getötet worden. Das einzig erfolgreiche Rezept zum Überleben war, klein und fruchtbar zu sein, nur in der Nacht aktiv zu werden und in Erdbauten zu leben. Kurz, die einzige Methode, mit der die Säugetiere überleben konnten, war das Bemühen, von den herrschenden Reptilien kaum bemerkt zu werden.

Vor ungefähr fünfundsechzig Millionen Jahren starben die großen Reptilien und viele andere Lebewesen bei einer der großen Katastrophen aus.

Was auch immer die Gründe für dieses »große Sterben« waren, wie es manchmal genannt wird, sein Resultat war, daß sozusagen eine riesige ökologische Nische frei wurde. Vergrößerte nun ein Säugetier sein Körpermaß, so gab es keine riesigen Reptilien mehr, deren unerwünschte Aufmerksamkeit es auf sich lenken konnte. Andererseits war es nun durch eben diese Größe vor den Angriffen anderer Säugetiere besser geschützt. Eine Zunahme der Körpergröße wurde plötzlich zur Überlebenshilfe anstatt, wie vorher, zur Lebensgefahr.

Die Säugetiere entwickelten sich daher in alle möglichen Richtungen (»Evolutionsschub«), um die verschiedenen ökologischen Nischen zu füllen, die die verschwundenen Lebewesen besetzt hatten. Die größeren Säugetiere besetzten die zuvor von den größeren Reptilien gehaltene Nische, obwohl keines von ihnen jemals so groß wurde wie die größten dieser Reptilien gewesen waren.

Mit der Zeit starben diese großen Säugetiere jedoch aus. Im großen und ganzen waren die Säugetiere intelligenter als die Reptilien, und als das Känozoikum weiter fortschritt, bewegte sich die Evolution der Säugetiere eher in Richtung einer verbesserten Intelligenz als einer zunehmenden Körpergröße, da dies eine wirksamere Überlebensstrategie zu sein schien.

Manche Evolutionsforscher sind heute der Meinung, die Geschichte des Lebens sei meist von einer unglaublich langsamen Evolution gekennzeichnet. Ein Organismus paßt sich an eine Lebensweise und eine bestimmte Umgebung an und verändert sich dann nicht mehr. Ab und an kann jedoch etwas passieren, das zu einem Massensterben führt. Dann ist die Erde plötzlich vergleichsweise leer an Lebewesen; und mit der großen Zahl vollkommen unbesetzter ökologischer Nischen haben jene Organismen, die die Ausrottung überlebt haben, eine Chance, sich auszubreiten und sich rasch zu entwickeln, um die besagten Nischen zu besetzen.

Wären also zum Beispiel die riesigen Reptilien nicht ausgestorben, so hätten die Säugetiere womöglich nie die Chance gehabt, sich in alle möglichen Richtungen auszubreiten, und auch wir selbst wären vielleicht nicht hier. Wenn es uns andererseits gelingen sollte, uns zusammen mit vielen anderen Organismen auszulöschen, die Erde aber für einige überlebende Arten bewohnbar zu lassen, so würde es unter den Überlebenden einen weiteren Evolutionsschub geben. Innerhalb von zehn bis zwanzig Millionen Jahren gäbe es dann wieder eine große Vielzahl von Arten, auf einer vollkommen anderen Basis und mit absolut unvorhersehbaren Resultaten.

Vor dem Känozoikum, dem »Zeitalter der Säugetiere«, liegt das Mesozoikum, das »Zeitalter der Reptilien«. Während das Känozoikum 65 Millionen Jahre vor heute begonnen hat (65 M'J/o) und bis zur Gegenwart (also insgesamt diese 65 Millionen Jahre) gedauert hat, hat sich das Mesozoikum von 225 M'J/o bis 65 M'J/o erstreckt, über eine Gesamtdauer von 160 Millionen Jahren. Anders gesagt, hat das Mesozoikum zweieinhalbmal so lang gedauert wie das Känozoikum, wobei das Känozoikum freilich noch andauert.

Man hat das Mesozoikum in drei Perioden unterteilt. Die jüngste ist die Kreidezeit, da Kreide charakteristisch für viele Felsformationen ist, die in dieser Zeit entstanden sind – wie beispielsweise die berühmten Kreidefelsen von Dover. Die Kreidezeit erstreckt sich über insgesamt 70 Millionen Jahre von 135 M'J/o bis 65 M'J/o. Sie ist damit länger als das gesamte Känozoikum.

Vor der Kreidezeit liegt der Jura, benannt nach dem gleichnamigen Gebirge an der Grenze Frankreichs und der Schweiz, wo man die ersten zu dieser Periode gehörenden Gesteinsformationen untersuchte. Der Jura erstreckt sich über 55 Millionen Jahre von 190 M'J/o bis 135 M'J/o.

Der älteste Teil des Mesozoikums ist schließlich die Trias, vom lateinischen Wort für »drei«, da die zuerst untersuchten Formationen dieser Periode aus drei Schichten bestanden. Diese Periode reichte über 35 Millionen Jahre von 225 M'J/o bis 190 M'J/o.

Verfolgen wir die Säugetiere bis zurück in die Kreidezeit, so finden sich dort keine Zeichen der Ungeheuer, die später auftauchen. Es handelt sich einfach um kleine Lebewesen, unauffällig und offenbar bedeutungslos. Unter ihnen befinden sich jene, die schließlich zu Ahnen der ersten Primaten wurden.

Alle bislang erwähnten Säugetiere sind plazentale Säugetiere oder *Eutherien* (von dem griechischen Ausdruck für »echte Säugetiere«). Sie stellen im gesamten Känozoikum die dominierende Form der Säugetiere dar. Die plazentalen Säugetiere gebären lebende Junge mit Hilfe einer Plazenta, eines sehr komplexen Organs. Es ermöglicht den Übertritt von Nährstoffen aus dem Blutkreislauf der Mutter in den des Fetus und in der Gegenrichtung den Übertritt von Abfallstoffen. Allerdings besteht keine direkte Verbindung der beiden Kreislaufsysteme.

Diese Einrichtung ermöglicht es dem Fetus, über eine lange Zeit im Körper der Mutter zu verweilen (neun Monate im Falle des Menschen, zwei Jahre beim Elefanten) und relativ gut ausgebildet geboren zu werden.

Die plazentalen Säugetiere sind gegen Ende der Kreidezeit entstanden und waren damals kleine Organismen, die sich wahrscheinlich von Insekten ernährten.

Es gibt jedoch Säugetiere, die keine Plazenta und ein einfacheres Fortpflanzungssystem besitzen. Sie gebären lebende Junge, die, gemessen am plazentalen Verfahren, noch sehr unreif sind. Sie müssen von der Scheide der Mutter in einen Beutel auf ihrem Unterleib kriechen. In diesem Beutel befinden sich die Zitzen, an denen sich die Jungen (im Grunde noch Embryonen) von Milch ernähren, bis sie eines unabhängigen Lebens fähig sind. Diese Säugetiere nennt man *Marsupialier* nach dem lateinischen Wort für »Beutel«.

Die Beuteltiere haben sich zu ungefähr derselben Zeit entwickelt wie die Plazenta-Tiere, also gegen Ende der Kreidezeit vor 75 bis 80 Millionen Jahren. Bei dem mächtigen Evolutionsschub der Säugetiere nach dem Verschwinden der großen Reptilien entstanden auch einige große Beuteltiere, manche davon so groß wie Elefanten. Die Marsupialier entwickelten sich großteils im südlichen Teil der Landmasse jener Zeit, die Plazenta-Tiere in ihrem nördlichen Teil.

Im allgemeinen konnten sich die Beuteltiere jedoch nicht gegen die plazentalen Säugetiere durchsetzen, wenn beide in derselben Region lebten. Als die Plazenta-Tiere südwärts wanderten, starben die Marsupialier aus.

Die Beuteltiere blieben nur in Australien und einigen angrenzenden Inseln dominant, doch scheint dies nur deshalb der Fall zu sein, weil die wahrscheinlich in Asien lebenden Plazenta-Tiere die Wassergürtel zum australischen Gebiet nicht überwinden konnten. Die Fledermäuse waren dazu natürlich in der Lage, und schließlich kam auch der Mensch und brachte den Hund mit. Als gegen Ende des 18. Jahrhunderts europäische Siedler in Australien ankamen, brachten sie weitere plazentale Säugetiere mit, und seither hat die Population der Beuteltiere auch in Australien abgenommen.

Der größte und bekannteste der heute lebenden Marsupialier ist das rote Riesenkänguruh, das so groß und so schwer wie der Mensch werden kann. In Nord- und Südamerika gibt es verschiedene kleine Opossums, die einzigen außerhalb Australiens lebenden Beuteltiere. Sie gedeihen trotz des Wettbewerbs mit den Plazenta-Tieren, nicht zuletzt, weil sie so fruchtbar sind.

Die gemeinsamen Vorfahren der Plazenta-Tiere und der Beuteltiere gehören zur Gruppe der *Pantotherien* (vom griechischen Ausdruck für »alle Säugetiere«, da womöglich praktisch alle Säugetiere von ihnen abstammen). Man findet ihre fossilen Spuren im Jura, also vor vielleicht 150 Millionen Jahren. Das beste Beispiel ist ein kleines, springtüchtiges Tier mit einem Fortpflanzungssystem, das an jenes eines primitiven Beuteltiers erinnert. Die Marsupialier scheinen also älter als die Plazenta-Tiere zu sein, was nicht verwunderlich ist.

Es gab noch ältere und weniger fortgeschrittene Säugetiere, von denen auch heute noch Arten am Leben sind. Dies sind das Schnabeltier und der Ameisenigel Australiens und Neuguineas. Sie haben Haare und produzieren Milch, so daß sie eindeutig Säugetiere sind. Sie sind jedoch keine perfekten Warmblüter: Ihre Körpertemperatur variiert stärker als die der anderen Säugetiere.

Das Erstaunlichste an diesen Säugetieren ist jedoch, daß sie Eier legen, die denen von Reptilien stark ähneln. Als die ersten Berichte von dieser Besonderheit Europa erreichten, weigerten sich die Biologen rundweg, ihnen Glauben zu schenken. Übrigens besitzt auch das Skelett dieser Tiere bestimmte reptilienähnliche Eigenschaften.

Man nennt diese Säugetiere *Monotremen* (vom lateinischen Begriff für »Loch«) oder Kloakentiere. Statt einer Ausmündung für Fäkalien, einer zweiten für Urin und, bei weiblichen Tieren, einer dritten für die Geburt der Jungen, wie sie alle anderen Säugetiere besitzen, haben sie wie die Reptilien und die Vögel nur eine Öffnung für Fäkalien, Urin und das Eierlegen.

Die allerersten und primitivsten Säugetiere, nicht größer als heutige Mäuse und Spitzmäuse, sind vor vielleicht zweihundert Millionen Jahren in der Trias erschienen. Sie haben mit Sicherheit Eier gelegt. In den ersten beiden Dritteln ihrer Existenz waren die Säugetiere also solch unbedeutende Kreaturen, daß die zeitgenössischen Zoologen, hätte es im Mesozoikum welche gegeben, kaum mehr als eine Fußnote auf sie verschwendet hätten.

Natürlich waren auch die »mäuseartigen« Ursäugetiere der Trias von irgendwoher gekommen, doch bevor wir sie weiter zurückverfolgen, will ich darauf hinweisen, daß die Säugetiere nicht die einzigen Warmblüter sind. Es gibt eine andere Gruppe, die der Vögel, die im ganzen gesehen sogar etwas warmblütiger sind. Die bemerkenswerteste Eigenschaft der Vögel – jedenfalls für unseren neidischen Blick – ist ihre Fähigkeit zu fliegen; und da ich dieses Buch mit dem menschlichen Traum vom Fliegen begonnen habe, wollen wir als nächstes den Ursprung des tierischen Fliegens erforschen.

9.
DER FLUG DER TIERE

Die Tiere haben bei vier verschiedenen Gelegenheiten ihre Fähigkeit entwickelt, die Atmosphäre zu durchfliegen. Und jedesmal hat ihr Körper auf unterschiedliche Weise die nötigen Voraussetzungen hierfür entwickelt.

Die jüngste Entwicklung dieser Eigenschaft haben die Fledermäuse durchgemacht, die einzige Gruppe unter den Säugetieren, die wirklich fliegen kann. Wie alle Säugetiere sind Fledermäuse behaart und gebären mit Hilfe einer Plazenta lebende Junge, die sie mit Milch säugen. Ihre vorderen Gliedmaßen besitzen lange Fingerknochen, an denen eine dünne Flughaut befestigt ist, die oft weiter nach unten reicht und auch die Beinknochen einschließt. Die Füße sind frei und können, falls notwendig, von der Fledermaus zum Umherkriechen benutzt werden, wobei die gefalteten Flügel wie unbeholfene Arme mitwirken. Mit Hilfe ihrer Füße kann sich die Fledermaus auch von Ästen herabhängen lassen. Auch die klauenartigen Daumen der Hände bleiben frei. Die Ordnung, der die Fledermäuse angehören, bezeichnet man als *Chiroptera* (griechisch für »Handflügel«).

Durch diese Fähigkeit des Fliegens haben die Fledermäuse eine große Verbreitung erreicht. Überall auf der Erde ist mindestens eine ihrer neunhundert Arten zu finden. Die kleineren Arten fressen Insekten, die größeren Früchte; alle neigen zur Nachtaktivität. Um in der Dunkelheit Insekten zu fangen, benutzen sie nicht ihre Augen, sondern ihre Ohren. Sie stoßen kurze, spitze Schreie aus, meist im Bereich des für menschliche Ohren unhörbaren Ultraschalls, und nehmen das Echo dieser Schreie auf. Aus der Richtung, aus der das Echo kommt, und aus der Zeit, die es bis zu seiner Rückkehr benötigt, können sie schließen, wo sich ein Insekt oder ein Hindernis befindet – und das ebensogut wie wir mit unseren Augen.

Im Ersten Weltkrieg arbeitete der französische Physiker Paul Langevin (1872–1946) an einem Gerät, das mit Hilfe von Ultraschallemissionen Unterseeboote entdecken konnte. Nach und nach wurde dieses Gerät perfektioniert und Sonargerät oder Echolot genannt. Genau dasselbe System haben die Fledermäuse jedoch schon Jahrmillionen vor uns erfunden. Fledermäuse sind kleine Lebewesen. Die größte uns bekannte Art ist ein Fruchtfresser aus Indonesien. Er kann eine Gesamtlänge von fast vierzig Zentimetern und eine Spannweite von 1,8 Metern erreichen. Er besteht aber hauptsächlich aus seiner Flughaut und wiegt gerade neunhundert Gramm. Die kleinste Art von Fledermäusen wiegt kaum dreißig Gramm.

Das ist nicht verwunderlich. Die Luft ist kein sehr tragfähiges Element. Ein Tier muß eine große Flügelfläche ausbreiten, um genug Tragfähigkeit zu erreichen, und es bedarf beträchtlicher Muskelanstrengungen, um sich durch das Schlagen dieser Flügel hochzukämpfen. Wird ein Körper größer, so nimmt seine Masse rasch zu, und die Flügel müssen proportional immer breiter und länger werden. Bereits bei einem nicht sehr hohen Gewicht wird es unmöglich, mit Hilfe der eigenen Körpermuskulatur zu fliegen.

So hat man denn auch früher angenommen, die Muskulatur des Menschen sei einfach nicht stark genug, um seinen Körper in der Luft zu halten, unabhängig von der Größe der verwendeten Flügelfläche. Vor kurzem ist es jedoch gelungen, ein sehr leichtes Gleitflugzeug mit sehr leistungsfähigen Flügeln über den schmalsten Teil des Ärmelkanals zu fliegen, und zwar mit Hilfe eines von Fahrradpedalen angetriebenen Propellers. Das Gerät erhob sich jedoch nur knapp über die Wasseroberfläche, schaffte es gerade hinüber und war in erster Linie eine Demonstration, daß so etwas überhaupt möglich ist.

Ein fliegendes Pferd, das sich mit Muskelkraft und Flügeln allein in der Luft hält, ist natürlich unvorstellbar, und so gehört der Pegasus eindeutig ins Reich der Legende. Die Tatsache, daß schwere, viele Tonnen wiegende Flugzeuge mit Leichtigkeit fliegen können, beruht darauf, daß sie nicht von Muskeln angetrieben werden, sondern von Maschinen, die wesentlich mehr Kraft liefern.

Bislang ist es der Paläontologie noch nicht gelungen, den Beginn der Flugfähigkeit von Fledermäusen festzustellen. Die ältesten Fossilien, bei denen es sich eindeutig um Fledermäuse handelt, sind ungefähr 45 Millionen Jahre alt und stammen aus dem Eozän, doch die Flügel sind zu diesem Zeitpunkt bereits voll entwickelt. Wir haben daher noch keine Hinweise, wie die Vorstufen ausgesehen haben.

Man kann allerdings annehmen, daß es eine Vorstufe gegeben hat, bei der die Flughäute sich entwickelten, vorerst aber nur zum Gleitflug verwendet werden konnten. Schließlich gibt es noch heute Säugetiere, die den Gleitflug beherrschen. Das bekannteste von ihnen ist das Flughörnchen. Es kann all seine vier Beine ausstrecken, so daß die lose dazwischen befestigte Haut das Tier in einen lebenden Drachen verwandelt. Flughörnchen können über beträchtliche Strecken durch die Luft gleiten, aber es ist kein echtes Fliegen, da sie nicht aus eigener Kraft an Höhe gewinnen.

Ferner gibt es Lemuren (primitive Primaten) und die zu den Beuteltieren zählenden Flugbeutler, die auf ähnliche Weise durch die Luft gleiten können. Manche Eidechsen können mit Hilfe ihrer gespreizten, mit Flughäuten versehenen Füße gleiten, und auch die »fliegenden« Fische gleiten mit vergrößerten Flossen durch die Luft.

Sieht man von all diesen Phänomenen ab, so sind es die Vögel, die den Flug par excellence beherrschen. Es sind daher im großen und ganzen kleine Tiere, deren Körpertemperatur rasch absinken kann. Da das Fliegen eine überaus energetische Angelegenheit ist, müssen sie ihre Körpertemperatur auf einem etwas höheren Niveau halten als die Säugetiere. Um diese hohe Temperatur zu halten, müssen die Vögel die Wärme konservieren. Zu diesem Zweck dienen ihre Federn, eine wirksamere Isolierungsmethode als Haare, die nur und ausschließlich von Vögeln ausgebildet wird.

Die Knochen im Vogelflügel sind miteinander verschmolzen, anders als beim Fledermausflügel. Es sind die starken, langen Flügelfedern, mit denen die Vögel der Luft Widerstand entgegensetzen, keine Flughäute wie bei den Fledermäusen.

Wie die Säugetiere, so sind auch die Vögel im Mesozoikum entstanden, zu einer Zeit, als die Reptilien dominierten. In gewisser Hinsicht stehen die Vögel den Reptilien näher als die Säugetiere. Vögel haben sich nicht auf die Entwicklung eines großen Gehirns spezialisiert wie die Säugetiere. Sie legen Eier wie Reptilien, und ihr Skelett ähnelt dem von Reptilien stärker als das Säugetierskelett.

Die größten flugtüchtigen Vögel wiegen wahrscheinlich nicht mehr als achtzehn Kilogramm. Das ist immer noch zwanzigmal soviel wie das Gewicht der größten Fledermäuse und spricht für die kraftvollen Flugmuskeln der Vögel und für die Wirksamkeit ihres Flugapparats. Einige Albatrosse, die zu den schwereren flugtüchtigen Vögeln zählen, besitzen eine Spannweite von bis zu drei Metern.

Der kleinste Vogel ist eine Kolibriart, die gerade zwei Gramm wiegt und kleiner ist als manche Arten großer Insekten. Dieser Kolibri ist so klein wie die kleinste Spitzmaus, und dies ist offenbar die geringste Größe, die ein warmblütiger Organismus haben kann. Als Folge muß der Vogel ständig Nahrung aufnehmen.

Als die großen Reptilien auf dem Festland dominierten, waren die Vögel sicherer als die frühen Säugetiere, da sie fliegen und so den gefräßigen Reptilienrachen entkommen konnten. Sie konnten daher größer werden. Sobald das große Sterben am Ende der Kreidezeit die großen Reptilien ausgerottet hatte, entwickelten Vögel wie Säugetiere die Tendenz, enorm zu wachsen, um die leer gewordenen ökologischen Nischen zu besetzen.

Die wirklich großen Vögel konnten natürlich nicht fliegen und brauchten daher keine kräftige Flügelmuskulatur. Bei flugtüchtigen Vögeln besitzt das Brustbein einen Kiel (den Brustbeinkamm), mit dem die Flügelmuskeln fest verbunden sind. Bei großen, flugunfähigen Vögeln fehlt dieser Kiel, und das Brustbein ist flach wie ein Floß. Man nennt diese Tiere daher *Ratiten,* nach dem lateinischen Wort für »Floß«.

Die Ratiten (auch Straußvögel oder Flachbrustvögel) waren vor allem auf Inseln erfolgreich. Einerseits besteht bei Inselvögeln die Tendenz, die Flugtüchtigkeit zu verlieren, da der Versuch, auf einer Insel zu fliegen, mit der ständigen Gefahr verbunden ist, ins Meer hinausgeweht zu werden. Andererseits konnten die kleinen Vögel, von denen die Straußvögel abstammten, fliegend auf diese Inseln gelangen, während es die Säugetiere im allgemeinen nicht dorthin schafften. Es ergab sich also eine Zeitspanne, in der sich die großen Vögel ohne den Wettbewerb mit den bedrohlicheren großen Säugetieren entwickeln konnten.

Der größte noch lebende Straußvogel ist der Strauß selbst, der in einigen Fällen eine Scheitelhöhe von 2,75 Metern und ein Gewicht von 135 Kilogramm erreichen kann. Noch größer war aber der gewaltige Moa Neuseelands, einer Insel, auf der außer Fledermäusen keinerlei Säugetiere lebten, bevor die Menschen sie dorthin brachten. Der Moa, von den eingeborenen Maoris im 17. Jahrhundert ausgerottet, hatte mit seinem langen Hals eine Scheitelhöhe von vier Metern und wog ungefähr 225 Kilogramm.

Noch schwerer war der *Aepyornis* (griechisch für »großer Vogel«) Madagaskars. Er wurde nur drei Meter groß, wog jedoch bis zu 450 Kilogramm. Es ist möglich, daß der Aepyornis bereits in geschichtlichen Zeiten gelebt hat, und manche Menschen halten ihn für das Vorbild des Vogels Roch aus den Sindbad-Erzählungen der Geschichten aus Tausendundeiner Nacht.

Gehen wir weiter zurück, so ist das früheste Fossil, das wir von einem Vogel mit Brustbeinkamm (einem Kielvogel) besitzen, der *Ichtyornis* (griechisch für »Fischvogel«, da man annahm, er habe von Fischen gelebt). Er stammt aus der späten Kreidezeit, lebte also vor ungefähr siebzig Millionen Jahren und besaß interessante reptilienartige Eigenschaften. Er hatte zum Beispiel kleine Zähne am Schnabel, während die modernen Vögel samt und sonders zahnlos sind.

Vor dem Ichtyornis hatten die Vögel wahrscheinlich keinen Brustbeinkamm und relativ schwache Flugmuskeln, so daß sie außer Gefahr flattern, aber keinen längeren Flug durchführen konnten.

Unter diesen Umständen mag es kein großes Opfer gewesen sein, ihre Flügel ganz aufzugeben. Landtiere haben immer eine Tendenz, dem Leben im Meer zuzustreben, da das Meer im großen und ganzen reicher an Lebewesen ist als das Festland. Außerdem macht die Tragfähigkeit des Wassers das Leben leichter, da man nicht ständig gegen die Schwerkraft ankämpfen muß; und Wasser ist nie so heiß oder so kalt, wie es auf dem Festland werden kann.

Aus diesen Gründen haben sich zahlreiche zuerst auf dem Festland lebende Säugetiere dem Meeresleben angepaßt – die Wale, die Seekühe, die Seeotter und andere mehr. Hierzu zählen auch Seeschildkröten und die Seeschlangen. Von den Vögeln haben die Pinguine ihre Flügel in Paddel verwandelt. Sie können nicht mehr fliegen, sind dafür aber ausgezeichnete Schwimmer.

Es mag überraschen, daß sich schon vor ungefähr siebzig Millionen Jahren ein Vogel noch vollständiger als die Pinguine dem Leben im Wasser angepaßt hat. Es handelt sich hierbei um den *Hesperornis* (griechisch für »westlicher Vogel«, da seine Überreste auf dem amerikanischen Kontinent gefunden wurden). Wie der Ichtyornis besaß auch er Zähne, hatte aber keinen Brustbeinkamm. Er wies nur noch stark geschrumpfte Flügelreste auf und trieb sich mit Hilfe seiner großen Füße durchs Wasser.

Der Hesperornis war ein relativ großer Vogel, vielleicht eineinhalb Meter lang, doch ein Meerestier ist fast immer größer als ein Landtier desselben Typs. Die Tragfähigkeit des Wassers führt dazu, daß ein relativ großer Organismus zusätzliche Muskeln zum Ausgleich der Schwerkraft entwickelt. Die zusätzliche Sicherheit, die ein größeres Körpermaß und mehr Kraft verleihen, ist daher besonders wünschenswert. Diese Zusammenhänge sind auch der Grund dafür, daß das größte Landtier aller Zeiten nur halb so groß war wie das größte Meerestier.

Noch älter als Ichtyornis und Hesperornis ist das Skelett eines Vogels, den man erstmals im Jahre 1861 entdeckte. Wir besitzen nur drei solcher Exemplare, doch sind dies, für sich genommen, vielleicht die wichtigsten bekannten Fossilien.

Es handelt sich um die Überreste eines knapp einen Meter großen Tieres, dessen Kopf stark dem einer Eidechse ähnelt (er besitzt Zähne und keinen Schnabel). Auch der lange Hals gleicht dem einer Eidechse, ebenso der lange Schwanz. Das Brustbein besitzt keinen Kamm.

Es handelte sich aber nicht um eine Eidechse, da es Federn besaß, die deutliche Eindrücke im Gestein hinterlassen hatten. Diese Federn verliefen in einer doppelten Reihe entlang des Schwanzes und waren auch überall auf den vorderen Gliedmaßen zu finden. Deshalb nannte man diesen Fund *Archaeopteryx* (griechisch für »Urflügel«).

Der 1915 geborene englische Astronom Fred Hoyle hat vor kurzem die Behauptung aufgestellt, dieses Fossil sei ein Schwindel und besitze nachgemachte Federn – doch die Paläontologen haben ihn nicht ernst genommen. Die Einzelheiten sind so authentisch, daß man sie nicht hätte fälschen können, und überdies zeigen alle drei fossilen Exemplare dasselbe Erscheinungsbild.

Der Archaeopteryx lebte im späteren Jura und könnte ungefähr hundertvierzig Millionen Jahre alt sein. Man ist sich nicht ganz darüber im klaren, ob er den Flug oder nur den Gleitflug beherrschte, doch die meisten Forscher neigen dazu, ihn für bedingt flugfähig zu halten.

Zweifellos haben schon vor dem Archaeopteryx vogelartige Tiere gelebt. Dennoch können wir nach unserem derzeitigen Kenntnisstand annehmen, daß der Flug der Vögel vor nicht viel mehr als hundertvierzig Millionen Jahren begonnen hat. Damit wäre die Flugfähigkeit der Vögel doppelt so alt wie dieselbe Eigenschaft bei den Fledermäusen.

Doch auch dieser Zeitpunkt war nicht der Beginn der Flugfähigkeit der Tiere.

Bereits vor zweihundert Millionen Jahren entwickelte eine Gruppe von Reptilien den federlosen Flug. Es waren die *Pterosaurier* (griechisch für »Flügel-Eidechsen«). Das erste Fossil eines Pterosauriers wurde bereits im Jahre 1784 entdeckt. Wie im Falle der Fledermäuse hat man bislang keine flügellosen Vorfahren gefunden.

Die Pterosaurier besaßen Flügel mit Flughäuten wie die Fledermäuse, doch während diese Haut bei den Fledermäusen über alle Finger mit Ausnahme des Daumens wächst, war sie bei den Flugsauriern an einem gewaltig vergrößerten vierten Finger befestigt. Die ersten drei Finger verblieben als kleine Klauen außerhalb des Flügels.

Man diskutiert noch darüber, wie gut die Pterosaurier fliegen konnten. Bislang hat man noch keine Einigkeit darüber erzielt. Wenn die Pterosaurier tatsächlich fliegen konnten, so hätten sie, argumentieren einige Paläontologen, Warmblüter sein und eine haarähnliche Umhüllung zur Isolierung haben müssen. Auch hier ist man noch zu keinem endgültigen Ergebnis gelangt.

Jedenfalls waren zwar einige Pterosaurier nicht größer als Spatzen, andere aber die größten flugtüchtigen Tiere aller Zeiten. Gegen Ende der Kreidezeit, also vor ungefähr siebzig Millionen Jahren, gedieh das *Pteranodon* (griechisch für »Flügel, keine Zähne«). Es hatte eine Spannweite von gut acht Metern, sie war also fast dreimal so groß wie die des Albatros. Freilich bestand dieses Tier fast ausschließlich aus seinen Flügeln. Vielleicht hat es kaum mehr als achtzehn Kilogramm gewogen.

Im Jahre 1971 hat man in Texas sogar die Überreste eines Pterosauriers gefunden, dessen Spannweite fünfzehn Meter erreicht haben muß. Damit hätte dieses Tier das absolute Rekordgewicht unter den flugtüchtigen Tieren gehabt.

Am Ende der Kreidezeit, vor 65 Millionen Jahren, starben alle Pterosaurier recht plötzlich aus, während die Vögel überlebten. Nun stellen auch die Pterosaurier nicht den Beginn des Tierflugs dar.

Säugetiere, Vögel und Reptilien unterscheiden sich in mancher Hinsicht sehr stark, doch sie ähneln sich darin, daß sie innere Knochenskelette besitzen. Darüber hinaus gleichen sich diese Skelette so sehr, daß diese drei Gruppen von Tieren evolutionär verwandt sein müssen, also von gemeinsamen Ahnen abstammen.

Man kann Säugetiere, Vögel und Reptilien (und andere Organismen wie die Fische) daher unter dem Begriff *Vertebraten* (Wirbeltiere) zusammenfassen. Der Name bezieht sich auf die Wirbelsäule (das Rückgrat) als einen besonders wichtigen Teil des Knochengerüsts. Die Wirbelsäule verläuft am Rük-

ken des Tieres und besteht aus einer Kette einzelner, unregel-
mäßiger Knochen, die *Vertebrae* (Wirbel) genannt werden
(von dem lateinischen Verb für »drehen«, da sich der Kopf
auf den oberen Wirbeln dreht).

Die Vertebraten und einige primitivere Lebewesen bilden
ein *Phylum* (einen »Stamm«, eine der großen Gruppen des
Tierreichs) mit dem Namen *Chordata,* da die primitivsten
Skelette aus einem Achsenstab bestehen, den man *Chorda
dorsalis* (»Rückensaite«) nennt. Jedes Chorda-Tier hat so
etwas in irgendeinem Lebensalter besessen.

Gelegentlich bezeichnet man alle Tiere, die keine Vertebraten (einschließlich der primitivsten Chordaten) sind, als *Invertebraten.* Dies ist jedoch ein biologisch nutzloser Begriff.
Man teilt die Invertebraten (wirbellosen Tiere) in um die
sechzehn verschiedene Stämme ein – über die genauen Einzelheiten der Klassifikation herrscht ständig Streit –, und
jeder dieser Stämme ist aus der Perspektive der evolutionären Mechanismen so bedeutend wie die Chordaten.

Einer der Stämme der Wirbellosen sind die *Arthropoden*
(griechisch für »Gliederfüßler«). Diese Tiere haben Außen-
skelette, das heißt Schalen, und, wie zu erwarten ist, geglie-
derte Beine. Beispiele hierfür sind die Hummer und die
Krabben, auf dem Land die Spinnen und die Tausendfüßler.
Die größte Klasse der Arthropoden stellen jedoch die Insekten. Sie sind zweifellos die zahlreichste, die am besten ange-
paßte, die vielfältigste und die erfolgreichste aller Lebensformen. Es gibt mehr Arten lebender Insekten als alle anderen
Lebensformen zusammen. Und von den womöglich Millionen von Arten, die noch unerforscht in entfernten Winkeln
der Welt leben, dürfte die große Mehrheit aus weiteren Insekten bestehen.

Es könnte insgesamt zwei Millionen Insektenarten geben,
dagegen nur ungefähr viertausend Arten von Säugetieren. Im
großen und ganzen sind Insekten sehr kurzlebig und können
unglaubliche Zahlen von Nachkommen hervorbringen. Das
bedeutet, daß die Evolution bei ihnen mit halsbrecherischer
Geschwindigkeit verlaufen kann und daß sich viele Arten entwickeln können.

Die frühesten Fossilien von Insekten datieren weit vor dem Mesozoikum, vielleicht bis aus einer Zeit vor 350 Millionen Jahren. Schon damals besaßen sie Flügel. Es gibt einige sehr primitive flügellose Insekten, die bis heute überlebt haben, und diese Tiere weisen darauf hin, daß die evolutionäre Geschichte der Insekten noch älter ist.

Während die Flügel der Reptilien, der Vögel und der Säugetiere, so verschieden sie auch sein mögen, allesamt Veränderungen der Vorderbeine darstellen, haben die Flügel der Insekten überhaupt keinen Zusammenhang mit ihren Beinen. Statt dessen sind es dünne, versteifte Auswüchse desselben Materials, aus dem ihre Skelette bestehen.

Insektenflügel sind von ihrem Bau her wesentlich zarter als die Flügel der Wirbeltiere. Der Preis dafür ist, daß die Insekten ungewöhnlich klein sind. Es gibt zwar einige relativ große Insekten – der Goliathkäfer kann 15 Zentimeter lang werden und ungefähr 90 Gramm wiegen, womit er beträchtlich größer ist als die kleinsten unter den Säugetieren und Vögeln –, doch dies ist eine extreme Ausnahme. Die bei weitem überwiegende Mehrheit der Insekten ist klein (man denke an die Stubenfliege) oder sogar winzig (wie die Mücken). Die kleinsten Insekten sind kaum groß genug, um mit dem bloßen Auge gesehen zu werden.

Die Insekten waren die ersten Tiere, die wirklich fliegen konnten, so daß man also den Flug der Tiere auf die Zeit vor ungefähr 350 Millionen Jahren datieren kann. Während zwei Fünfteln der seither verstrichenen Zeit waren die Insekten die einzigen fliegenden Tiere.

Vergessen wir aber vorerst die Insekten und kehren zu den Vögeln und Säugetieren zurück. Beide sind eindeutig mit den Reptilien verwandt, und je primitiver der jeweilige Vogel oder das jeweilige Säugetier sind, desto reptilienartiger sind seine Eigenschaften. Man kann daher unschwer schließen, daß Vögel wie Säugetiere von den Reptilien abstammen.

Vor mehr als 150 Millionen Jahren lebten noch keine Vögel oder Säugetiere, doch die Reptilien befanden sich in voller Blüte. Wenden wir uns daher ihnen zu und untersuchen die Frage ihrer Entstehung.

10.
DIE REPTILIEN

Im Mesozoikum – zur Zeit der Hochblüte der Reptilien – sind mehrere wichtige Unterklassen dieser Gruppe entstanden, die man durch Unterschiede in ihrer Schädelstruktur differenzieren kann. Es sind beinahe immer die Knochen, die in fossiler Form überlebt haben, und darunter besonders die Schädel.

Zudem sind die Unterschiede der Schädelform keineswegs unwichtig. Kleine Veränderungen in der Struktur des Schädels werden gewöhnlich von anderen Veränderungen des Skeletts begleitet, die wiederum auf bedeutsame Unterschiede im Aussehen und in der Lebensweise hindeuten. Dies trifft auf die verschiedenen Reptilienarten zu, die heute noch leben, und es gibt keinen Grund anzunehmen, in der Vergangenheit sei dies anders gewesen.

Man teilt die Reptilien also in Unterklassen ein, die sich von der Anzahl und der Position der Löcher an beiden Seiten des Schädels ableiten. Diese Löcher befinden sich an den Schläfen gleich hinter den Augenhöhlen. Sie sind groß genug, um den durch sie verlaufenden Kiefermuskeln Raum zum Anschwellen bei Muskelkontraktionen zu geben.

Manche Reptilien besitzen diese Öffnungen nicht. Sie gehören zur Unterklasse der *Anapsida* (griechisch für »keine Öffnungen«). Man kann diese Reptilien auch als Anapsiden bezeichnen.

Darüber hinaus gibt es drei Unterklassen von Reptilien mit einem einzelnen Loch hinter jeder Augenhöhle. Die Paläontologie unterscheidet diese drei Gruppen nach der Lage und Größe der Öffnungen und nach der genauen Anordnung der umliegenden Knochen. Diese drei Unterklassen sind die *Synapsida* (»mit Öffnung«), die *Parapsida* (»seitliche Öffnung«) und die *Euryapsida* (»breite Öffnung«).

Schließlich gibt es eine Unterklasse mit zwei Schläfenfenstern hinter jeder Augenhöhle: die *Diapsida* (»zwei Öffnungen«). Man teilt die Diapsiden wiederum anhand unterschiedlicher Zahnanordnungen in zwei Gruppen: die *Lepido-sauria* (»geschuppte Echsen«) und die *Archosauria* (»herr-schende Echsen«).

Die Archosaurier bilden die erfolgreichste Gruppe unter den Reptilien des Mesozoikums. Sie werden in fünf Ordnun-gen unterteilt. Eine dieser Ordnungen bilden die *Saurischia* (mit »Eidechsenhüfte«). Sie tragen ihren Namen, weil ihre Hüftknochen annähernd wie die moderner Eidechsen ange-ordnet sind. Eine weitere Ordnung bilden die *Ornitischia* (mit »Vogelhüfte«), weil die Anordnung der Hüftknochen bei ihnen der bei den heutigen Vögeln entspricht.

Saurischia und Ornitischia sind jene Tiere, die man gemein-hin unter dem Namen Dinosaurier kennt. Es war der engli-sche Zoologe Richard Owen (1804–1892), der im Jahre 1842 den Begriff *Dinosaurier* (»schreckliche Echse«) prägte. Zu dieser Zeit wußte man erst wenig über diese Reptilien und war sich nicht bewußt, daß sie zwei deutlich voneinander un-terscheidbare Gruppen bildeten. *Dinosaurier* ist daher heut-zutage keine offizielle zoologische Klassifikation mehr, aber im allgemeinen Sprachgebrauch nach wie vor vorhanden. Selbst Wissenschaftler verwenden dieses Wort gelegentlich, wenn sie von beiden Gruppen gemeinsam sprechen.

Zuerst erlebten die saurischen Dinosaurier ihre Blütezeit. Man unterteilt sie wieder in zwei Unterordnungen, die *Thero-poda* (»Säugetierfüße«) und die *Sauropoda* (»Eidechsen-füße«), da die Zehenknochen der ersteren bezüglich ihrer Zahl eher denen von Säugetieren entsprechen, die der letzte-ren eher denen von Eidechsen. Darüber hinaus waren die Theropoden Zweifüßler und neigten dazu, lediglich auf ihren Hinterbeinen zu gehen, während die Sauropoden auf allen vieren gingen.

Viele der frühen Theropoden waren recht klein. Einer von ihnen, der *Compsognathus* (»eleganter Kiefer«, da seine Schädelknochen so klein und zart waren), lebte vor ungefähr 150 Millionen Jahren und war nicht größer als ein Huhn. Er ist der kleinste bekannte Dinosaurier. Gegen Ende des Meso-zoikums gab es Zweifüßler dieses Typs, die fast genauso aus-sahen wie heutige Strauße, abgesehen davon, daß sie statt der

Federn Schuppen besaßen und statt der nutzlosen Flügel kleine Vorderfüße mit Klauen.

Manche der Theropoden erreichten jedoch eine gewaltige Größe und werden *Carnosauria* (»Fleischechsen«, da sie Fleischfresser waren) genannt. Der bekannteste unter ihnen ist der *Tyrannosaurus Rex* (»gebietende Echse, König«), der zusammen mit anderen, womöglich noch größeren Carnosauriern der fürchterlichste landlebende Fleischfresser aller Zeiten war.

Die Gesamtlänge eines großen Carnosauriers dürfte fünfzehn Meter, sein Gesamtgewicht ungefähr sieben Tonnen betragen haben. Das wäre das mehr als achtfache Gewicht eines modernen Kodiakbären, des größten heute auf dem Land lebenden Fleischfressers. Der Kopf eines solchen Carnosauriers war 1,2 Meter lang, zeigte Kiefer mit fünfzehn Zentimeter langen Zähnen und erhob sich fast fünf Meter über den Boden. Auch die Carnosaurier waren Zweifüßler. Verglichen mit dem Rest ihres Körpers waren ihre vorderen Gliedmaßen recht klein, so daß sie wie Riesenkänguruhs aussahen. Die gewaltigen Hüften dieser Reptilien zeigen, daß sie nahezu die Grenze erreichten, die ein auf zwei Beinen gehendes Landtier haben kann.

Auch die Sauropoden könnten zweifüßige Vorfahren gehabt haben. Obwohl sie auf allen vieren gingen, waren die Vorderbeine gewöhnlich kürzer als die Hinterbeine, so daß der hintere Teil eines Sauropoden von den Hüften zu den Schultern abfiel.

Für den Laien sind diese Sauropoden die bekanntesten Dinosaurier; der Begriff *Dinosaurier* beschwört geradezu ihr Bild herauf. Ihr Körperbau ähnelte dem gewaltiger Elefanten, zeigte jedoch einen langen Hals am einen Ende und einen langen Schwanz am anderen. So sahen sie eher wie Riesenschlangen aus, die Riesenelefanten geschluckt hatten, wobei die Säulenbeine der letzteren durch die Bauchdecke gebrochen waren und mit dem gesamten Wesen davonspazierten.

Die großen Sauropoden waren Vegetarier. Im allgemeinen können Pflanzenfresser größer als Fleischfresser werden, da

Zeitalter der Amphibien
(Paläozoikum)

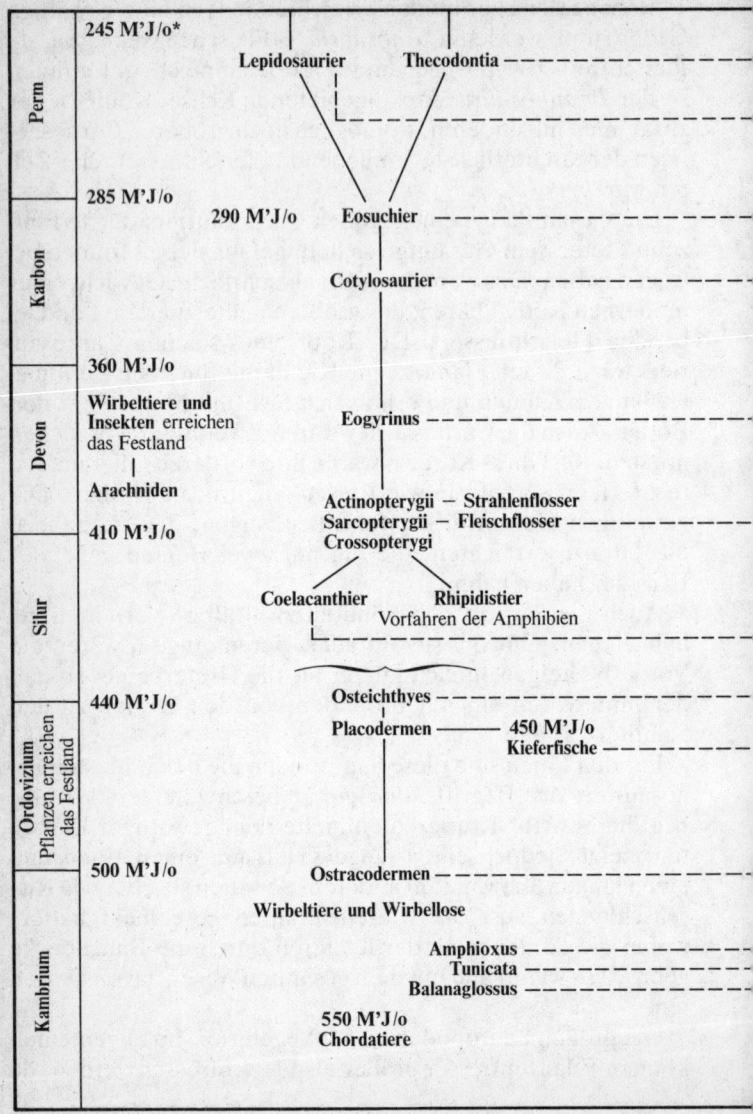

Perm	245 M'J/o*	Lepidosaurier Thecodontia – – – –
	285 M'J/o	
Karbon	290 M'J/o	Eosuchier – – – – – – – – – – – –
		Cotylosaurier – – – – – – – – – – –
	360 M'J/o	
Devon	Wirbeltiere und Insekten erreichen das Festland	Eogyrinus – – – – – – – – – – – –
	Arachniden	
	410 M'J/o	Actinopterygii – Strahlenflosser
		Sarcopterygii – Fleischflosser – – – – –
		Crossopterygi
Silur		Coelacanthier Rhipidistier
		Vorfahren der Amphibien
	440 M'J/o	Osteichthyes – – – – – – – – – –
Ordovizium Pflanzen erreichen das Festland		Placodermen – – – – – 450 M'J/o
		Kieferfische – – – – – –
	500 M'J/o	Ostracodermen – – – – – – – –
		Wirbeltiere und Wirbellose
Kambrium		Amphioxus – – – – – – –
		Tunicata – – – – – – –
		Balanaglossus – – – – – – – –
		550 M'J/o Chordatiere

* Millionen Jahre vor heute

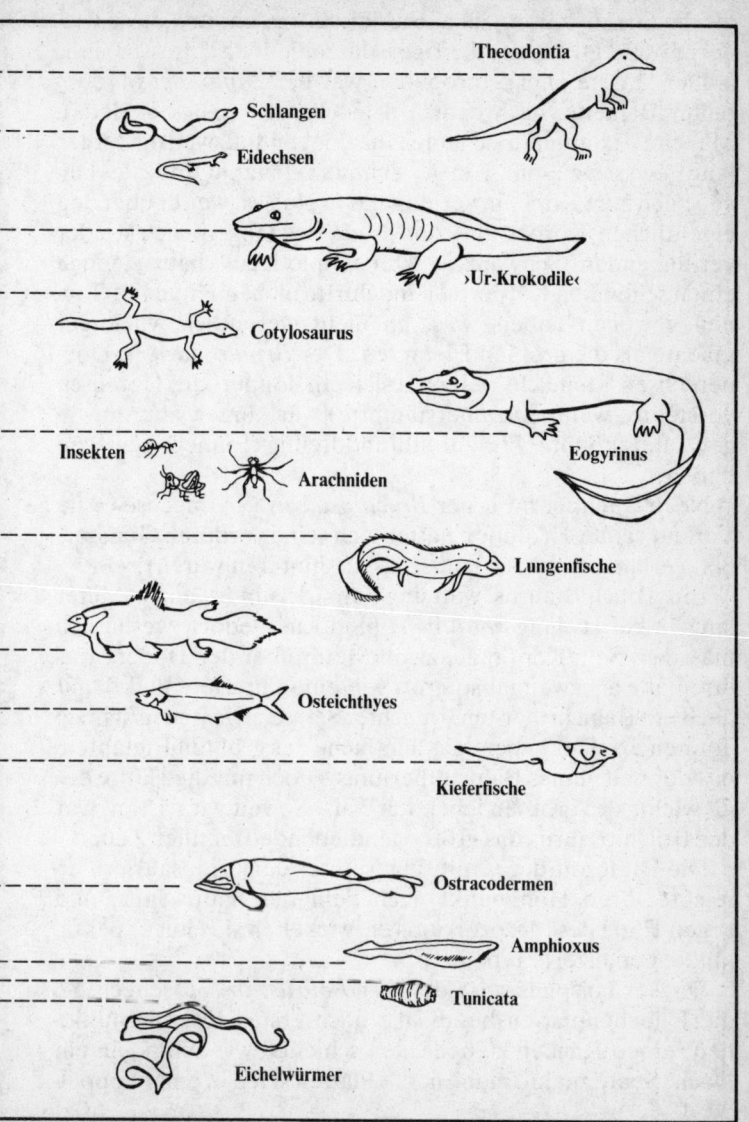

Thecodontia

Schlangen

Eidechsen

›Ur-Krokodile‹

Cotylosaurus

Eogyrinus

Insekten   Arachniden

Lungenfische

Osteichthyes

Kieferfische

Ostracodermen

Amphioxus

Tunicata

Eichelwürmer

die Erde mehr pflanzliche Nahrung bietet als tierische. Die Elefanten als reine Pflanzenfresser sind beispielsweise größer als die Grizzlybären, die auch Fleisch fressen, und diese wiederum sind größer als die Tiger, die reine Fleischfresser sind.

Der längste aller Sauropoden war der *Diplodocus* (»doppelter Balken«, nach einigen Einzelheiten seines Skeletts). Manche Exemplare scheinen bis siebenundzwanzig Meter lang gewesen zu sein, von der Schnauze bis zum Ende des langen, sich zum Kopf hin verjüngenden Halses, weiter über den eigentlichen Körper und zum Ende des langen, sich wieder verjüngenden Schwanzes. Der Diplodocus hatte jedoch einen schlanken Körperbau und dürfte nicht mehr als elf Tonnen gewogen haben, was ihn nicht wesentlich wuchtiger machte als die größten Elefanten. Der *Brontosaurus* (»Donnerechse«, vielleicht weil man sich ein donnerndes Geräusch vorstellte, wenn er umherstampfte) war kürzer, aber massiger, und könnte bis zu fünfunddreißig Tonnen gewogen haben.

Noch wuchtiger war der *Brachiosaurus* (»Armechse« – im Verlauf seiner Evolution hatten sich seine vorderen Gliedmaßen verlängert, bis sie länger als die hinteren waren).

Ein Brachiosaurus war ungefähr dreiundzwanzig Meter lang; nicht so lang wie ein Diplodocus, jedoch wesentlich massiger. Sein Kopf ragte zwölf Meter über den Boden, was ihn mehr als zweimal so groß wie eine Giraffe – und damit auch ein Baluchitherium – machte. Sein Gewicht mag achtzig Tonnen erreicht haben, das achtfache des größten Elefanten, das doppelte eines Baluchitheriums – doch nur die Hälfte des Gewichts des größten lebenden Wals. Soweit wir wissen, war der Brachiosaurus das größte landlebende Tier aller Zeiten.

Die Blütezeit der Ornitischier unter den Dinosauriern erreichte ihren Höhepunkt nach dem der Saurischier; und gegen Ende des Mesozoikums entwickelten sie einige spektakuläre gepanzerte Typen.

Da war beispielsweise der *Stegosaurus,* die »Dachechse«, die Knochenplatten besaß, die nach ersten Rekonstruktionen seinen Rücken zu bedecken schienen wie Schindeln ein Dach. Später nahm man an, die Platten seien in einer doppel-

116

ten Reihe den Rücken entlanggelaufen. Neueste Erkenntnisse weisen darauf hin, daß sie nur eine Reihe bildeten.

Der Stegosaurus zeigte klare Anzeichen für zweifüßige Vorfahren, da seine Vorderfüße nur wenig mehr als die Hälfte der Hinterbeine erreichten. Man hält ihn normalerweise für ein besonders »hirnloses« Wesen, da sein winziger Kopf ein Gehirn enthielt, das nicht größer war als das eines heutigen Kätzchens. Sein Körper dagegen war neun Meter lang und schwerer als der eines Elefanten. Der Stegosaurus starb vor ungefähr 120 Millionen Jahren in der frühen Kreidezeit aus, wahrscheinlich bevor die riesigen Carnosaurier auf der Bildfläche erschienen. Die berühmte Szene in dem Walt-Disney-Film *Fantasia,* bei der ein Tyrannosaurus einen Stegosaurus angreift und tötet, ist sehr wahrscheinlich anachronistisch.

Der *Ankylosaurus* (»gekrümmte Echse«) entwickelte sich später als der Stegosaurus und war tatsächlich ein Zeitgenosse der Carnosaurier. Er war wahrscheinlich das am schwersten gepanzerte Tier aller Zeiten. Der Ankylosaurus war ungefähr so groß wie der Stegosaurus, hatte aber kürzere Beine und war breiter, so daß er nicht leicht umgedreht werden konnte, um seinen ungeschützten Bauch zu präsentieren. Vom Schädel bis zum Schwanz war sein Rücken mit gewaltigen Knochenplatten bedeckt, die an ihren Seiten in dicke Spitzen zuliefen. Der Schwanz endete in einer knochigen Verdickung, die wahrscheinlich die Kraft eines Rammbocks hatte. Er war geradezu ein lebender Panzer; und wahrscheinlich hat es sich selbst ein Carnosaurier zweimal überlegt, ob er es mit ihm aufnehmen sollte.

Schließlich wäre da noch der *Triceratops* (»dreigehörnt«), der wie ein riesiges Nashorn gebaut war. Er war kleiner als Stegosaurus und Ankylosaurus, und sein Panzer konzentrierte sich auf seinen Kopfbereich. Ein breiter Knochenschild mit 1,8 Metern Durchmesser verlief vom Kopf nach hinten und schützte den Hals. Der Kopf trug drei Hörner, zwei lange, scharfe über den Augen und ein kürzeres und stumpferes auf der Nase. Darüber hinaus war das Maul mit einem starken, papageiähnlichen Schnabel ausgestattet.

Am Ende der Kreidezeit, also vor 65 Millionen Jahren,

starben jedoch alle zu dieser Zeit lebenden Saurischier und Ornitischier – und damit ausnahmslos alle Dinosaurier unter den Reptilien – in einer nach geologischen Maßstäben kurzen Zeitspanne aus.

Die Dinosaurier bilden jedoch nur zwei der Ordnungen der Unterklasse der Archosaurier. Es gibt noch drei weitere Ordnungen.

Aus einer von ihnen stammen die Pterosaurier, die ich im vorangegangenen Kapitel erwähnt habe. Obwohl die Pterosaurier zur selben Zeit lebten wie die Dinosaurier und obwohl sie mit ihnen zu den Archosauriern gehören, waren sie *keine* Dinosaurier. Sie gehören nicht zu den beiden Ordnungen, die man unter diesem unzoologischen Begriff zusammenfaßt.

Wie dem auch sei; als die Dinosaurier am Ende der Kreidezeit ausstarben, starben auch die Pterosaurier aus.

Die vierte Ordnung der Archosaurier heißt *Crocodilia*. Kurz vor dem Ende der Kreidezeit lebte der *Deinosuchus* (»schreckliches Krokodil«), das größte uns bekannte Krokodil. Es war fünfzehn Meter lang. Der Deinosuchus überlebte die Kreidezeit nicht, im Gegensatz zu einigen kleineren Angehörigen seiner Ordnung. Die Krokodile und ihre Verwandten, die Alligatoren und die Kaimane, leben noch heute.

Unter den heute lebenden Reptilienordnungen gehören die Crocodilia als einzige zu den Archosauria. Obwohl sie keine Dinosaurier sind, sind sie doch ihre nächsten lebenden Verwandten.

Die letzte Ordnung der Archosaurier ist in gewisser Hinsicht die bemerkenswerteste. Aus ihr ist der Archaeopteryx hervorgegangen und damit auch die Vögel. Wie die Crocodilia, so haben auch die Vögel die Kreidezeit überlebt und sind ebenfalls Beispiele für Archosaurier. Sie sind mit den Dinosauriern so eng verwandt wie die Krokodile, doch haben sie sich von den Eigenschaften der Reptilien in einer so dramatischen Weise wegentwickelt – man denke etwa an die Federn, die Flugtüchtigkeit und die Warmblütigkeit –, daß man sie heute nicht mehr als Reptilien ansieht.

Wie bereits erwähnt, gibt es neben den Archosauriern eine

weitere Unterklasse der Diapsiden. Dies sind die Lepidosauria. Im Mesozoikum war die Bedeutung der Lepidosaurier weitaus geringer als die der Archosaurier. Allerdings überlebten zwei Ordnungen der Lepidosaurier das Massensterben am Ende der Kreidezeit. Die eine ist *Squamata* (»schuppig«), von der die heutigen Schlangen und Eidechsen abstammen – die erfolgreichsten unter den lebenden Reptilien.

Die größte lebende Eidechse ist der Komodowaran, der auf der indonesischen Insel Komodo und einigen Nachbarinseln zu finden ist. Ein großer Komodowaran kann bis drei Meter lang werden und bis 165 Kilogramm wiegen. Einem erschrockenen Beobachter, der ihn zum ersten Mal zu Gesicht bekommt, mag er wie ein kleiner Dinosaurier erscheinen; aber das ist natürlich nicht der Fall.

Eine andere Ordnung der Lepidosauria sind die *Rhynchocephalia* (»Schnauzenköpfe«, da sie vorstehende, schnabelartige Schnauzen haben). Diese Ordnung war nie von Bedeutung und hat das Massensterben der Reptilien in geringfügigem Ausmaß überlebt. Eine einzige, seltene Art lebt heute noch.

Der Überlebende ist ein mittelgroßes, eidechsenähnliches Wesen, ungefähr fünfundsiebzig Zentimeter lang. Es ist heute nur noch auf einigen wenigen Inselchen vor der Küste Neuseelands zu finden, wo es durch strenge Gesetze geschützt ist. Sein Eigenname ist *Tuatara,* was in der Sprache der Maoris »Stachelrücken« bedeutet: Zusätzlich zu den Schuppen, die seinen Körper bedecken, läuft eine Reihe von Stacheln das Rückgrat entlang. Sein zoologisch korrekterer Name ist *Sphenodon* (»Keilzahn«), deutsch spricht man von der *Brückenechse.* Obwohl sie wie eine Eidechse aussieht, unterscheidet sie sich in verschiedener Hinsicht von diesen. Zum Beispiel besitzt sie auf der Oberseite ihres Gehirns eine besonders stark entwickelte Zirbeldrüse. Bei Eidechsen oder anderen Wirbeltieren ist diese Drüse nicht annähernd so stark entwickelt. Beim jungen Sphenodon erinnert diese Eigenheit an ein drittes Auge, obwohl es keinen Hinweis darauf gibt, daß sie lichtempfindlich ist.

Wenden wir uns nun den drei Ordnungen der Reptilien zu,

die auf beiden Seiten hinter den Augenhöhlen nur jeweils eine Schädelöffnung aufweisen. Zu ihnen gehören die Euryapsida mit ihren großen Meeresreptilien, die ihre Blütezeit im Mesozoikum erlebten. Man kennt sie als *Plesiosaurier* (»Echsenähnliche«), und ihr äußeres Erscheinungsbild ähnelt stark dem der Dinosaurier. Einige von ihnen sehen aus wie Sauropoden, mit vier langen Flossen anstelle der vier langen Beine. Ein Plesiosaurier, der *Elasmosaurus* (»gepanzerte Echse«), hatte einen ungefähr sechs Meter langen Hals mit insgesamt siebzig Wirbeln (wir haben an dieser Stelle nur vier). Dies ist der längste fossile Hals, den man jemals gefunden hat. Manche Leute glauben, daß das sogenannte Ungeheuer von Loch Ness ein auf wundersame Weise überlebender Plesiosaurus ist, aber ich denke, die Chance, daß das besagte Ungeheuer überhaupt existiert, ist gleich Null.

Auch die Parapsida entwickelten sich zu Meeresreptilien. In ihrem Fall war die Anpassung extremer. Die bekanntesten Parapsiden sind die *Ichtyosaurier* (»Fischechsen«), die ganz wie reptilienartige Delphine aussahen. Sie gebaren lebende Junge, aber – wie die heutigen Seeschlangen – nicht mit Hilfe einer Plazenta. Einer der Aspekte, in denen sie sich von den Delphinen unterschieden, war ihre Schwanzflosse. Sie war vertikal, während die der Delphine horizontal ist. Die Wirbelsäule des Ichtyosaurus lief in den unteren Teil der Schwanzflosse aus; beim Delphin bleibt sie in der Mitte. Manche Ichtyosaurier waren fast acht Meter lang, doch ihre Gehirne waren wesentlich kleiner als die der Delphine.

Plesiosaurier wie Ichtyosaurier sind heute ausgestorben. Die Plesiosaurier starben gemeinsam mit den Dinosauriern am Ende der Kreidezeit aus; die Ichtyosaurier dagegen scheinen schon vor 90 Millionen Jahren ausgestorben zu sein, lange vor dem Ende der Kreidezeit.

Die letzte Ordnung (mit einer Schädelöffnung) sind die Synapsida. Sie gehören zu den früheren Reptilien und haben sich schon vor dem Mesozoikum entwickelt. Man würde sie nicht als besonders auffällig oder bemerkenswert ansehen, abgesehen davon, daß sie säugetierartige Züge entwickelt haben. Eine ihrer Unterordnungen, die *Theriodontia* (»Säugetierzähne«), entwickelten einen Knochenbau, der in vieler Hinsicht dem von Säugetieren gleicht. Wie der Name der Unterordnung andeutet, waren beispielsweise ihre Zähne wesentlich stärker säugetier- als reptilienartig. Zu irgendeinem Zeitpunkt könnten die Theriodontia sogar Warmblütigkeit und Haare entwickelt haben; doch ist dies aus den fossilen Überresten nicht festzustellen.

Für diejenigen unter uns, die annehmen, die Säugetiere seien den Reptilien »überlegen«, könnte es logisch scheinen, daß die Synapsida sehr erfolgreich waren. Jede weitere Entwicklung einer säugetierartigen Eigenschaft hätte den Synapsiden dann auch einen weiteren Vorteil gegenüber den anderen Reptilienordnungen verschafft.

Dies scheint jedoch nicht der Fall gewesen zu sein. Alle Synapsiden sind früh ausgestorben. Selbst die säugetierartigen Theriodontia waren vor 170 Millionen Jahren großteils verschwunden. Sie hatten es damit noch nicht einmal bis zur Hälfte des Mesozoikums geschafft, als sie den Dinosauriern das Feld überließen. Einige kleine Theriodontia überlebten jedoch, nachdem sie besonders säugetierähnlich geworden waren. Wegen der Spärlichkeit der Fossilienfunde und des allmählichen Charakters der Veränderung ist es unmöglich, festzustellen, daß sich an einem genau bestimmbaren Punkt ein Lebewesen entwickelt hat, das ein echtes Säugetier war. Jedenfalls waren es nicht die Säugetiereigenschaften an sich, die das Überleben ermöglichten, sondern die Tatsache, daß die ersten Säugetiere so klein waren. Sie entkamen der Vernichtung durch die Reptilien, weil sie ihrer Aufmerksamkeit entgingen oder rasch in ein Versteck huschen konnten – und das war bis zu der Zeit nötig, als die Reptilien 100 Millionen Jahre später ausstarben und die kleinen Säugetiere ihre Chance erhielten.

Die letzte Ordnung der Reptilien, die der *Anapsida,* hat überhaupt keine Öffnungen hinter den Augenhöhlen und ist in gewisser Hinsicht die primitivste der Reptilien. Auch die Anapsiden entstanden geraume Zeit vor dem Mesozoikum. Seltsamerweise gelang es ihnen, das Ende der Kreidezeit zu überleben, während der Großteil weiterentwickelter Reptilien ausstarb. Unsere heutigen Schildkröten sind lebende Beispiele für die Anapsiden.

Warum hat es nun überhaupt diese große Katastrophe am Ende der Kreidezeit gegeben? Warum sind damals so viele der großen Reptilien ausgestorben, nachdem sie sich 150 Millionen Jahre lang erfolgreich entwickelt hatten?

Man hat schon viele Lösungen in Erwägung gezogen. Ein Vorschlag läuft darauf hinaus, daß sich vielleicht neue Formen des pflanzlichen Lebens entwickelten und ausbreiteten, Pflanzen, die die pflanzenfressenden Dinosaurier nicht kauen oder verdauen konnten. Daraufhin starben auch die fleischfressenden Dinosaurier, die sich von den pflanzenfressenden ernährt hatten.

Andererseits könnte es auch Klimaveränderungen gegeben haben. Vielleicht hat eine Eiszeit den Ozean stark abgekühlt, vielleicht hat eine Veränderung des Verhältnisses von Land und Meer die Küstengebiete verschwinden lassen, oder ein Absinken des Meeresspiegels hat die seichten Meere austrocknen lassen. Vielleicht ist aber auch eine neue Krankheit aufgetreten, oder eine nahe Supernova hat die Erde mit kosmischer Strahlung überschüttet. Man hat sogar vorgeschlagen, die kleinen Säugetiere hätten gelernt, sich von den Dinosauriereiern zu ernähren.

Nun hat der amerikanische Wissenschaftler Walter Alvarez im Jahre 1979 tiefe Bohrproben von aus Italien stammendem Sedimentgestein analysiert. Er verwendete dabei eine sehr empfindliche chemische Methode mit der Bezeichnung »Neutronen-Aktivierungsanalyse« und hoffte, etwas über die Rate herauszufinden, mit der sich das Sedimentgestein über lange Zeitabschnitte hinweg abgesetzt hat. Das funktionierte zwar nicht, doch zu ihrer Überraschung entdeckten Alvarez und seine Mitarbeiter, daß eine dünne Lage Sedimentgestein existierte, in der das seltene Metall Iridium im Vergleich zu den darunter- und darüberliegenden Schichten in fünfundzwanzigfacher Häufigkeit auftrat. Diese ungewöhnliche, wenngleich noch sehr kleine Menge an Iridium war zu einem bestimmten Zeitpunkt aufgetreten, und dieser Zeitpunkt fiel genau mit dem Ende der Kreidezeit zusammen.

Es mußte einen Zusammenhang geben. Iridium ist, soweit wir wissen, überall im Universum sehr selten; doch in der Erdkruste kommt es besonders selten vor. Der größte Teil des auf der Erde vorhandenen Iridiums befindet sich im Erdkern aus geschmolzenem Eisen. Man weiß beispielsweise, daß Meteore mehr Iridium enthalten als die Erdkruste (wenn auch nicht mehr als die Erde im ganzen).

Weitere Untersuchungen ergaben, daß die besagte Iridiumschicht weit auf der Erde verbreitet ist. Man verfiel also auf den Gedanken, daß vor 65 Millionen Jahren ein Asteroid oder, noch wahrscheinlicher, ein Komet mit einem Durchmesser von vielleicht mehreren Kilometern auf der Erde aufgeschlagen ist. Die Folgen wären gewaltige Erdbeben, Vulkanausbrüche und Flutwellen gewesen. Zudem wäre genug Staub in die obere Atmosphäre aufgewirbelt worden, um für einen längeren Zeitraum so gut wie das gesamte Sonnenlicht abzuschirmen. Das pflanzliche Leben wäre abgestorben und damit auch die Nahrungsquelle für das tierische Leben.

Als Folge wäre der größte Teil des Lebens auf der Erde untergegangen. Besonders verwundbar wären die größeren Tiere gewesen, da sie in geringerer Zahl existierten und mehr Nahrung pro Kopf benötigten. Kleine Tiere hatten eine bessere Überlebenschance, da sie sich vom Aas der gestorbenen großen Tiere ernähren konnten oder, als Pflanzenfresser, von den Samen, den Stämmen, der Rinde und anderen Pflanzenresten. Während die großen Tiere ausgerottet wurden, wäre das Überleben der kleinen zumindest teilweise eine Frage des Zufalls gewesen.

Hätte sich der geologische Aufruhr dann gelegt, so hätten sich die überlebenden Pflanzen und Tiere auf einer relativ leeren Erde befunden und sich rasch zu einer neuen Vielfalt von Arten entwickeln können.

Die Massenausrottung der Kreidezeit ist das berühmteste Beispiel ihrer Art, da sie zur Ausrottung der Dinosaurier führte, einer Gruppe von Tieren, die die Vorstellung der Menschen stark beflügelt hat. Es handelt sich jedoch nicht um das einzige Massensterben. Einige Paläontologen haben nach einer sorgfältigen Untersuchung des Fossilienschatzes sogar

123

die Behauptung aufgestellt, solche Katastrophen würden sich ungefähr alle 26 Millionen Jahre ereignen.

Natürlich sind sie nicht immer derart extrem. Manchmal sind sie vergleichsweise klein. Doch zumindest eine, die das Ende des dem Mesozoikums, vorangehenden Zeitalters kennzeichnet, war noch schlimmer als jene am Ende des Mesozoikums. Bis zu 95 Prozent aller lebenden Arten wurden während der *permischen Endkatastrophe* ausgelöscht.

Wurden alle Katastrophen durch ein Bombardement der Erde aus dem Weltraum ausgelöst? Und wenn dem so ist, warum sollten sich diese Einschläge alle 26 Millionen Jahre wiederholen? Eine Vermutung läuft darauf hinaus, daß die Sonne einen kleinen Begleitplaneten besitzt, der sich in 26 Millionen Jahren einmal um sie dreht. Am einen Extrem seiner Umlaufbahn ist er so weit weg, daß er überhaupt nichts bewirkt, doch am anderen Extrem, das er alle 26 Millionen Jahre einmal erreicht, kommt er der Sonne nahe genug, um eine Wolke von 100 Milliarden kleiner, vereister Kometen zu passieren. Man nimmt an, daß diese außerhalb der Umlaufbahn des Pluto liegen. Beim Besuch des Planeten werden sie gestört, und ein paar Millionen Kometen stürzen ins Innere des Sonnensystems, wobei einige davon zwangsläufig die Erde treffen.

Ist dies tatsächlich der Fall, so findet die Evolution auf der Erde immer wieder einen neuen Anfang. Das würde der erwähnten Katastrophentheorie von Bonnet nahekommen, jedoch nur auf entfernte Weise. Die neue Katastrophentheorie sieht die Zeiten der Bedrohung durch wesentlich längere Zeiträume getrennt, als Bonnet sie sich vorstellte. Außerdem hat bislang keines dieser Ereignisse das Leben vollständig ausgelöscht, wie Bonnet annahm. Bei der neuen Katastrophentheorie entsteht jeder neue Entwicklungsschritt durch die weitere Evolution der Überlebenden der Katastrophen. In Bonnets System erforderte jeder neue Schritt eine von Grund auf neue göttliche Schöpfung.

Diese Erklärung des wiederholten Massensterbens durch ein Bombardement aus dem Weltraum ist bislang noch heftig umstritten, und viele Paläontologen akzeptieren sie nicht. Sie sind nicht der Ansicht, daß die Katastrophen tatsächlich periodisch auftreten. Statt der Kometenthese bringen sie andere Gründe für die Katastrophen vor, wie etwa die Abkühlung der Erde während der Eiszeiten.

Selbst wenn sich die Vorstellung von periodischen Massenausrottungen durch Kometeneinschläge bestätigen sollte, wäre die nächste vorprogrammierte Katastrophe 15 Millionen Jahre von heute entfernt. Es besteht also keine Notwendigkeit, deswegen in Panik zu geraten.

Kehren wir nun zu der Entstehung der Reptilien zurück. Ich habe bereits erwähnt, daß die Synapsiden und die Anapsiden sich vor dem Beginn des Mesozoikums entwickelten. Wir wollen daher das Zeitalter betrachten, das vor dem Mesozoikum liegt: den frühesten der drei wichtigeren Abschnitte, aus denen in großer Zahl Fossilien zu finden sind. Diese früheste Periode der Versteinerung ist das Paläozoikum (»alte Tiere«). Das Paläozoikum erstreckt sich über insgesamt 355 Millionen Jahre, so daß es länger gedauert hat als das Känozoikum und das Mesozoikum zusammen.

Man unterteilt das Paläozoikum in sechs Abschnitte. Vom jüngsten bis zum ältesten sind dies:

1. *Perm* (nach einem ehemaligen Gouvernement in Ostrußland, wo man Gesteinsschichten aus dieser Zeit zum ersten Mal untersuchte). Es war am Ende dieser Periode, daß die schlimmste Massenausrottung aller Zeiten das Paläozoikum beendete und es den relativ wenigen Überlebenden erlaubte, sich zur Tierwelt des Mesozoikums zu entwickeln.
2. *Karbon* (»kohlehaltig«, da ein großer Teil der heute geförderten Kohle aus Gestein dieser Formation stammt).
3. *Devon* (nach der Grafschaft Devonshire im Südwesten Englands, wo diese Formation erstmals untersucht wurde).
4. *Silur* (nach einem in römischer Zeit in Südwales lebenden Stamm, da dieses Gestein erstmals in dieser Region untersucht wurde).
5. *Ordovizium* (nach einem anderen walisischen Stamm).

6. *Kambrium* (nach Wales selbst, das die alten Römer Cambria nannten).

Bleiben wir vorerst bei dem Zeitraum, den die ersten beiden Abschnitte umspannen. Das Perm begann vor 285 Millionen Jahren und endete vor 245 Millionen Jahren, umfaßt folglich eine Zeitspanne von 40 Millionen Jahren. Die Zeitspanne zwischen der permischen Endkatastrophe vor 245 Millionen Jahren und der Endkatastrophe der Kreidezeit vor 65 Millionen Jahren entspricht mit ihren 180 Millionen Jahren der siebenfachen Dauer jener Periode von 26 Millionen Jahren, die man zwischen den jeweiligen Kometeneinschlägen berechnet hat.

Das Karbon wiederum dauerte 75 Millionen Jahre. Es begann vor 360 Millionen Jahren und endete vor 285 Millionen Jahren.

Die frühen Reptilien, die im Perm lebten, litten sehr unter der permischen Endkatastrophe. Viele ihrer Arten starben aus, besonders unter den Synapsida oder säugetierartigen Reptilien (obwohl offenbar einige von ihnen überlebten).

Vor 240 Millionen Jahren, also kurz nach diesem Massensterben, erschienen die *Thecodontia* (»Höhlenzähne«). Zähne, die ohne Verwachsung mit dem Knochen in einer separaten Höhlung sitzen, sind charakteristisch für die Archosaurier, so daß die Thecodontia im Grunde die ersten Archosaurier waren.

Manche der Thecodontia hatten seitwärts gespreizte Beine wie die heutigen Eidechsen und konnten damit nur unbeholfen gehen. Die Beine anderer Arten befanden sich jedoch unter dem Körper wie bei den Dinosauriern. Einige Thecodontia hatten einen leichten Körperbau und lange Hinterbeine, was darauf hinweisen könnte, daß sie zweifüßig laufen konnten. Sie waren schon beinahe Dinosaurier. Eine andere Art, die vor ungefähr 200 Millionen Jahren lebte, scheint vergrößerte, sich lose überlappende Schuppen gehabt zu haben, die den ersten Schritt zur Entwicklung von Federn darstellen könnten.

Die Thecodontia überlebten bis in den frühen Jura, wo eine

weitere Massenausrottung sie vor ungefähr 193 Millionen Jahren auslöschte. Zu diesem Zeitpunkt waren aus ihnen aber bereits Arten hervorgegangen, die auch diese Katastrophe überlebten; und aus diesen Arten entstanden die Dinosaurier, die Pterosaurier, die Crocodilia und die Vögel.

Wenn die Thecodontia auch die ersten Archosaurier waren, so waren sie sicher nicht die ersten Reptilien. Sie stammten von bestimmten Reptilien ab, die die permische Endkatastrophe überlebt hatten. Dies sind die *Eosuchia* (»Urkrokodile«), die erstmals vor 290 Millionen Jahren im späten Karbon festzustellen sind. Einige von ihnen überlebten sogar das Massensterben der Kreidezeit und starben erst vor ungefähr 50 Millionen Jahren im Eozän aus, im Verlauf einer weiteren Katastrophe.

Zu einem frühen Zeitpunkt entwickelten sich einige der Eosuchia zu Thecodontia, andere zu den Lepidosauriern, den Vorfahren der Brückenechse, der Eidechsen und der Schlangen. Die Eosuchia waren die ersten Reptilien mit einem diapsiden Schädel, obwohl ihre Zähne primitiv blieben.

Die Eosuchia stammten ihrerseits von den *Cotylosauriern* ab (»Kelch-Echsen«, da ihre Wirbel kelchförmig sind). Die Cotylosaurier dürften vor 300 Millionen Jahren entstanden sein, immer noch im späten Karbon. Sie scheinen die Urreptilien gewesen zu sein, von denen alle anderen Reptilien (und auch die Vögel und die Säugetiere) abstammen. Wie der Schädel heutiger Schildkröten, so ist auch der der Cotylosaurier anapsid.

Die wichtigste Eigenschaft der Cotylosaurier, die gleichzeitig das deutlichste Unterscheidungsmerkmal zwischen den Reptilien und den vor ihnen entstandenen Wirbeltieren darstellt, betrifft ihre Eier. Primitivere Tiere als die Reptilien müssen ihre Eier im Wasser legen, da sie an Land austrocknen und absterben würden. Das bedeutet, daß die Ahnen der Reptilien zumindest den ersten Teil ihres Lebens im Wasser verbringen mußten.

Die Cotylosaurier entwickelten nun ein geschütztes Ei, das sie auf dem Festland legen konnten. Vor allem war dieses Ei von einer schützenden Schale aus dünnem Kalkstein (Kalziumkarbonat) umgeben, die luft-, jedoch nicht wasserdurchlässig war. Der in Entwicklung befindliche Embryo im Innern erhielt also Luft, ohne daß Wasser von innen nach außen dringen konnte. Der Embryo entwickelte sich in einer kleinen Flüssigkeitsansammlung im Ei, wobei ihm eine Reihe komplizierter Anpassungsmerkmale erlaubte, »Abfälle« abzustoßen. Sie wurden gewissermaßen in andere Membranen eingepackt.

Dieses Reptilienei, wie es einige primitive Cotylosaurier vor 300 Millionen Jahren entwickelt haben, hat jedwedes folgende Landleben der Wirbeltiere (einschließlich der Reptilien, der Vögel und der Säugetiere) ermöglicht. Es war daher die bezüglich der Fortpflanzung bedeutendste »Erfindung« der Wirbeltiere. Erst die »Erfindung« der Plazenta durch die fortgeschritteneren Säugetiere vor 230 Millionen Jahren ist ihr gleichzusetzen.

Wenn nun das ausschließliche Leben auf dem Festland für die Reptilien und ihre Abkömmlinge möglich ist, so müssen sie dennoch von primitiveren Tieren abstammen, die zumindest einen Teil ihres Lebens im Wasser verbrachten. Wir sollten also fragen, wann das Leben auf dem Festland an sich angefangen hat.

11.
DAS LEBEN AUF DEM FESTLAND

In gewisser Hinsicht ist das Leben im Wasser sehr einfach. Wasser ist tragfähig und läßt in ihm lebende Lebewesen zumindest in einem beträchtlichen Ausmaß schweben. Meerestiere müssen nicht gegen die Schwerkraft ankämpfen; sie leben in einer dreidimensionalen Welt, in der sie sich nicht nur leicht vorwärts, rückwärts, nach rechts und links bewegen können, sondern auch nach oben und unten.

Natürlich leben auch die flugtüchtigen Tiere in einer dreidimensionalen Welt, aber der Flug durch die Luft verbraucht wesentlich mehr Energie als das Schwimmen im Wasser. Um fliegen zu können, müssen die Vögel (möglicherweise auch die Pterosaurier) Warmblüter sein und eine hohe Stoffwechselrate aufrechterhalten; das heißt, sie müssen Energie auf hohem Niveau erzeugen. Die wechselwarmen Insekten kompensieren dies, indem sie so klein sind, daß die geringere Tragfähigkeit der Luft ausreicht, um sie zumindest teilweise der Notwendigkeit zu entheben, ihr Gewicht tragen zu müssen.

Im Meer jedoch kann ein Lebewesen wechselwarm (Kaltblüter) sein und dennoch groß. Es kann langsam und gemächlich schwimmen, ohne zu sinken, während die Vögel auf Kosten beträchtlichen Energieverlusts eine recht hohe Geschwindigkeit halten müssen, wenn sie in der Luft bleiben wollen. Selbst jene großen Vögel, die sich der Luftströmungen bedienen, um lange Zeit fast ohne Energieverlust zu schweben, müssen eine große Energiemenge aufwenden, um erst einmal die notwendige Höhe zu erreichen.

Ferner variiert die Temperatur im Meer nicht stark, so daß die Umgebung meist stabil bleibt. Außerdem ist Wasser absolut lebensnotwendig, und der Ozean besteht zu 96,7 Prozent aus Wasser.

Das Meer ist sogar ein so wohlwollendes Milieu, daß gerade diese Eigenschaft unter bestimmten Umständen ein entscheidender Nachteil sein kann. Organismen, die in den warmen tropischen Ozeanen leben, sind an die gleichbleibende

Freundlichkeit des Meeres angepaßt. Doch wenn die Temperatur der tropischen Ozeane – beispielsweise aufgrund einer Eiszeit – geringfügig absinkt, so können diese Lebensformen die Veränderung nicht ertragen. Die tropischen Meerestiere scheinen in den Zeiten der großen Katastrophen in außergewöhnlichem Maße zu leiden, offenbar wegen ihrer Empfindlichkeit gegenüber der atmosphärischen Abkühlung.

Nun machen die Zeiten von Massenausrottungen nur einen winzigen Prozentsatz des gesamten Zeitraums aus, in dem Lebewesen die Erde bewohnen. Für jeweils viele Millionen Jahre ist das Meeresmilieu stabil geblieben, so daß das in ihm enthaltene Leben ungestört existieren konnte.

Es scheint also, als gebe es wenig Verlockendes, das Lebewesen vom Wasser aufs trockene Land ziehen könnte.

Um sich aus dem Wasser zu erheben und auf der Oberfläche des trockenen Festlands leben zu können, müssen Lebewesen Mechanismen entwickeln, die ein Austrocknen verhindern. Zudem müssen sie fähig sein, Temperaturen zu ertragen, die zumindest zeitweise wesentlich höher oder tiefer sind als die des Meeres. Sie müssen Umweltfaktoren wie direktem Sonnenlicht, Regen, Schnee und Wind widerstehen können. Um sich fortzubewegen, müssen sie sich langsam über eine zweidimensionale Oberfläche schlängeln oder kriechen. Oder sie müssen Gliedmaßen entwickeln, die stark genug sind, um sie deutlich vom Boden zu erheben – gegen den Zug der Schwerkraft, die nicht mehr durch die Tragfähigkeit des Wassers gemildert ist.

Das ist keineswegs alles. Im Wasser ist Sauerstoff aufgelöst. Die Meerestiere können diesen Sauerstoff mit Hilfe stark durchbluteter Organe aufnehmen, die man *Kiemen* nennt. Das Wasser gleitet unablässig über die Kiemen, und der Sauerstoff diffundiert vom Meereswasser ins Blut. Abfallprodukte wiederum, die als solche giftig sein können, können ins Wasser ausgeschieden werden, sobald sie sich bilden. Nach der Ausscheidung verlieren sie durch die hohe Verdünnung ihre Gefährlichkeit und sind chemischen und biologischen Abbauprozessen unterworfen, die verhindern, daß sie sich jemals in kritischen Mengen ansammeln können.

Auf dem Land dagegen muß der Sauerstoff aus der Luft aufgenommen und mittels der feuchten Membranen im Innern der Lungen aufgelöst werden, bevor er verwendet werden kann. Dieses feuchte Milieu wiederum muß aufrechterhalten werden und darf nie austrocknen. Das Ganze ist ein wesentlich komplizierteres System als das im Wasser erforderliche.

Weiterhin können Landtiere ihre Abfallprodukte nicht ständig ausscheiden, da sie diese Stoffe in eine Wasserlösung einbringen müssen, was bei kontinuierlicher Ausscheidung zuviel wertvolle Flüssigkeit verbrauchen würde. Das Landtier wäre binnen kurzem ausgetrocknet und tot. Deshalb müssen sich die Abfallprodukte der Landtiere bis zu einem gewissen Grad ansammeln dürfen. Sie müssen in Produkte umgewandelt werden, die nicht zu giftig sind, und schließlich müssen sie mit einem Minimum an Wasserzusatz ausgeschieden werden.

Darüber hinaus ist das Meer voller Leben und damit voller Nährstoffe, während das trockene Land vergleichsweise öde ist. Dies ist heute noch so und war vor Hunderten von Jahrmillionen noch stärker der Fall.

Warum also sollten im Meer lebende Tiere alle möglichen und überaus komplizierten Anpassungsmerkmale entwickeln, die sie für ein Leben auf dem Festland ausrüsten, wenn das Leben im Meer so viel leichter und besser ist?

Man muß sich klarmachen, daß die Evolution nichts mit einer absichtlichen Veränderung zu tun hat. Es ist nicht so, daß sich die Lebewesen auf das trockene Land begeben »wollten«.

Die Tatsache, daß das Leben im Meer so leicht ist, bedeutet auch, daß es hier von Lebewesen nur so wimmelt, die fressen und gefressen werden. Der Wettbewerb ist heftig.

Nun vermeiden es die am Rand des Ozeans lebenden Organismen normalerweise, zu nahe an die Küste zu geraten: Je höher sie bei Flut vordringen, desto größer ist die Gefahr, bei Ebbe versehentlich der tödlichen Abwesenheit des Wassers ausgesetzt zu werden.

Gelingt es einem Organismus aber, einen kurzen Zeitraum

Zeitalter der Reptilien
(Mesozoikum)

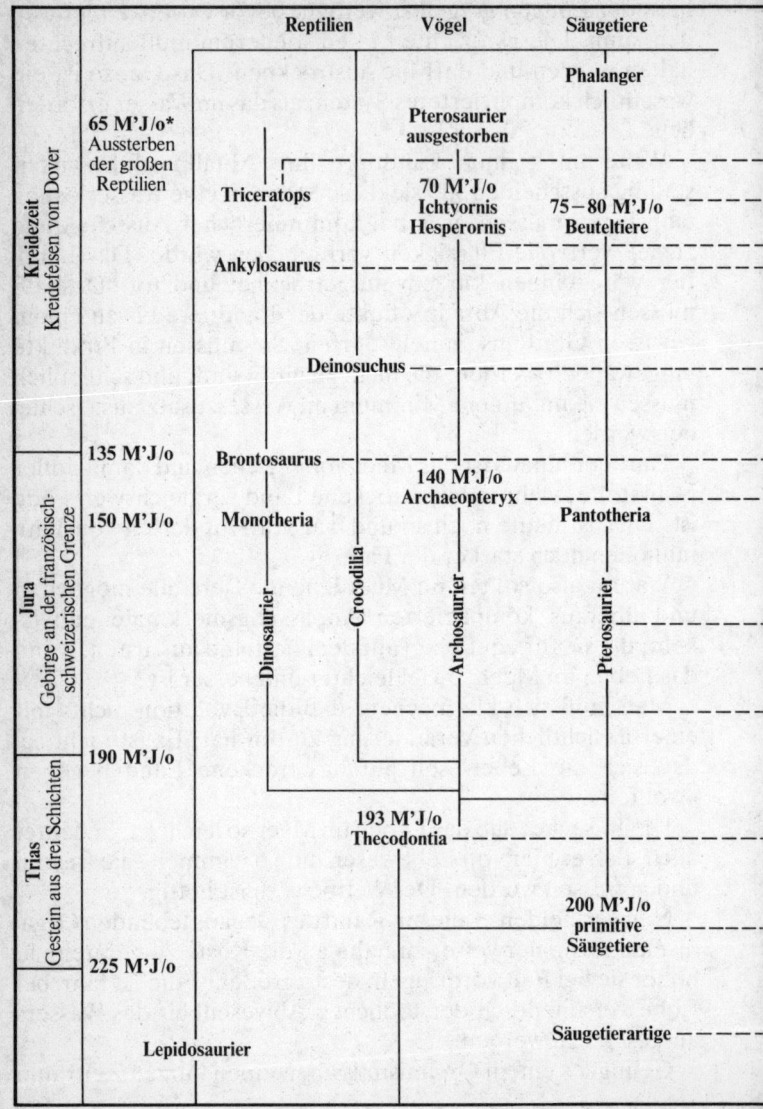

* Millionen Jahre vor heute

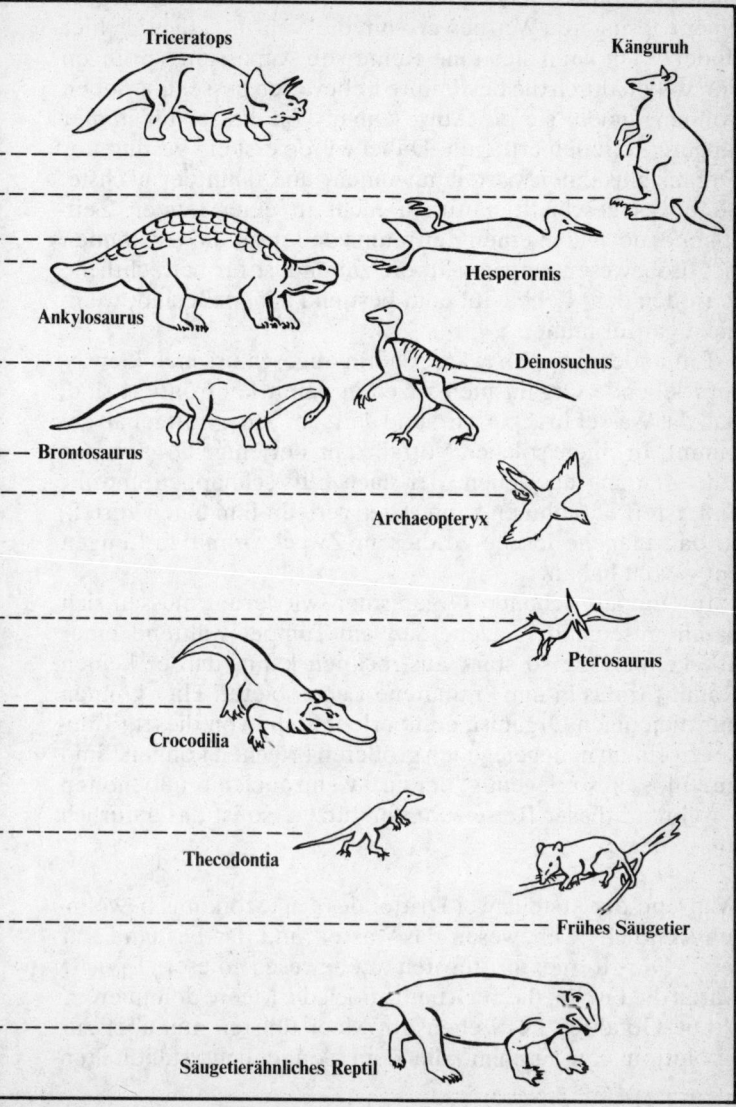

Triceratops

Känguruh

Hesperornis

Ankylosaurus

Deinosuchus

Brontosaurus

Archaeopteryx

Pterosaurus

Crocodilia

Thecodontia

Frühes Säugetier

Säugetierähnliches Reptil

ohne den Schutz des Wassers zu überleben, kann er näher an der Küste leben als andere Organismen und damit etwas sicherer vor räuberischen Überfällen sein. Zudem unterliegt er einem geringeren Wettbewerb um die Nahrung, die sich hier findet. Man kann sich eine Reihe von Anpassungssprüngen vorstellen, durch die bestimmte Lebewesen besser überleben können, indem sie die Abwesenheit von Wasser für immer längere Perioden ertragen. Dabei würde erst ein bestimmter Organismus einen Vorteil gewinnen, und dann der nächste. So etwas geschieht natürlich nicht in einer kurzen Zeitspanne, doch über einen Zeitraum von Jahrmillionen können sich Lebewesen entwickeln, die zumindest für beträchtliche Perioden dem Leben auf dem Festland angepaßt sind, wenn nicht gar für immer.

Ein anderer Faktor wäre, daß in abgeschlossenen Gewässern lebende Organismen zuzeiten damit konfrontiert sind, daß das Wasser brackig wird und daß sein Sauerstoffgehalt abnimmt. In einem solchen Notfall kann derjenige Organismus eine Zeitlang überleben, der nach Luft schnappen und ihr Sauerstoff entnehmen kann. Dies verleiht ihm einen Vorteil, so daß manche Fische zu diesem Zweck primitive Lungen entwickelt haben.

In Tümpeln lebende Organismen wiederum müssen sich damit auseinandersetzen, daß ein Tümpel während einer Trockenperiode so stark austrocknen kann, daß er keinen Raum für das in ihm enthaltene Leben bietet. Hier können nur diejenigen Organismen überleben, die von diesem Tümpel zu einem nahegelegenen größeren kriechen können. Sind ihre Flossen stark genug, um sie – wenn auch nur unbeholfen – während dieser Reise zu unterstützen, so ist das natürlich um so besser.

Während der ersten zwei Drittel des Paläozoikums bewohnten sämtliche Lebewesen das Wasser, und das Festland war leer. Die fortgeschrittensten Lebewesen dieser Epoche waren die Fische, die auch heute noch die Meere dominieren.

Die Gefahren des Lebens im Meer führten nun aber zur Evolution von Fischen, die dem Sonnenlicht standhalten konnten. Sie konnten ein Austrocknen verhindern, besaßen zum Beispiel Lungen und Beine.

Noch lange Zeit nach der Entstehung dieser landlebenden Wirbeltiere fehlte eine bestimmte Form der Anpassungsfähigkeit an das Festland. Vor der Entwicklung des Reptilieneis durch die Cotylosaurier konnten die Eier der Wirbeltiere auf dem Festland nicht überleben. Auch wenn ein Wirbeltier auf dem Land bestens gedieh, mußte es doch immer ins Wasser zurückkehren, um seine Eier zu legen. Die Jungen, die aus diesen Eiern schlüpften, mußten in ihrer ersten Lebenszeit im Wasser bleiben und allmählich die Beine, Lungen und andere Merkmale entwickeln, die ihnen als ausgewachsene Tiere das Leben auf dem Festland ermöglichten.

Diese Notwendigkeit, in einem Lebensabschnitt im Wasser zu leben und in einem anderen auf dem Land, hat diesen Lebewesen ihren Namen gegeben: Es sind die *Amphibien,* abgeleitet von dem griechischen Wort für »zweifaches Leben«.

Die Amphibien waren die ersten Wirbeltiere, die während längerer Zeiträume auf dem Festland leben konnten. Mit der Entwicklung eines Eis, das sie auf dem Land legen konnten, wurden manche Amphibien zu Reptilien. Aus diesen wiederum entwickelten sich im Laufe von Jahrmillionen die Säugetiere und die Vögel.

Man kann die verschiedenen Zeitalter also nach den fortgeschrittensten Wirbeltieren der jeweiligen Periode benennen. Das mittlere Paläozoikum war das Zeitalter der Fische, das späte Paläozoikum das der Amphibien, das Mesozoikum das Zeitalter der Reptilien und das Känozoikum das der Säugetiere.

Das soll freilich nicht heißen, daß die Säugetiere die Reptilien vollkommen ersetzt haben, so wie diese zuvor die Amphibien vollständig ersetzt hätten. Reptilien, Amphibien, Fische und noch wesentlich einfachere Organismen, bis hin zu dem einfachsten Lebewesen, das jemals existiert hat, leben noch heute. Sie alle stehen in einem Wettbewerb, in dem jedes auf die eine oder andere Weise eine bestimmte ökologische Nische besetzen konnte.

Die ersten durch Fossilienfunde belegten Amphibien datieren kurz vor dem Beginn des Karbon. Das wäre also im Devon, das 50 Millionen Jahre dauerte, vor 410 Millionen Jahren begann und vor 360 Millionen Jahren endete. Amphibien existieren demnach seit ungefähr 370 Millionen Jahren, so daß sie 70 Millionen Jahre auf dem Festland lebten, bevor sich die ersten Reptilien mit ihren landtauglichen Eiern entwickelten.

Im frühen Karbon waren die Amphibien die dominante Form landlebender Tiere, und im folgenden Perm entstanden einige gepanzerte und relativ große Arten. Sie unterschieden sich nicht mehr stark von den primitiven Reptilien, die sich bald entwickeln sollten. Das größte bekannte Amphibium war *Eogyrinus* (griechisch für »Urkaulquappe«, obwohl das Tier einem Alligator wesentlich ähnlicher sah als einer Kaulquappe). Es wurde bis zu viereinhalb Meter lang.

Als sich nun die Reptilien entwickelten, kam es zu einem Niedergang der großen Amphibien. Gegen Ende der Trias starben sie schließlich aus. Zu diesem Zeitpunkt entwickelten sich Amphibien des heutigen Typs; wie den frühen Säugetieren gelang ihnen das Überleben nicht aufgrund ihrer Größe und Panzerung, sondern weil sie so klein und unauffällig waren. Die heutigen Amphibien (oder Lurche) sind meist klein – wie die Frösche und Kröten, die Salamander, die beinlosen Blindwühlen der Tropen. Die größte lebende Lurchart ist der einen Meter lange chinesische Riesensalamander, der im Einzelfall sogar eineinhalb Meter erreichen kann.

Das Leben auf dem Festland begann für die Wirbeltiere also mit den frühesten Amphibien vor 370 Millionen Jahren. Doch auf dem Land begrüßte sie bereits eine andere Lebensform: Den Gliederfüßlern (Arthropoden) war es bereits vor den Wirbeltieren gelungen, das Festland zu besiedeln. Sie hatten eine Reihe von Vorteilen, die ihnen dies ermöglichten.

Einerseits sind Arthropoden im allgemeinen klein, und jene Arten, die sich aufs Land begaben, waren besonders klein, so daß die Schwerkraft keinen bedeutsamen Faktor darstellte.

Andererseits haben die Gliederfüßler im Gegensatz zu den Wirbeltieren ein festes Außenskelett aus Chitin, einer Substanz, die ganz anders ist als die Knochen der Wirbeltiere. Chitin ist chemisch eher mit der Zellulose verwandt, dem charakteristischen Bestandteil von Holz. Während Zellulose aber aus Zuckereinheiten besteht, enthält Chitin diese Zuckereinheiten plus zusätzlicher Stickstoffverbindungen. Chitin ist hornig, hart und relativ flexibel. Es schützt die Gliederfüßler unter Wasser, und diese Schutzfunktion bleibt auf dem Festland erhalten. Sie lindert die Auswirkungen des Sonnenlichts und verlangsamt den Austrocknungsprozeß.

Außerdem hatten die den Meeresboden bewohnenden Gliederfüßler chitinumhüllte Gliedmaßen entwickelt, die steif und stark genug waren, ihren Körper mit Hilfe der Tragfähigkeit des Wassers deutlich vom Boden zu erheben. Und da sie klein waren, konnten dieselben Glieder sie auch gegen den Zug der Schwerkraft auf dem Land unterstützen.

Auch die Probleme, die mit der Aufnahme von Sauerstoff und der Ausscheidung von Abfällen verbunden waren, waren für die kleineren Gliederfüßler einfacher zu lösen.

Die erfolgreichsten Gliederfüßler waren natürlich die Insekten, doch besitzen wir wenig fossile Informationen über diese kleinen und zerbrechlichen Organismen. Das größte bekannte Insekt aller Zeiten war eine Libelle, die am Ende der Kreidezeit lebte und eine Flügelspannweite von bis zu siebzig Zentimetern besaß. Sie bestand jedoch fast nur aus ihren Flügeln, der eigentliche Körper war völlig unscheinbar.

Primitive flügellose Insekten (von denen einige, wie die Springschwänze, heute noch leben) könnten das Festland vor 370 Millionen Jahren erreicht haben. Dies war ungefähr der Zeitpunkt, an dem auch die Wirbeltiere begannen, das Wasser zu verlassen. Es war jedoch schon die zweite Invasion von Gliederfüßlern.

Zur ersten Invasion der Gliederfüßler gehörten die Arachniden, so zum Beispiel die Spinnen und Skorpione, die sich von den Insekten am deutlichsten dadurch unterscheiden, daß sie acht statt sechs Beine haben, zwei Segmente statt drei und keine Flügel. Zur selben Zeit kamen auch einige nicht zu den Gliederfüßlern gehörende Tiere wie Schnecken und Regenwürmer. Die ersten primitiven Tiere dieses Typs, die sich aufs Festland wagten, dürften diesen Schritt vor ungefähr 400 Millionen Jahren unternommen haben, ganz am Anfang des Devon.

Als die ersten Amphibien das Festland betraten, fanden sie sich also in einem Milieu, in dem sich verschiedene kleine Lebewesen seit 30 Millionen Jahren vermehrt und in verschiedene Richtungen entwickelt hatten. Wir können uns daher vorstellen, daß sich diese Amphibien von Insekten und den weiteren erwähnten Tieren ernährt haben. Tatsächlich ernähren sich die heutigen Frösche immer noch von Insekten.

Aber wovon haben sich die Insekten und die anderen kleinen Organismen ernährt? Voneinander?

Das wäre auf lange Sicht keine Lösung für das Nahrungsproblem gewesen, da bei der Nahrungsaufnahme nicht das gesamte Material des Gefressenen in die Gewebe des Fressenden übergeht. Es ist ein ineffizienter Prozeß, bei dem höchstens zehn Prozent der Körpersubstanz des Gefressenen benutzt werden, um die Gewebe des Fressenden aufzubauen. Die restlichen neunzig Prozent werden als Abfall ausgeschieden oder in Energie umgewandelt, die die Körperaktivität des Fressenden ermöglicht und dann als Wärme abgegeben wird.

Gäbe es also nur Tiere, und gehörten diese zu noch so vielen verschiedenen Arten, so würden sie sich bald bis zur gegenseitigen Ausrottung verspeisen.

In unserer Umwelt leben die meisten Tiere von Pflanzen. Selbst wenn Tiere andere Tiere fressen und diese wieder andere Tiere, so endet diese Nahrungskette schließlich doch bei einem Pflanzenfresser. Dies ermöglicht allen Tieren ein unbegrenztes Weiterleben.

Wie ist das möglich? Müssen die Pflanzen sich nicht auch ernähren? Müssen sie nicht wie die Tiere Energie gewinnen, mit der sie ihr Gewebe am Leben erhalten?

Schon, aber im Falle der Pflanzen besteht die Nahrung nicht aus dem Gewebe anderer Lebewesen. Die Nahrung ist Kohlendioxid aus der Luft plus Wasser und Mineralien aus dem Meer oder dem Boden; und die Energieversorgung wird von etwas so Einfachem und angenehmerweise unbegrenzt

Erhältlichem wie dem Licht der Sonne sichergestellt. Auf der Basis von Sonnenlicht und einfachen Molekülen können die Pflanzen wachsen und sich unbegrenzt vermehren, trotz der Plünderungen, die ihnen jene Tiere zufügen, die ständig die von den Pflanzen so mühsam aufgebaute Nahrung rauben.

Die Pflanzen können sich des Sonnenlichts mit Hilfe eines grünen chemischen Stoffs bedienen, des *Chlorophylls* (von den griechischen Wörtern für »grünes Blatt«), das sie im Gegensatz zu den Tieren enthalten. Sprechen wir also von Pflanzen, die Sonnenlicht benutzen, so meinen wir grüne Pflanzen und nicht jene ohne Chlorophyll, wie etwa die Pilze.

Das bedeutet, daß die komplexen Tiere der Jetztzeit nicht im Meer leben könnten, wenn dort nicht auch Pflanzen existierten, die sich als erste entwickelt haben. Auch das Festland hätten die Tiere nicht erobern können, wenn die Pflanzen es nicht schon vor ihnen getan hätten.

Im Meer lebende Pflanzen haben immer schon eine sehr einfache Struktur besessen. So ist es heute noch. Sie treiben in den obersten Wasserschichten, wo sie das als Energiequelle dienende Sonnenlicht empfangen können. Das Sonnenlicht wird von den obersten fünfundsiebzig Metern Wasser komplett absorbiert, so daß in größeren Tiefen keine Pflanzen mehr leben. Tiere können theoretisch natürlich in jede Tiefe vordringen.

Die einfachen Meerespflanzen absorbieren Wasser, Mineralien und sogar Kohlendioxid direkt aus dem sie umgebenden Milieu. Auch ihre »Abfälle« können sie wieder ins Meer abgeben. Dazu gehört der Sauerstoff, zu dem später noch einiges zu sagen ist. Bei diesen einfachen Pflanzen handelt es sich zum größten Teil um mikroskopisch kleine Lebensklümpchen, die Algen *(Algae)*. Die kompliziertesten Formen, wie der Tang, sind lediglich Ansammlungen von Algen. Das lateinische Wort Alga bedeutet denn auch Tang oder Seegras.

Damit Pflanzen auch auf dem Festland erfolgreich leben können, müssen sie irgendeine wasserdichte Hülle haben, die sie in der weitgehend wasserlosen Umgebung vor dem Austrocknen schützt. Sie müssen einen Stoff zur Versteifung besitzen, der sie auch gegen den Zug der Schwerkraft aufrecht wachsen und Teile ausstrecken läßt, um das notwendige Sonnenlicht aufzufangen. Ferner müssen sie Wurzeln entwickeln, die sie fest im Boden halten und die Wasser und darin aufgelöste Mineralien aus dem Boden absorbieren. Schließlich müssen sie ein Leitungssystem besitzen, das das Wasser und die Mineralien von den Wurzeln zu sämtlichen Pflanzenteilen befördert.

Landpflanzen sind wesentlich komplexer als Wasserpflanzen. Der Unterschied zwischen ihnen ist um einiges größer als der zwischen den auf dem Land und den im Meer lebenden Wirbeltieren. Auch die Gliederfüßler, Weichtiere und Würmer des Festlands und ihre im Meer lebenden Genossen stehen sich jeweils wesentlich näher als die Land- und die Wasserpflanzen.

Hätte also die Zahl der nötigen Veränderungen das einzige Kriterium dargestellt, so hätten sich die Pflanzen dem Landleben später anpassen müssen als die Tiere.

Der logische Fehler dieser Überlegung liegt aber darin, daß auch die vergleichsweise leichte Umwandlung des tierischen Lebens darauf warten mußte, bis die Pflanzen die Eroberung als erste durchgeführt hatten. Dies war nötig, damit sie als Nahrungsquelle für die Tiere dienen konnten, bevor diese denselben Schritt taten.

Die Pflanzen unternahmen ihren Vorstoß schon vor dem Beginn des Devon. Sie erreichten das Festland im Silur, das vor 440 Millionen Jahren begann, vor 410 Millionen Jahren endete und damit insgesamt 30 Millionen Jahre dauerte.

Die ersten uns bekannten Pflanzen, die auf dem Festland leben konnten, besaßen keine Wurzeln und bestanden aus einem einfachen gegabelten Stamm ohne Blätter. Sie besaßen jedoch bereits ein Gefäßsystem, das heißt Leitungen zum Transport von Wasser und darin aufgelöster Stoffe. Diese Pflanzen erschienen vor ungefähr 450 Millionen Jahren zaghaft vorerst am Rande der Küste.

Das würde bedeuten, daß die Pflanzen 50 Millionen Jahre Zeit hatten, um sich, von Tieren unbehelligt, in einem friedlichen Garten Eden zu vermehren und zu verzweigen. Freilich befinden sich auch Pflanzen untereinander in einem lautlo-

140

sen, aber heftigen Wettbewerb – um das Grundwasser, indem sie immer bessere Wurzelsysteme entwickeln, und um das Licht, indem sie in die Höhe wachsen und sich in die Breite verzweigen.

Zu dem Zeitpunkt, als sich vor dem Ende des Devon ein ins Gewicht fallender Teil des tierischen Lebens – die Insekten und die Amphibien – aufs Land wagte, hatte sich die Pflanzenwelt mächtig entwickelt. Hohe Bäume waren entstanden und hatten die ersten Wälder gebildet.

Kehren wir aber wieder zu den Amphibien zurück. Sie sind nicht aus dem Nichts entstanden, sondern haben sich aus Fischen entwickelt, also aus im Meer lebenden Wirbeltieren. Was ist nun der Ursprung der Wirbeltiere? Oder, da die Wirbeltiere ein Teil des Stammes *Chordata* sind, der noch einige verwandte Wirbellose einschließt, was ist der Ursprung der Chorda-Tiere?

12.
DIE CHORDA-TIERE

Im Devon, als das Festland allmählich grün wurde und sich das tierische Leben aufs Land wagte, wimmelten die Meere von Fischen. Das Devon wird sogar gelegentlich das Zeitalter der Fische genannt.

Auch heute noch, 350 Millionen Jahre nach dem Ende des Devon, sind Fische die dominanten Meerestiere. Nun gibt es aber ehemals landlebende Chorda-Tiere, die in mehr oder weniger vollständigem Maße ins Meer zurückgekehrt sind – Seeschlangen, Seeschildkröten, Pinguine, Robben, Seekühe, Delphine, Wale und andere. Sie stehen mit den Fischen in deren ureigenem Element im Wettbewerb und ernähren sich von ihnen. Ferner gibt es landlebende Tiere, die zwar nicht wirklich Meerestiere sind, sich aber in beträchtlichem Ausmaß von Fischen ernähren, wie zum Beispiel die Reiher und die Otter. Im Devon bestanden ein derartiger Wettbewerb oder ähnliche Gefahren nicht, da die Reptilien, Vögel und Säugetiere noch nicht existierten.

Heute ist die erfolgreichste Gruppe der Fische die der *Actinopterygii* (griechisch für »Strahlenflosser«, da die Flossen aus Haut bestehen, die von hornigen Strahlen versteift sind). Diese Strahlenflossen sind hervorragend zum Paddeln geeignet.

Die ersten Fische mit Strahlenflossen erschienen vor ungefähr 390 Millionen Jahren im frühen Devon und stellen heute den bei weitem größten Teil der Fischarten. Wie alle Meerestiere können sie sehr groß werden. Der größte moderne Strahlenflosser ist der Sonnenfisch, der im Einzelfall über zwei Tonnen wiegen kann.

Im Devon war eine zweite Gruppe von Fischen, die *Sarcopterygii* (»Fleischflosser«), genauso erfolgreich wie die Strahlenflosser, wenn nicht gar erfolgreicher. Bei den Fleischflossern bestehen die Flossen aus einem Lappen aus Fleisch und Knochen, eingefaßt von der Haut und den Strahlen einer gewöhnlichen Flosse.

Die Fleischflosser waren weniger gewandt beim Paddeln, doch konnten sie sich auf ihre Flossen stützen, was die Strahlenflosser nicht vermochten. So konnten sich die Fleischflosser am Meeresboden umherbewegen; und wenn sie in flachem Wasser lebten, konnten sie sich irgendwann für vorerst kurze Zeiträume an Land begeben.

Es wäre möglich, daß die Strahlen- wie die Fleischflosser bei ihrem ersten Erscheinen in geringer Tiefe lebten und dabei einfache Beutel oder Säcke entwickelten, in die sie Luft einsaugen konnten. Aus dieser Luft konnten sie Sauerstoff absorbieren. Derartige Säcke ergänzten die Funktion der Kiemen und konnten eingesetzt werden, wenn das Wasser brackig und schlammig wurde. Es waren primitive Lungen.

Da die Strahlenflosser über ein ausgezeichnetes Paddelsystem verfügten, konnten sie in größere Wassertiefen vordringen, in denen die Kiemen angemessen und gut funktionierten. Sie brauchten daher die primitive Lunge nicht mehr. Diese wurde zu einem Luftsack (der Schwimmblase), der mehr oder weniger Luft enthalten, den Besitzer dadurch mehr oder weniger tragen und ihm helfen kann, im Wasser zu steigen oder zu sinken.

Die Fleischflosser dagegen zeigten die Tendenz, ihre Lunge zu behalten, zumindest in einigen Fällen. Nach Ablauf des Devon jedenfalls begannen sie wegen ihrer begrenzteren Lebensweise Boden gegenüber den Strahlenflossern zu verlieren, da diese das gesamte Meer besiedeln konnten. Im Mesozoikum erlitten die Fleischflosser einen rapiden Niedergang, und nur sehr wenige von ihnen haben bis zum heutigen Tag überlebt.

Zu diesen Überlebenden gehören einige Arten von *Lungenfischen*. Sie leben in begrenzten Gebieten in Australien, Zentralafrika und der Mitte Südamerikas. Es handelt sich dabei immer um dürregefährdete Regionen, in denen es einen Vorteil darstellt, nach Luft schnappen zu können. Manche Lungenfische können sogar Zeiten überleben, in denen das Gewässer, in dem sie leben, vollkommen austrocknet. Sie verharren dann eingebacken im trockenen Schlamm, in einer Art *Sommerschlaf,* der sommerlichen Entsprechung des bei uns bekannteren Winterschlafs. Wenn der Regen kommt, der Schlamm aufweicht und sich Tümpel bilden, schwimmen die Lungenfische weiter.

Man könnte nun annehmen, die Lungenfische seien mit ihrer Lunge die Vorfahren der Amphibien und aus ihnen seien damit auch alle anderen landlebenden Chorda-Tiere – einschließlich des Menschen – hervorgegangen. Das ist jedoch nicht der Fall, da die Lungenfische bestimmte Eigenschaften besitzen, die bei den frühen Amphibien nicht zu finden sind. Eine Abstammung der Amphibien von den Lungenfischen ist also unwahrscheinlich.

Eine andere Gruppe von Fleischflossern sind die *Crossopterygii* (griechisch für »Quastenflosser«). Die Knochen in ihren Flossen hatten im Prinzip die Anordnung der Knochen früher Amphibien (und daher auch der Knochen menschlicher Gliedmaßen). Auch in verschiedener anderer Hinsicht ähnelten sie den später auftretenden Amphibien.

Man nimmt an, daß ein bestimmter Typ eines Quastenflossers der Vorfahr der Amphibien war. Es handelt sich um die Unterordnung der *Rhipidistier* (»Fächer-Segel«), die schließlich kurz vor oder bei der permischen Endkatastrophe ausstarb. Die modifizierten Rhipidistier – die Amphibien – überlebten die Ausrottung und setzten ihre Evolution fort.

Man hat sogar lange Zeit angenommen, sämtliche Quastenflosser seien vor ungefähr 150 Millionen Jahren ausgestorben – gegen Ende des Jura und damit zu einer Zeit, in der die Dinosaurier ihre Hochblüte erlebten.

Dann brachte am 25. Dezember 1938 ein von der Küste Südafrikas operierender Fischdampfer einen seltsamen, fast eineinhalb Meter langen Fisch auf. Der südafrikanische Zoologe J. L. B. Smith, der die Gelegenheit zur Untersuchung des Exemplars erhielt, erkannte es als ein einzigartiges Weihnachtsgeschenk: Es handelte sich eindeutig um einen Quastenflosser.

Natürlich war es kein Rhipidistier; diese Fische sind, soweit wir wissen, tatsächlich ausgestorben. Es hatte sich jedoch folgendes ereignet: Obwohl die Quastenflosser vorrangig Süßwasserfische waren (die Amphibien leben heute noch in Süßwasser), entwickelte ein Zweig die Fähigkeit, in Salzwasser zu leben, und wandte sich dem Meer zu. Dies waren die *Coelacanthier* (»hohle Wirbelsäule«, nach einer ihrer Eigenschaften). Sie lebten in relativ großen Meerestiefen und entgingen so bis zum Jahre 1938 der Aufmerksamkeit.

Die erste Nachricht erhielt von diesem seltsamen Fisch Professor Smith von einer Miß Latimer. Sie arbeitete in einem örtlichen Museum, zu dem der Fischer sein Exemplar gebracht hatte. Zu ihren Ehren gab Smith dieser Coelacanthier-Art den Namen »Latimeria«.

Der Latimeria ist natürlich nicht unser Vorfahr unter den Fischen. Es ist jedoch der einzige lebende Quastenflosser, den wir kennen; wir aber stammen von einer anderen Sorte Quastenflosser ab.

Zusammengenommen nennt man die Strahlenflosser und die Fleischflosser *Osteichthyes* (»Knochenfische«). Sie ähneln sich darin, daß sie ein gutentwickeltes Knochenskelett mit einem Rückgrat aus Wirbeln besitzen.

Die ältesten Knochenfische könnten vom Anfang des Silur datieren (das wäre vor 440 Millionen Jahren). Sie waren nicht die ersten Organismen, die ein Innenskelett besaßen, aber die ersten, bei denen es aus Knochen bestand. Diese Entwicklung fand statt, als sich die Pflanzen gerade aufs Land wagten, während dies noch kein Tier je getan hatte. Das Innenskelett ist also älter als das tierische Leben auf dem Festland.

Freilich muß ein Körper keine Knochen enthalten. Im Devon gab es Fische, die keine Osteichthyes waren. Man nennt sie *Placodermen* (griechisch für »gepanzerte Haut«). Diese Panzerfische besaßen Innenskelette aus Knorpel, der aus harten Proteinfasern bestand. Er enthielt jedoch keine Mineralien, vor allem Kalziumphosphat, wie die Knochen. Dem Unterschied kann der Leser an seiner Nase nachspüren: Die Nasenspitze ist mit Knorpel versteift, der flexibel ist und gebogen werden kann. Der obere Teil der Nase dagegen ist mit Knochen versteift (dem Nasenbein), der hart ist und nicht nachgibt.

Auch die Panzerfische besaßen Knochen, und zwar in

Form des Panzers um ihren Kopf und den vorderen Teil ihres Körpers. Diese Ausstattung hat ihnen ihren Namen gegeben. Sie diente als Schutz gegen Raubfische. Nun scheint eine derartige Vorrichtung eine gute Sache zu sein, doch muß ein Preis dafür bezahlt werden. Soll der Panzer wirksam sein, so muß er stark und daher auch dick und schwer sein. Als Folge waren die Panzerfische schlechte Schwimmer und neigten dazu, sich am Boden aufzuhalten.

Im allgemeinen scheint eine größere Mobilität im Tierreich erfolgreicher als eine bessere Panzerung zu sein. So sind unter den Weichtieren die Tintenfische erfolgreicher als die Austern, unter den Reptilien gedeihen die Eidechsen besser als die Schildkröten und unter den Säugetieren die Nagetiere besser als das Gürteltier.

Die Panzerfische scheinen dieses Konzept zu bestätigen. Obwohl sie im Devon sehr häufig vorkamen und einige von ihnen die furchteinflößende Länge von bis zu neun Metern erreichten, waren sie am Ende des Devon fast zur Gänze verschwunden.

Die Knochenplatten ihrer Außenpanzer wurden dünner – je dünner die Platten, desto schneller und effizienter das Schwimmen –, und der hieraus entstehende Vorteil glich die schwächere Panzerung aus. Schließlich gab es Panzerfische ganz ohne Panzerung. Von ihnen stammen wahrscheinlich die heutigen Haie und die mit ihnen verwandten Arten ab, die erstmals vor ungefähr 390 Millionen Jahren auftraten.

Haie sind keine Knochenfische. Sie unterscheiden sich von diesen durch die Position ihres Mauls, das Fehlen eines die Kiemen schützenden Kiemendeckels und durch ihre asymmetrischen Schwänze. Der für den Zoologen wichtigste Unterschied ist jedoch, daß die Haie und ihre Verwandten keine Knochen besitzen. Sie haben zwar ein Innenskelett, das aber vollkommen aus Knorpel besteht. Die Haie und ihre Verwandten nennt man daher *Chondrichtyes* (griechisch für »Knorpelfische«).

Die Haie leiden ob dieser Ausstattung nicht unter besonderen Nachteilen. Knorpel ist nicht so stark wie Knochen und würde für ein Leben auf dem Festland nicht ausreichen. Wenn ein Lebewesen so groß wie ein Brachiosaurus, ein Elefant oder auch nur ein Mensch ist, kann allein ein Knochengerüst der Schwerkraft standhalten. Deshalb waren es auch die Knochenfische, die auf das Festland gerieten. Kein Hai hat das jemals versucht. Die Haie sind heute noch ausschließlich Meerestiere, genau wie am Anfang ihrer Geschichte.

Im Wasser ist Knorpel durchaus stark genug, um den Körper zu stützen. Was das Schwimmen betrifft, ist er sogar besser geeignet, da er leichter und flexibler als Knochengewebe ist. So sind die Haie denn auch ausgezeichnete Schwimmer und furchterregende Raubfische. Der große weiße Hai, der größte der fleischfressenden Haie, kann viereinhalb Meter lang werden und leicht mehr als eine Tonne wiegen.

Es gibt noch größere Haie, doch ernähren sie sich nicht von großen Beutetieren, sondern filtern – wie auch die größten Wale – die winzigen Pflanzen und Tiere aus dem Wasser, die im Meer treiben. Diese kleinen Organismen sind in wesentlich größerer Zahl vorhanden als große und können daher auch größere Tiere ernähren. Der größte Hai ist der Rauhhai, der achtzehn Meter lang werden und ein Gewicht von mehr als vierzig Tonnen erreichen kann. Es mag heute ausgestorbene Haie gegeben haben, die eine Länge von vierundzwanzig Metern erreichten und größenmäßig mit den größten Walen rivalisierten.

Haie und Knochenfische haben eine Anzahl gemeinsamer Eigenschaften. Beide haben ein Innenskelett, sei es nun aus Knorpel oder Knochen. Sie besitzen zwei Flossenpaare, die die Grundlage für die vier Gliedmaßen sämtlicher späteren Chorda-Tiere einschließlich des Menschen bilden.

Hier wäre freilich anzumerken, daß in einigen Fällen Gliedmaßen atrophiert und verschwunden sind, wie die hinteren der Wale, die vorderen der Kiwis und alle vier bei den Schlangen. Kein Chorda-Tier hat aber jemals ein echtes fünftes Glied besessen. Es gibt jedoch einige Tiere, besonders die Klammeraffen und die Opossums, die einen zum Greifen geeigneten und beinahe als eine Art fünftes Glied dienenden Schwanz haben – vom Rüssel des Elefanten ganz zu schweigen.

Was die Gemeinsamkeiten der Haie und der Knochenfi-sche betrifft, so haben beide Gruppen Kieferapparate. Sie sind aus einem primitiven Kiemenbogen entstanden, der sich in der Mitte stärker bog und allmählich geöffnet und ge-schlossen werden konnte. War diese Öffnung mit harten Zäh-nen ausgestattet, so entstand eine sehr wirksame Waffe und zugleich ein praktisches Werkzeug.

Man kann die Knorpel- und die Knochenfische daher unter dem Begriff *Kieferfische* zusammenfassen. Der erste Fisch mit einem Kieferapparat könnte ein primitiver Knochenfisch gewesen sein, der vor ungefähr 450 Millionen Jahren lebte, im Ordovizium, der dem Silur vorangehenden Periode. Das Ordovizium begann vor 500 Millionen Jahren und dauerte 60 Millionen Jahre.

Es gibt jedoch noch primitivere Fische. Sie besitzen keine Kiefer und heißen daher *Agnathen* (griechisch für »ohne Kinnbacken«). Im Devon, als eine große Vielfalt aller Arten von Fischen lebte, gab es die kieferlosen *Ostracodermen* (griechisch für »Schalenhäuter«), die wie die Panzerfische äu-ßere Knochenarme hatten, aber keine Kiefer besaßen und keine zwei Flossenpaare entwickelt hatten. Die meisten von ihnen waren wahrscheinlich am Boden lebende Organismen, die Wasser in ihre immer offenstehenden Mäuler einsaugten und alles Lebende oder Tote herausfilterten, das verdaulich war.

Im Wettbewerb mit den beweglichen, ungepanzerten Fi-schen waren die Ostracodermen auch nicht erfolgreicher als die Panzerfische. Am Ende des Devon waren sie verschwun-den und hinterließen ungepanzerte Abkommen, von denen einige noch heute leben. Der bekannteste heutige Agnath ist das Neunauge, das wie ein Aal aussieht, aber keine gepaarten Flossen, keine Schuppen und natürlich keinen Kiefer hat.

Die Ostracodermen waren die ersten Tiere, die Knochen entwickelten. Ihr Innenskelett war jedoch wie das der Panzer-fische aus Knorpel. Sie besaßen auch ein aus Wirbeln beste-hendes Rückgrat.

Was all diese verschiedenen Fische – die mit und die ohne Kiefer, mit oder ohne Flossenpaare, mit oder ohne Knochen

– gemein haben, ist das Innenskelett und die Wirbelsäule. Alle Abkommen dieser Fische, die das Festland betreten und sich dort weiterentwickelt haben – Amphibien, Reptilien, Vögel und Säugetiere –, besitzen ebenfalls dieses Innenskelett und ein Rückgrat aus Wirbeln.

Man klassifiziert sie daher alle, von den Agnathen bis zum Menschen, als *Wirbeltiere* (Vertebraten). Die frühesten Vertebraten waren die Ostracodermen, die wohl vor ungefähr 500 Millionen Jahren am Beginn des Ordoviziums auftauchten. Fährt man also mit den Fingern an den Erhebungen in der Mitte seines Rückens entlang, so spürt man ein Körpermerkmal, das eine halbe Milliarde Jahre alt ist. Die Knochensubstanz, aus der diese Fortsätze bestehen, ist zwar nicht allen Wirbeltieren eigen, doch gibt es auch sie seit 500 Millionen Jahren.

Nun gehören ja alle Wirbeltiere zum Stamm Chordata. Sind also alle Chorda-Tiere Wirbeltiere – oder gibt es Chordaten, die keine Vertebraten sind?

Wir können diese Frage durch folgende Überlegung klären: Alle Wirbeltiere haben ein zentrales Neuralrohr, das hohl ist und entlang des Rückens verläuft. Dieses Neuralrohr wird von den Wirbeln des Rückgrats eingeschlossen. Bei allen anderen Stämmen ist das Neuralrohr – wenn es überhaupt existiert – massiv und nicht hohl; und es verläuft entlang des Unterleibs und nicht entlang des Rückens.

Zum zweiten besitzen alle Wirbeltiere Rachen mit Kiemenspalten, durch die Wasser passieren kann. Aus diesem Wasser kann Nahrung herausgefiltert und Sauerstoff absorbiert werden. Auch dieses Merkmal besitzt kein anderer Stamm. Bei landlebenden Wirbeltieren wie dem Menschen existieren solche Kiemenspalten natürlich nicht mehr; doch wenn wir die embryonale Entwicklung solcher Wirbeltiere verfolgen, können wir sehen, daß in einem frühen Stadium die Entwicklung von Kiemenspalten beginnt. Sie verkümmern jedoch wieder.

Dies trifft sogar auf den menschlichen Embryo zu. Die embryonale Entwicklung zeigt viele derartige Spuren primitiverer Entwicklungsstadien. So besitzt der menschliche Embryo beispielsweise eine Zeitlang einen Schwanzansatz. Derartige

Erscheinungen gehören zu den unwiderlegbaren Beweisen für eine biologische Evolution.

Zum dritten besitzen alle Wirbeltiere zu einem Zeitpunkt ihrer embryonalen Entwicklung ein stabförmiges inneres Stützelement aus einer harten, leichten, flexiblen und gallertartigen Substanz. Dieses Element verläuft entlang des Rückens und wird *Chorda dorsalis* (griechisch für »Rückensaite«) genannt. Bei allen Wirbeltieren wird es vor dem Ende der embryonalen Entwicklung durch Wirbel ersetzt, doch anfänglich vorhanden ist es immer.

Stellen wir uns nun Lebewesen vor, die ein hohles Neuralrohr am Rücken haben, Kiemenspalten und eine Chorda dorsalis. Aufgrund dieser Merkmale sollte man sie zu den Verwandten der Wirbeltiere zählen, obwohl sie nie Wirbel oder irgendeine andere der speziellen Eigenschaften entwickelt haben, die die Agnathen und ihre Abkommen kennzeichnen.

Diese Wirbellosen bilden zusammen mit den Wirbeltieren den Stamm Chordata (benannt nach der Chorda dorsalis). Tatsächlich gibt es heute noch solche wirbellosen Chorda-Tiere. Sie beschränken sich jedoch auf eine geringe Zahl, und keines von ihnen ist ein besonders erfolgreiches Mitglied der Familie der Lebewesen.

Da wäre beispielsweise ein kleiner, fischartiger Organismus, der bestenfalls acht Zentimeter lang wird. Er hat keinen unterscheidbaren Kopf, sondern läuft nach beiden Enden spitz zu, so daß man nicht erkennen kann, ob er vorwärts oder rückwärts schwimmt. Man nennt ihn daher *Amphioxus* (griechisch für »vorn und hinten lanzenförmig zugespitzt«) oder Lanzettfischchen.

Es handelt sich um eine extrem primitive Lebensform, die noch nicht einmal ein Gehirn besitzt. Sie hat jedoch ein am Rücken verlaufendes, hohles Neuralrohr, Kiemenspalten und eine entlang des Körpers verlaufende Chorda dorsalis. Abgesehen von der Chorda dorsalis hat es allerdings kein Innenskelett und keine Wirbel. Es ist also kein Wirbeltier, wenngleich ein Chorda-Tier.

Dann wären da die *Tunicata* oder Manteltiere. Sie sind bewegungslos wie Austern und haben, ähnlich den Muscheln, einen harten, zähen Außenmantel, der ihnen ihren Namen gegeben hat. Sie weisen keine Chorda dorsalis und kein Neuralrohr auf, jedoch Kiemenspalten, und das in großer Menge.

Bei dem bislang beschriebenen Manteltier handelt es sich allerdings um das ausgewachsene Stadium. Wenn sich die Eier eines Tunicaten entwickeln, ist das Ergebnis eine Larve, die sich zum ausgewachsenen Manteltier verhält wie die Kaulquappe zum Frosch. Die Larve des Tunicaten sieht einer Kaulquappe sogar ähnlich. Sie hat einen Kopf mit Kiemenspalten und einen Schwanz, mit dessen Hilfe sie sich bewegen kann. In diesem Schwanz befindet sich eine lange Chorda dorsalis und darüber ein Neuralrohr. Wenn das Manteltier sein Jugendstadium verläßt, verschwindet der Schwanz zusammen mit seiner Chorda und dem Neuralrohr; doch damit bleiben die Tunicata immer noch Chorda-Tiere.

Schließlich gibt es noch einen Organismus, der einem Wurm ähnelt. Am vorderen Ende trägt er einen sogenannten Vorderarm, der entfernt an eine Zunge oder eine Eichel erinnert. Man nennt ihn daher auch »Eichelwurm«. Dahinter befindet sich eine kragenähnliche Struktur, die an einen Knebel erinnert, was dem Tier den Namen *Balanoglossus* (»Knebelzunge«) gegeben hat. Hinter dem Kragen ist ein langer, wurmartiger Fortsatz, in dessen vorderem Teil (gleich hinter dem Kragen) sich Kiemenspalten befinden. Zudem trägt der Kragen den Überrest einer Neuralröhre und ein kleines Stück Chorda dorsalis, die sich in den Vorderarm fortsetzt. Auch der Balanoglossus ist also eine Art Chorda-Tier.

Angesichts dieser Lebensformen drängt sich die Annahme auf, daß die Vorfahren der ersten Agnathen einfache wirbellose Chorda-Tiere waren. Wir besitzen keine Fossilien derartiger Organismen, doch wir können schätzen, daß die Chorda-Tiere vor ungefähr 550 Millionen Jahren entstanden sind. Das wäre im Kambrium, das vor 600 Millionen Jahren begann und 100 Millionen Jahre dauerte.

Ist dies tatsächlich der Fall, so wären die Chorda-Tiere der jüngste Stamm des Tierreichs, der sich etabliert hat. Im Kambrium waren sämtliche anderen Stämme, soweit wir es heute beurteilen können, bereits gut entwickelt und erfolgreich.

Nachdem wir also bis zum Anfang der Chorda-Tiere vorgedrungen sind, sieht es so aus, als sollten wir nun noch weiter zurückgreifen und uns dem Ursprung der Lebewesen an sich nähern.

Bevor wir dies tun, wollen wir jedoch innehalten und uns fragen, wie weit zurück wir überhaupt gehen können. Wir sind bereits eine halbe Milliarde Jahre in die Vergangenheit vorgestoßen, und selbst hier finden wir, daß das Leben bereits in großer Fülle gedeiht. Ist unsere Erde als die Bühne, auf der das Leben existiert, wesentlich älter? Wie alt ist die Erde überhaupt?

Da eine derart umfassende Frage wohl am besten stufenweise zu beantworten ist, wollen wir zuerst fragen, wie alt die uns vertraute Gestalt der Meere und der Kontinente ist. Anders gesagt, was ist der Ursprung der Kontinente?

13.
DIE KONTINENTE

Denkt man darüber nach, so ist ganz offensichtlich, daß die menschlichen Errungenschaften sich in einem Evolutionsprozeß entwickelt haben.

Auch daß sich die Lebewesen in einem ähnlichen Prozeß entwickelt haben, ist heute wissenschaftlich unbestreitbar. Für die meisten Menschen ist dies jedoch nicht so offensichtlich; es gibt starke emotionale (keine rationalen!) Gründe, die viele Leute veranlassen, Zweifel daran anzumelden. Für den Wissenschaftler aber ist die biologische Evolution eine zweifelsfrei bewiesene Tatsache, auch wenn man hitzige Diskussionen über die Einzelheiten führt.

Nun wäre es ein verführerischer Gedanke, wenigstens die Erde von der Evolution ausnehmen zu können. Man könnte annehmen, sie sei immer so gewesen wie heute: eine passive Bühne, auf der sich das Schauspiel des Lebens entfaltet, sei es menschlich oder tierisch. Freilich, der Mensch kann Hügel abtragen, Kanäle graben, Sümpfe trockenlegen und Flüsse eindämmen oder umleiten. Doch dies sind relativ unbedeutende Vorgänge; und wenn wir die menschlichen Bemühungen beiseite lassen, so könnten wir sicherlich annehmen, die Erde an sich zeige keine tiefgreifenden Veränderungen.

Wenn wir also sagen, etwas sei »alt wie die Berge«, so meinen wir damit »unendlich alt«, denn die Berge müssen doch immer dagewesen sein. Der englische Dichter Alfred Tennyson (1809–1892) hat folgende berühmte Verse über einen unbedeutenden, kleinen Bach geschrieben: »Wenn Menschen auch kommen und gehen, / so geh' ich doch ewig weiter.« Nun können wir uns natürlich vorstellen, daß ein Bach nicht für alle Ewigkeit gemacht ist und mit relativ kleinen Veränderungen der Umgegend auftauchen und verschwinden kann. Gefühlsmäßig aber akzeptieren wir die Dauerhaftigkeit unbelebter Dinge. So heißt es etwa in der Bibel (Prediger 1, 4): »Ein Geschlecht vergeht, das andere kommt; die Erde bleibt aber ewiglich.«

Unbelebte Dinge scheinen nach den Kategorien des menschlichen Lebens dauerhaft zu sein, doch der Mensch zögert oft, Dinge als »ewig« zu betrachten. Die Ewigkeit ist eine schwierige Vorstellung, da sie nicht unserem Erfahrungshorizont entspricht. Alle Lebewesen kennen einen Anfang, denn alle sind zu einem bestimmten Zeitpunkt geboren. Auch alle menschlichen Erfindungen haben einen Anfang, denn man hat sie in einem bestimmten Jahr ersonnen. Müßte also nicht auch die Erde diesem womöglich allgemeingültigen, universellen Gesetz gehorchen? Müßte nicht auch sie zu einem bestimmten Zeitpunkt entstanden sein?

Da die Erde weit über die Maßstäbe jeder menschlichen Erfindung hinausreicht – was ihre Komplexität, ihre Größe und ihre Großartigkeit betrifft –, wäre vielleicht an einen Erbauer oder »Schöpfer« zu denken, der den Menschen an Komplexität, Größe und Großartigkeit übertrifft. Man könnte annehmen, die Erde sei von übermenschlichen Wesen erbaut worden, die wir nach langer Tradition als »Götter« bezeichnen können. Die Babylonier etwa glaubten, am Anfang sei die Urmutter Tiamat gewesen, die eine endlose Salzwasserwüste personifizierte und damit das Chaos. Materie hat offenbar immer existiert, nicht jedoch Ordnung und Organisation. Diese Konzepte mußten erst geschaffen werden.

Aus dem Chaos heraus wurden Göttinnen und Götter geboren, die die Prinzipien der Organisation darstellten. Die Sagen von diesen frühen Gottheiten sind verwirrend, da jeder Stadtstaat des Zweistromlandes seine eigenen Götter besaß. Ihre Unternehmungen und Mißgeschicke dürften das Auf und Ab der jeweiligen Stadtstaaten in den unaufhörlichen Kriegen widerspiegeln, in die diese verwickelt waren.

Schließlich wurde Marduk als die Hauptgottheit anerkannt, als das herausragende Organisationsprinzip. Das ist nicht verwunderlich, da es sich um den in Babylon verehrten Gott handelte, und Babylon wurde um 1725 v. Chr. die dominierende Stadt des unteren Zweistromlandes und hielt diese Position für die nächsten vierzehn Jahrhunderte. Die Götter kämpften mit Tiamat, und Marduk erlegte sie, womit er das Prinzip der Ordnung etablierte.

Marduk fuhr fort, dem Chaos eine Ordnung aufzuzwingen. Er bediente sich des gewaltigen Körpers Tiamats, um einen Kosmos zu schaffen – das Gegenteil des Chaos, geordnete statt ungeordnete Materie.

Der Gott spaltete Tiamats Körper in zwei Teile. Aus dem einen bildete er den Himmel, aus dem andern die Erde. Verschiedene spezifische Körperelemente wurden irdische Erscheinungen: Tiamats Blut wurde zu den Meeren, ihre Knochen zu den Felsen des Festlands und so weiter.

Ein Philosoph könnte all dies zweifellos allegorisch deuten und daraus eine regelrechte Kosmogonie, eine Theorie über die Entstehung der Welt, entwickeln, die sich aller zu ihrer Entstehungszeit verfügbaren Informationen bediente. Die zeitgenössische Bevölkerung verstand diese Sage jedoch zweifellos wörtlich; und jeder Versuch, von diesem Verständnis abzuweichen, wäre als gotteslästerlich und gefährlich angesehen worden.

Die Juden, die sich im sechsten Jahrhundert vor Christus in babylonischer Gefangenschaft befanden, griffen die babylonischen Schöpfungsmythen auf und paßten sie ihrem eigenen Verständnis an. Zumindest zu diesem Zeitpunkt konnten die jüdischen Führer mit menschenähnlichen Gottheiten nichts anfangen und wollten sich nicht vorstellen, daß Gott das Ungeheuer des Chaos bekämpfte – obwohl gewisse Passagen in der Bibel in poetischer Weise darauf hindeuten, daß er genau das tat, was die alten Mythen berichteten.

Jedenfalls war der jüdische Gott nicht aus dem Chaos entstanden, sondern schon immer dagewesen. Er »schwebte auf dem Wasser« (1. Moses, 1, 2), dem ursprünglichen Chaos. Dann vollzog Gott schrittweise die Schöpfung, jedoch nur durch sein Wort allein. Sein Wille schuf Ordnung. Diese Erzählung ist tatsächlich von überwältigender Poesie und weit fortgeschrittener als jede Schöpfungsgeschichte, die zu früherer Zeit entstanden war.

Selbst aus moderner Perspektive ist die Schöpfungsgeschichte der Bibel sehr eindrucksvoll, wenn man sie symbolisch und allegorisch nimmt. Doch auch hier zeigen viele Menschen wieder die Neigung, alles wörtlich aufzufassen und wütend gegen Meinungen anzukämpfen, die um ein Jota davon abweichen.

Verschiedene Mythen zeigen immer wieder dasselbe Muster einer Schöpfung, bei der übernatürliche Gottheiten ein geordnetes Universum aus dem Chaos erschaffen. In gewissem Sinne ist dies auch die einzig mögliche Vorstellung. Selbst die moderne Wissenschaft ist gezwungen, ein Konzept zu entwickeln, durch das die Erde aus dem ursprünglichen Chaos geschaffen wurde. Zu diesem Zweck bedient man sich freilich nicht mehr der Götter, die nach menschlicher Weise mit Absicht und Willenskraft vorgehen, sondern muß unabwendbare Naturgesetze finden, die aus einer Notwendigkeit heraus und ohne Abweichung funktionieren.

Dies ist eine wesentlich schwierigere Aufgabe. Sie arbeitet mit Fakten und daraus abgeleiteten Schlüssen, statt sich romantischen und poetischen Vorstellungen hinzugeben. Darum ist die wissenschaftliche Version der Schöpfung der Erde auch erst Tausende von Jahren nach den verschiedenen mythologischen Versionen entstanden, die das Altertum hervorgebracht hat.

Es ist leicht, sich vorzustellen, daß eine von Gott geschaffene Erde von Anbeginn an als ein vollkommenes Milieu für das Leben (besonders das menschliche Leben) erschaffen sei. Dieses Milieu hätte sich dann nie geändert, sofern nicht der Wille Gottes beteiligt gewesen wäre – wie bei der Sintflut, der Zerstörung von Sodom und Gomorrha, dem Auseinanderweichen der Fluten des Roten Meeres und so weiter. Hätte man angenommen, die Erde hätte sich auf andere Weise geändert, so hätte man Gott beschuldigt, etwas Unvollkommenes geschaffen zu haben; oder man hätte sich vorstellen müssen, daß seine Schöpfung sich ohne seine Hilfe weiter verändern könnte.

Dennoch mußte man Veränderungen bemerken, die nicht von Menschenhand ausgelöst sind. Bäche trocknen tatsächlich aus, Flüsse verändern ihren Lauf, andere Flüsse bauen mit Hilfe des mitgetragenen Schlamms ihr Delta ins Meer hinaus. Auf diese oder jene Weise verändern sich auch die Küsten, Erdbeben führen zu Rissen im Boden, Vulkane werden aktiv. All diese Vorgänge kann man jedoch mit Recht als unbedeutend und sogar nebensächlich ansehen.

Keine der mythologischen Versionen des Beginns der Erde spricht von einem Datum, noch nicht einmal von einem ungefähren. Und so könnten sämtliche Erzählungen, sogar einschließlich der biblischen, genausogut mit einem »Es war einmal vor langer Zeit …« beginnen.

Wie in einem früheren Kapitel ausgeführt, hat der englische Erzbischof Ussher das Datum der Schöpfung auf 4004 v. Chr. berechnet. Das war zwar seine Vorstellung, nicht aber die der Bibel. Daß man dieses Datum (oder ein ähnliches Konzept) früher jedoch so allgemein anerkannte, trug beträchtlich zu dem Glauben an die Unveränderbarkeit der Erde bei. Von der mittels Beobachtung festgestellten Langsamkeit, mit der sich Veränderungen abspielen, wäre die Gesamtveränderung, die innerhalb von sechstausend Jahren stattfinden könnte, tatsächlich vollkommen unbedeutend.

Freilich hatten schon die alten Griechen Dinge bemerkt, die auf große Veränderungen hindeuteten. Zum Beispiel fielen den Philosophen der Antike in gebirgigen Gegenden Überreste auf, bei denen es sich eindeutig um Muschelschalen handelte. Sie waren also zu der Annahme gezwungen, daß diese Berge einst unter dem Meeresspiegel gelegen hatten. Da sich der Meeresspiegel aber nicht wahrnehmbar veränderte, konnten die Berge nur vor langer Zeit unter Wasser gewesen sein: Wenn dieser Teil des Festlands sich hob, so war es in einem zu langsamen Tempo, um innerhalb eines menschlichen Lebens gemessen zu werden. Andere Denker späterer Jahrhunderte bemerkten wieder und wieder dasselbe und kamen zu demselben Schluß. Auf derartige Spekulationen hatten die Theologen jedoch eine Standardantwort bereit. Es war die Geschichte von der Sintflut, die nach der Bibel weltweit gewesen war und selbst die höchsten Bergspitzen erfaßt hatte. Eine derartige Flut hatte natürlich auch Muscheln auf diese Berggipfel geschwemmt. Die Katastrophe einer weltweiten Flut konnte sogar angeführt werden, um jede drastische geologische Veränderung zu erklären, für die Hinweise zu bestehen schienen.

Abgesehen von dieser Sintfluttheorie war es der griechische Philosoph Plato (427–347 v. Chr.), der das bekannteste Konzept für große Veränderungen der Erde entwickelt hat. Er sprach vom Untergang von Atlantis. Ein ganzer Kontinent, außerhalb der Straße von Gibraltar in dem damals geheimnisvollen und unbekannten Atlantischen Ozean gelegen, war durch ein Erdbeben in einem einzigen Tag im Wasser versunken. Das Datum dieses Ereignisses verlegte Plato auf neuntausend Jahre vor seiner Zeit, aus heutiger Perspektive also auf 9400 v. Chr.

Man könnte Platos Erzählung natürlich als eine Sage betrachten, als eine fiktionale Erzählung, die eine Lehre vermitteln will. Doch selbst Sagen basieren häufig auf einem undeutlich erinnerten, im Laufe der Zeit verzerrten Bruchstück realer Geschichte. Dann könnte man behaupten, Plato habe eine schwache Erinnerung an die große Flut wiedergegeben, die zumindest zeitweise alle Kontinente unter Wasser gesetzt hatte. Und wenn es tatsächlich einen Kontinent westlich von Gibraltar gegeben haben sollte, so könnte dieser bei besagter Flut versunken sein.

Tatsächlich nimmt man heute an, daß Platos Erzählung von Atlantis auf einem jüngeren Ereignis beruht als jenes, mit dem man üblicherweise die Sintflut verbindet.

Elf Jahrhunderte vor der Zeit Platos blühte auf der Insel Thera (Santorin) im Ägäischen Meer, ungefähr 240 Kilometer südöstlich von Athen, eine Zivilisation, die mit der weitere 125 Kilometer südlich gelegenen Kultur Kretas verbunden war.

Thera war allerdings keine gewöhnliche Insel, sondern die Spitze eines aus dem Meer ragenden Vulkans. Um 1500 v. Chr. ereignete sich dort ein gewaltiger Vulkanausbruch, der die Insel in sehr kurzer Zeit zerstörte und das Meer über die Überreste spülen ließ. Die Explosion, der Ascheregen und die Flutwellen, die alle naheliegenden Küsten erfaßten, zerstörten auch die minoische Kultur Kretas und könnten zur Entstehung eines griechischen Mythos von einer Flut beigetragen haben, der unabhängig vom Sintflut-Mythos wäre.

Das Naturereignis geriet nie ganz in Vergessenheit, wurde

im Lauf der Zeit jedoch übertrieben und verzerrt geschildert. Und man machte es natürlich romantischer, indem man es in eine weit entfernte Vergangenheit verlegte. Im Gedächtnis der späteren Menschheit hat die Erde in Wirklichkeit keine derartigen Erschütterungen mehr gezeigt – es gab gelegentlich einen Vulkanausbruch und ab und an ein Erdbeben, aber das waren eindeutig örtlich begrenzte Ereignisse.

Dann, im Jahre 1492, entdeckte der in spanischem Dienst stehende italienische Forschungsreisende Christoph Kolumbus (1451–1506) Amerika. Zur selben Zeit versuchten portugiesische Schiffe, auf dem Weg um die Südspitze Afrikas Indien zu erreichen.

Im folgenden Jahrhundert zeichnete man die ersten Landkarten der Küsten Südamerikas und Afrikas. Als Folge drängte sich den Betrachtern dieser neuen Karten ein einigermaßen erstaunlicher Gedanke auf. Der erste, der diese Überlegungen in Worte faßte, war der englische Philosoph Francis Bacon (1561–1626). In seinem 1620 erschienenen Werk *Novum Organum* erwähnte er, die Ostküste Südamerikas und die Westküste Afrikas zeigten eine so ähnliche Gestalt, daß sie beinahe zusammenpaßten, wenn man sich vorstellte, sie zusammenzuschieben. Dies, behauptete Bacon, könne kein purer Zufall sein.

Die logische Folgerung war natürlich, daß Südamerika und Afrika einmal zusammengelegen hatten und irgendwie auseinandergezogen worden waren. Aber wie hätte das geschehen können?

Kaum war Bacons Beobachtung erschienen, boten die Traditionalisten ihre Standarderklärung an. Wenn Afrika und Südamerika tatsächlich vereint gewesen waren, meinten sie, hätten sie ohne weiteres von der mächtigen Kraft der Sintflut auseinandergerissen werden können.

Dennoch wagten einige tapfere Männer, die Sintflut zu hinterfragen. Um 1570 wies der französische Keramiker und Denker Bernard Palissy (1510–1589) darauf hin, daß sich die Landschaft sogar unter den Augen des Menschen veränderte. Zusammen mit dem Peitschen des Sturms und dem Schlagen der Wellen trug der Regen Berge ab und wusch die Küsten aus. Palissy stellte die Behauptung auf, diese Vorgänge seien ausreichend, um große Veränderungen zu verursachen, ohne daß man das Konzept einer weltweiten Flut benötige. Außerdem nahm er an, daß die Fossilien Überreste in der Vorzeit lebender Tiere waren.

Nun lebte Palissy zu einer Zeit, die für Menschen mit unbeliebten Ansichten recht gefährlich war. Im Jahre 1517 hatte die Reformation begonnen, und ganz Westeuropa nahm in der Konfrontation zwischen Katholiken und Protestanten Stellung für die eine oder andere Seite. Als Folge tobten über ein Jahrhundert lang Religionskriege. Palissy lebte als Protestant in einem Frankreich, das vorrangig katholisch war, wobei beide Seiten gegenüber den Gefahren durch Abweichungen und das Hinterfragen traditioneller religiöser Dogmen äußerst sensibel waren. Man klagte den Denker der Ketzerei an, verurteilte ihn und verbrannte ihn im Jahre 1589 auf dem Scheiterhaufen. Sein Leugnen der Sintflut war zweifellos ein wichtiges Indiz gegen ihn.

Elf Jahre später, im Jahre 1600, verbrannte man in Rom den italienischen Philosophen Giordano Bruno (1548–1600). Sein »Vergehen« waren Ketzereien, darunter seine Ansicht, daß sich die Erde um die Sonne drehe, daß die Sterne andere Sonnen mit weiteren Planeten seien, und so weiter. Im Jahre 1633 schließlich zwang die Inquisition den italienischen Forscher Galileo Galilei (1564–1642) unter Androhung der Folter, in einer öffentlichen Erklärung einzugestehen, er habe mit der Behauptung, die Erde drehe sich um die Sonne, unrecht gehabt.

Die Wissenschaft sah sich also zur Vorsicht gezwungen. Im Jahre 1634 hörte der französische Philosoph René Descartes (1596–1650), was mit Galilei geschehen war, worauf er die Veröffentlichung eines eigenen Buchs unterließ. Er hatte vorgehabt, darin die Bildung der Erde durch natürliche Prozesse zu schildern, und spürte nun, daß dies eine gefährliche Sache gewesen wäre.

Wie Palissy, so glaubte auch der dänische Geologe Nikolaus Steno (1638–1686), daß die Fossilien die Überreste lebender Tiere seien. Im Jahre 1669 veröffentlichte er jedoch umständliche Erklärungen, um seine Annahmen in Einklang mit den biblischen Legenden zu bringen.

Noch 1681 schrieb der englische Kleriker Thomas Burnet (1635—1715) ein Buch, das die Geschichte der Sintflut mit geologischen Prinzipien (wie er sie verstand) untermauerte. Burnet kam zu dem Schluß, daß die Erde sich seit der Flut nicht mehr verändert habe und sich auch weiterhin nicht verändern würde, bis es der Wille Gottes wäre, sie zu zerstören. Im Jahre 1691 verfaßte er jedoch ein weiteres Buch, in dem er es ablehnte, die Geschichte von Adam und Eva wörtlich zu nehmen. Sie sei, meinte Burnet, lediglich eine Allegorie. Diese Ansicht trug ihm Probleme ein, und man versagte ihm jede weitere Beförderung.

Auch die brutalste Unterdrückung kann das menschliche Denken jedoch nicht für alle Ewigkeit anhalten. Nicht einmal die Androhung einer Bestrafung im Leben oder später im Fegefeuer konnte die Menschen davon abhalten, zu beobachten, nachzudenken und Schlüsse zu entwickeln.

Im Jahre 1749 begann der französische Naturforscher Georges Louis de Buffon (1707—1788) mit einer breitangelegten Enzyklopädie der Naturgeschichte, die schließlich vierundvierzig Bände umfassen sollte. In diesem Werk tat er, was Descartes hundert Jahre zuvor aus Furcht vor Repressionen unterlassen hatte. Er versuchte, die Entstehung der Erde mit rein naturwissenschaftlichen Begriffen zu erklären.

Im allerersten Band schlug Buffon vor, die Erde könne durch den gewaltigen Zusammenprall eines massiven Himmelskörpers mit der Sonne entstanden sein. Der Mond wiederum sei von der Erde abgeplatzt. Die Erde habe sich allmählich abgekühlt, dabei sei Wasserdampf kondensiert und habe die Meere gebildet. In der Erde seien Risse entstanden, in die ein großer Teil des Wassers geflossen sei, was die Kontinente freigelegt habe.

All dies mußte natürlich innerhalb eines langen Zeitraums geschehen sein. Buffon schätzte, daß die Erde seit 75 000 Jahren bestand, daß sie sich weiterhin abkühlte und daß noch weitere 93 000 Jahre vergehen würden, bevor sie zu kalt wäre, um weiterhin bewohnbar zu sein. Das Leben auf der Erde, schätzte er, habe ungefähr 40000 Jahre vor seiner Zeit begonnen.

Wir wissen inzwischen, daß Buffons Schätzungen des zeitlichen Ablaufs gewaltig von der Realität abweichen; dennoch war dies der erste ernsthafte Versuch, die Berechnungen des Erzbischofs Ussher zu korrigieren – zumindest der erste, der an die Öffentlichkeit gelangte. Natürlich bekam auch Buffon mit diesen Ansichten Probleme und wurde schließlich wie Galilei gezwungen, sie zu widerrufen und öffentlich zu erklären, er habe sich geirrt.

Die kirchlichen Kräfte besaßen jedoch nicht in allen Ländern genug Macht, um das unabhängige wissenschaftliche Denken bestrafen zu können. In Großbritannien und in der neu entstandenen Nation der Vereinigten Staaten von Amerika konnten religiöse Organisationen zwar neue Konzepte anprangern, ohne jedoch in der Lage zu sein, ein konkretes Vorgehen gegen die Abweichler durchzusetzen.

So konnte der amerikanische Staatsmann Benjamin Franklin (1706–1790), der seiner Zeit in so gut wie jeder Hinsicht voraus war, im Jahre 1784 eine völlig neue Idee vorbringen. Die Erdkruste, meinte er, müsse eine relativ dünne Schicht sein, die auf einer heißen Flüssigkeit schwimme. Diese Schale könne daher aufbrechen, sich langsam verschieben und dabei weitgehende Veränderungen erfahren. Das war eine bemerkenswerte These, und der Rest der Welt brauchte beinahe zwei Jahrhunderte, um sie nachzuvollziehen.

Nun war Franklins Gedanke lediglich eine Spekulation, über die man nachdenken konnte. Sie wurde von keinerlei sorgfältig ausgearbeiteten Beobachtungen gestützt, so daß jene, die davon hörten, sie für eine seltsame, wenn auch interessante Idee halten mußten.

Der wirkliche Durchbruch geschah in Großbritannien.

Ein Schotte namens James Hutton (1726–1797) war als Apotheker wohlhabend geworden – so wohlhabend, daß er sich im Jahre 1768 zur Ruhe setzen konnte, um sich ganz seinem Hobby zu widmen. Dieses Hobby war die Geologie, und Hutton wird gelegentlich sogar als »Vater der Geologie« bezeichnet.

Huttons Studien führten ihn zu Palissys Schluß, daß natürliche Prozesse die Erde beeinflußten und eine langsame Entwicklung ihrer Oberflächenstruktur bewirkten. Es schien offensichtlich, daß sich das Ursprungsmaterial mancher Gesteine als Sediment abgelagert hatte und dann durch Druck verfestigt worden war; anderes Gestein hatte sich geschmolzen im Erdinnern befunden und war durch vulkanische Tätigkeit an die Oberfläche gelangt. Beide Gesteinsarten wurden durch Wind und Wasser abgetragen.

Huttons große intuitive Folgerung war nun, daß die Kräfte, die in der Gegenwart allmählich das Aussehen der Erdoberfläche veränderten, in der gesamten Vergangenheit auf dieselbe Weise und mit derselben Geschwindigkeit abgelaufen waren. Dies war das *Uniformitätsprinzip,* im Gegensatz zu der *Katastrophentheorie* Bonnets und seiner Anhänger.

Die Ablagerung von Sedimenten, die vulkanische Tätigkeit und die Erosion, beobachtete Hutton, vollzogen sich in sehr langsamem Tempo. Andererseits hatten sich dicke Schichten abgelagerten Sedimentgesteins und ausgedehnte Flußdeltas gebildet, woraus Hutton schloß, daß die Erde bereits seit sehr langer Zeit existierte. Er meinte daher, keine Spur eines Anfangs und keinen Zeitpunkt für ein mögliches Ende finden zu können. Das sollte freilich nicht bedeuten, daß er die Erde für ewig hielt, sondern nur, daß ihr Anfang und ihr Ende so weit entfernt waren, daß er keinerlei Hinweise zur vernünftigen Entwicklung einer entsprechenden Zeitangabe sehen konnte. Damit hatte er recht.

Im Jahre 1785 publizierte Hutton ein Buch mit dem Titel *Theorie der Erde,* in dem er seine Ansichten offenlegte. Anders als viele seiner Vorgänger, die wie er von den herrschenden Ansichten abgewichen waren, wurde er daraufhin nicht verfolgt, doch fand er auch keine große Zustimmung. Die Mißbilligung von theologischer Seite war heftig, und da das Buch an sich nicht gerade einfach zu lesen war, sah es anfangs so aus, als werde es nur geringen Einfluß auf das wissenschaftliche Denken haben.

Einige Gelehrte lasen Huttons Werk jedoch und waren beeindruckt. Im Jahre 1805, also bereits nach Huttons Tod, publizierte ein anderer schottischer Geologe, John Playfair (1748–1819), ein Buch, in dem er die Thesen Huttons in einer lesbareren Form präsentierte. Danach begannen sich diese Ideen rascher zu verbreiten. Da Huttons Konzepte es ermöglichten, sich eine wirklich alte Erde vorzustellen, sprachen die Gelehrten über die Existenz der Erde erstmals nicht mehr in Kategorien von einigen tausend oder einigen zehntausend Jahren, wie von Ussher beziehungsweise Buffon berechnet, sondern von *Jahrmillionen.*

Der deutsche Naturforscher Alexander von Humboldt (1769–1859), der von 1799 bis 1804 Südamerika bereiste, griff die alte Beobachtung Francis Bacons auf, daß die Ostküste Südamerikas und die Westküste Afrikas zusammenpaßten. Humboldt wies nach, daß dieser Zusammenhang nicht nur an der auf der Landkarte sichtbaren Gestalt der Kontinente zu beobachten war, sondern auch geologische Parallelen umfaßte. Dies legte nachgerade den zwingenden Schluß nahe, daß die beiden Kontinente einst vereint gewesen sein mußten. Humboldt lebte allerdings nicht in Großbritannien oder den Vereinigten Staaten, und so hatte er nicht den Mut, seine Thesen nach den Prinzipien Huttons zu erklären. Er griff wieder auf die Sintflut zurück.

Der französische Naturforscher Jean de Monet de Lamarck (1744–1829) war im Jahre 1809 der erste, der einen möglichen Mechanismus für die biologische Evolution beschrieb. Sein Konzept war falsch, und die Welt mußte ein weiteres halbes Jahrhundert warten, bis Darwin das richtige entwickelte. Dennoch war die Theorie Lamarcks die erste, die sich der Vorstellung einer sehr alten Erde bediente. Sie begann, die Menschen davon zu überzeugen, daß die Evolution an sich möglich war – denn nur auf einer sehr alten Erde hatte diese angesichts ihres sehr langsamen Fortschreitens überhaupt stattfinden können.

Es war wieder ein schottischer Geologe, Charles Lyell (1797–1875), der den Ideen Huttons endgültig Geltung verschaffte. In den Jahren 1830 bis 1833 veröffentlichte er ein dreibändiges Werk mit dem Titel *Die Prinzipien der Geologie,* in dem er die Theorien Huttons zusammenfaßte und erklärte.

Dazu kamen Beobachtungen und Thesen, die in den fünfzig Jahren seit dem Erscheinen von Huttons Buch vorgebracht worden waren. Lyells Werk war absolut überzeugend. Unter der großen Zahl beeindruckter Leser befand sich auch der junge Charles Darwin, der daraufhin begann, über die biologische Evolution nachzudenken. Im übrigen hat seit dieser Publikation kein Wissenschaftler mehr ernsthaft das hohe Alter der Erde angezweifelt.

Lyell prägte die Namen von einigen der geologischen Perioden, die ich bereits erwähnt habe. Dazu gehören beispielsweise das Eozän, das Miozän und das Pliozän. Außerdem schätzte er das Alter der ältesten Gesteinsschichten, die Fossilien enthielten. Er kam dabei auf ein Alter von 240 Millionen Jahren. Dies war das erste Mal, daß jemand von der Möglichkeit sprach, daß die Erde nicht nur Jahrmillionen alt sei, sondern Hunderte von Jahrmillionen.

Es ist jedoch nicht das Alter der Erde an sich, um das es in diesem Kapitel geht, sondern die Art und die Dauer der Veränderungen der Erdoberfläche.

Gezwungenermaßen mußten schließlich auch tief religiöse Geologen das hohe Alter der Erde akzeptieren. Zu diesen gehörte der Amerikaner James Dwight Dana (1813–1895), der gegen Ende seines Lebens sogar zögernd Darwins Konzept einer biologischen Evolution übernahm.

Um 1850 griff Dana auf Buffons Vorstellung einer sich abkühlenden Erde zurück. Er konnte sich nun vorstellen, daß sie sich über einen großen Zeitraum sehr langsam abkühlte. Dabei schien sich die Kruste verfestigt zu haben. Aus irgendeinem Grund hatten sich einige Teile der Oberfläche zuerst verfestigt, und diese Teile waren die Kontinente, wie wir sie heute kennen. Es ist klar, daß die Kontinente nach Danas Vorstellung fast von Anfang an in ihrer gegenwärtigen Position und mit den entsprechenden Umrissen existiert hatten.

Im Verlauf der Abkühlung, meinte Dana weiter, sei die Erde geschrumpft, wie die meisten Objekte, die einem solchen Prozeß ausgesetzt sind. Die bereits verfestigten Kontinente widerstanden einer Veränderung, doch die immer noch flüssigen Gebiete zwischen ihnen reagierten auf das

Schrumpfen, indem sie nach innen gesaugt wurden. So bildete sich der Meeresboden. Als auch er abkühlte, kondensierte der die Erde umgebende Wasserdampf zu flüssigem Wasser. Dieses Wasser, das sich in einem nahezu endlosen Regen niederschlug, sammelte sich in den Meeresbecken, wodurch das immer noch sichtbare Verhältnis von Land und Meer entstand.

Als die Erde weiter abkühlte, schrumpfte sie noch stärker. Schließlich waren auch die Kontinente gezwungen, sich der geringfügig kleineren Erde durch Faltungen anzupassen – wobei die Falten die Berge waren.

Diese Theorie war zweifellos sehr eindrucksvoll, doch wies sie einige Schwachstellen auf. Warum hatte sich ein Teil der Oberfläche früher verfestigt und so die Kontinente gebildet? Und warum hatten sich Gebirge nur in bestimmten Gebieten der Kontinente gebildet statt überall? Es war außerdem klar, daß sich die Gebirge innerhalb relativ kurzer Abschnitte gebildet hatten, die wiederum von relativ langen Perioden getrennt waren. Ein großer Teil der Erdgeschichte zeigte also keinerlei Gebirgsbildung. Was war der Grund?

Ein anderes Problem betraf Flora und Fauna. Vergleichende Studien von Fossilien wie auch lebender Pflanzen und Tiere hatten gezeigt, daß in sehr verschiedenen Erdteilen ähnliche Arten existierten (oder existiert hatten). Es handelte sich dabei um Pflanzen- und Tierarten, die unmöglich die breiten Ozeane überquert haben konnten, die zwischen Afrika und Südamerika oder zwischen Indien und Australien lagen. Zudem hatte die vor der Ostküste Afrikas gelegene Insel Madagaskar nur wenige Arten mit Afrika gemein, dagegen viele mit dem viel weiter entfernten Indien.

Da Danas Auffassung, daß die Kontinente ihre Lage nicht verändert hatten, zu seiner Zeit allgemein anerkannt war, verfiel man auf die Idee, in der Vergangenheit habe es »Landbrücken« zwischen verschiedenen Erdteilen gegeben, dort, wo nun der Ozean wogte.

Der englische Naturforscher Philip Lutley Sclater (1829–1913) brachte im Jahre 1864 die Auffassung vor, es habe einmal eine Landbrücke zwischen Madagaskar und Indien gegeben. Als die Erde sich abgekühlt habe und geschrumpft sei, sei die Landbrücke zusammengebrochen und im Meer versunken. Vor diesem Ereignis jedoch habe ein reger Austausch zwischen den Lebewesen Indiens und Madagaskars stattgefunden. Da in Madagaskar zahlreiche Lemurenarten vorkommen, nannte man die Landbrücke *Lemuria*.

Ihren Höhepunkt erreichte die Landbrücken-Theorie mit dem österreichischen Geologen Eduard Sueß (1831–1914). Er verfaßte ein dreibändiges Werk mit dem Titel *Das Antlitz der Erde,* das er im Jahre 1909 abschloß. Um die Ausbreitung der Lebewesen zu erklären, entwarf er das Bild eines gewaltigen Superkontinents, der einst existiert habe. Er nannte ihn *Gondwanaland,* nach einem Teil Indiens, der zu ihm gehörte. Dieser Superkontinent bestand aus Südamerika, Afrika, Indien, Australien und der Antarktis, wobei die einzelnen Teile durch Landbrücken verbunden waren. Im Norden befanden sich andere Kontinente, von Gondwanaland durch das »Thetismeer« – eine Art Vorläufer des Mittelmeers – getrennt.

In Wirklichkeit war das gesamte Konzept einer schrumpfenden Erde, sich dadurch faltender Gebirge und zusammenbrechender Landbrücken falsch. Den erwähnten Geologen, von Dana bis Sueß, war es jedoch gelungen, der Idee Geltung zu verschaffen, daß die Erde evolutionären Veränderungen unterlegen war. Man mußte nur noch herausfinden, wie diese Veränderungen tatsächlich geschahen.

Die Landbrücken-Theorie stützte sich auf die Auffassung, daß die Kontinente an ihrem derzeitigen Ort geblieben waren und sich lediglich vertikal nach oben und unten bewegt hatten. War es möglich, daß sie sich seitwärts bewegten?

Bereits im Jahre 1858 hatte der Amerikaner Antonio Snider-Pellegrini ein Buch verfaßt, in dem er die Behauptung aufstellte, bei der Abkühlung der Erde habe sich auf einer Seite des Erdballs eine große Landmasse gebildet. Irgendwie war sie dann aufgebrochen und zu den heutigen Kontinenten auseinandergezogen worden. Doch wie war dies geschehen?

Snider-Pellegrini schlug vor, es sei ein Resultat der Sintflut gewesen, was seine Ideen sofort zu Fall brachte. In der Zeit nach Lyell war kein ernsthafter Forscher mehr bereit, die

Sintflut als Ursache irgendwelcher Veränderungen zu akzeptieren. Dennoch schien das Konzept Snider-Pellegrinis nicht so abwegig, falls eine andere Erklärung für die Seitwärtsbewegung gefunden werden konnte.

Noch wesentlich früher, im Jahre 1735, erforschte der französische Wissenschaftler Pierre Bouguer (1698–1758) die südamerikanischen Anden und berechnete ihre Höhe. Er versuchte dabei, eine vertikale Linie einzurichten, indem er ein schweres Gewicht von einem Stützbalken hängen ließ. Bouguer hatte erwartet, daß dieses Lot geringfügig seitlich aus der Vertikalen gezogen würde, und zwar durch die seitwärts wirkende Anziehungskraft der nahen Masse hoher Berge. Die Abweichung trat zwar auf, doch war sie beträchtlich kleiner als erwartet, was bedeutete, daß die Berge weniger massiv waren, als sie aussahen.

Hundert Jahre später erforschte der englische Geometer George Everest (1790–1866), nach dem der höchste Berg der Erde, der Mount Everest, benannt ist, den Himalaja. Everest kam zu ähnlichen Ergebnissen wie Bouguer: Auch dieses Gebirge war nicht so massiv wie erwartet.

Im Jahre 1855 brachte der englische Astronom George Biddell Airy (1801–1892) die Ansicht vor, daß die Gebirge und die unter ihnen liegenden Gesteine eine geringere Dichte haben mußten als das Gestein, aus dem die Ebenen bestanden. Das war, folgerte er, sogar der Grund, weshalb die Berge Berge waren. Wo das Gestein der Erdkruste leichter war als das benachbarte Material, schwamm es höher. Je leichter es war, desto höher schwamm es.

Der amerikanische Geologe Clarence Edward Dutton (1841–1912) entwickelte dieses Konzept im Jahre 1899 weiter. Er war der Ansicht, daß alle Gesteine langsam ihr Niveau fanden, je nach ihrer Dichte. Dutton nannte dieses Phänomen *Isostasie* und stellte fest, daß nicht nur die Gebirge, sondern die Kontinente an sich aus leichteren Gesteinen bestanden als die Meeresbecken. Aus diesem Grund hatten sich die Kontinente gehoben und waren zu solchen geworden.

Die Kontinente, die zum großen Teil aus Granit bestanden, schwammen also auf dem dichteren Basalt des Meeresbodens. Und da sie schwammen, konnten sie auch (sehr, sehr langsam) hierhin und dorthin driften.

Auf der Basis dieser neuen Idee griff der amerikanische Geologe Frank Bursley Taylor (1860—1938) auf das Konzept zurück, das Snider-Pellegrini ein halbes Jahrhundert zuvor entwickelt hatte. Im Jahre 1898 äußerte er die Meinung, Afrika und Südamerika hätten sich getrennt und bewegten sich auseinander, während der relativ hohe Boden in der Mitte des Atlantischen Ozeans an seiner Stelle blieb.

Taylor war eindeutig auf der richtigen Spur, doch scheiterte auch er am Problem des Mechanismus. Er war der Ansicht, daß die Erde irgendwann den Mond eingefangen hätte, worauf die plötzlich einsetzenden mächtigen Anziehungskräfte des Mondes den Superkontinent auseinandergerissen und seine Teile voneinander weggetrieben hätten. Ein derartiger Mechanismus schien kaum überzeugend und konnte mit der populäreren Landbrücken-Theorie nicht konkurrieren.

Der deutsche Meteorologe und Polarforscher Alfred Wegener (1880—1930) entwickelte Taylors Ideen jedoch weiter. Wegener interessierte sich für das Konzept der Isostasie und kam zu dem Schluß, daß es der Landbrücken-Theorie den Todesstoß versetzt hatte. Hatte es eine Landbrücke zwischen Madagaskar und Indien gegeben, so mußte sie aus vergleichsweise leichtem Gestein bestanden haben. Wie konnte sie dann in das dichtere Gestein unter ihr versinken? Selbst wenn etwas nach unten gezwungen wird, taucht es mit Sicherheit wieder auf. Holz beispielsweise sinkt und steigt im Wasser nicht; es schwimmt beständig. Also mußten auch die Kontinente ständig schwimmen. Hatte es also einen Austausch zwischen den Lebensformen Indiens und Madagaskars (oder jenen Afrikas und Südamerikas) gegeben, so konnten diese Gebiete in der Vergangenheit nicht Tausende von Kilometern auseinandergelegen haben. Sie mußten in Kontakt gewesen sein.

Im Jahre 1912 brachte Wegener seine Theorie der »Kontinentalverschiebung« vor. Er benötigte dafür keinen Mechanismus, keine Sintflut und keine Anziehungskräfte. Die Kontinente bewegten sich einfach. Als Beweis verwendete er die analoge Gestalt der Küsten, wobei er nicht die tatsächlichen Küstenlinien aneinanderfügte, sondern die Ränder der Küstensockel. Diese paßten sogar noch besser zusammen. Außerdem bewies Wegener, daß in polaren Regionen Fossilien von Lebensformen zu finden waren, die nicht unter den Bedingungen eines polaren Klimas gelebt haben konnten. Es schien daher plausibel, daß diese Gebiete aus wärmeren Breitengraden zum Südpol gewandert waren.

Im Jahre 1922 gelang es Wegener, Beweise dafür vorzubringen, daß die Kontinente einst eine einzige gewaltige Landmasse gebildet hatten, die er *Pangaea* (griechisch für »alles Land«) nannte. Sie war umgeben von einem gewaltigen, zusammenhängenden Ozean, dem Wegener den Namen *Panthalassa* (»alles Meer«) gab.

Auch für die Gebirgsbildung fand Wegener eine neue Erklärung. Nach der alten Theorie einer bei der Abkühlung schrumpfenden Erde hätten sich überall Gebirge bilden müssen. Stellte man sich aber beispielsweise vor, daß Nord- und Südamerika nach Westen drifteten, so konnte der führende westliche Rand der Kontinente auf den Widerstand des Meeresbodens treffen und sich dadurch zu Gebirgszügen auffalten. Aus diesem Grund mußten die Rocky Mountains und die Anden parallel zur Westküste Nord- und Südamerikas verlaufen.

Wegener hatte allerdings keinen Mechanismus parat, der die Kontinente durch das Gestein unterhalb des Meeresbodens geschoben hatte; und man war allgemein der Meinung, daß das Gestein zu fest war, als daß sich Kontinente hindurchschieben konnten – was auch immer der zugrundeliegende Mechanismus sein mochte. Die Folge war, daß man Wegener nicht glaubte, trotz aller für seine Theorie sprechenden Fakten. Statt dessen nahmen die meisten Geologen eindeutig Stellung gegen ihn und behaupteten, sein ganzes Gebäude sei pseudowissenschaftlicher Unsinn.

Wegener war ein enthusiastischer Grönlandforscher. Bei seiner vierten und letzten Reise dorthin starb er im Jahre 1930 auf der Eiskappe. Zur Zeit seines Todes war seine Idee der Kontinentalverschiebung so gut wie vergessen, da ein vernünftiger Mechanismus fehlte, der die Drift hätte zustande bringen können.

Als die Lösung schließlich kam, tauchte sie sozusagen aus dem Meeresboden auf.

In den fünfziger Jahren des vergangenen Jahrhunderts hatte man den Versuch unternommen, ein Kabel auf den Boden des Atlantischen Ozeans zu legen, um einen direkten telegraphischen Kontakt zwischen den Vereinigten Staaten und Großbritannien herzustellen. Zu diesem Zweck benötigte man vorerst Informationen über die Gestalt des Meeresbodens. Der amerikanische Ozeanograph Matthew Fontaine Maury (1806–1873) sammelte die Daten verschiedener ausgeloteter Wassertiefen. Im Jahre 1854 stellte er fest, daß die Lotungen in der Ozeanmitte eine geringere Meerestiefe als an beiden Seiten zeigten. Offenbar gab es ein versunkenes Plateau, das in der Mitte des Atlantik verlief und das Maury *Telegraph Plateau* nannte.

Es war jedoch nicht möglich, irgendwelche genauen Details über diese Erhebung festzustellen. Zu dieser Zeit war die einzige Möglichkeit der Tiefenbestimmung, mehrere Kilometer beschwerten Seils ins Meer hinabzulassen und seine Länge zu messen, wenn es auf dem Boden auftraf. Es war eine schwierige Technik, die ebenso langwierig wie kostspielig war. Beim besten Willen hätte es Jahre gedauert, um einige hundert Lotungen auszuführen, die auch keine wesentlich detaillierteren Erkenntnisse geliefert hätten.

Der Wendepunkt kam während des Ersten Weltkrieges, als der erwähnte Langevin das Echolot entwickelte. Dabei wird eine Ultraschallwelle nach unten gesendet und vom Meeresboden reflektiert, um wieder aufgefangen zu werden. Indem man die Zeit zwischen der Aussendung und der Rückkehr der Schallwelle mißt, kann man den Abstand zum Boden berechnen. Durch dieses Verfahren konnte man nun Daten über die Meerestiefe in jeder gewünschten Menge erhalten und ein durchgängiges Profil des Meeresbodens erarbeiten.

Das erste ozeanographische Schiff, das sich der neuen Technik bediente, war die deutsche *Meteor,* die im Jahre 1922 mit der Untersuchung des Atlantischen Ozeans begann. Um

1925 war erwiesen, daß das »Telegraph Plateau« nicht einfach ein Plateau war, sondern eine Bergkette – länger, höher und zerklüfteter als die Gebirge des Festlands. Ihre höchsten Gipfel durchbrachen die Wasseroberfläche und erschienen als Inseln – die Azoren, Ascension und Tristan da Cunha. Man taufte das Gebirge die *Mittelatlantische Schwelle.*

Nach dem Zweiten Weltkrieg war es vor allem der amerikanische Geologe William Maurice Ewing (1906–1974), der die Erforschung des Meeresbodens weiterführte. Bis 1956 hatte er mit Hilfe seiner Echolotungen gezeigt, daß der Gebirgsrücken nicht auf den Atlantik beschränkt ist. An seinem Südende windet er sich um Afrika und wandert im westlichen Indischen Ozean zur arabischen Halbinsel. In der Mitte des Indischen Ozeans verzweigt er sich, so daß sich das Gebirge auch südlich von Australien und Neuseeland erstreckt und sich dann nordwärts in einem weiten Kreis um den gesamten Pazifischen Ozean windet. Man spricht von diesem Gesamtkomplex als den *Mittelozeanischen Rücken*. Sie bilden eine über sechzigtausend Kilometer lange Bergkette, die sich um die ganze Erde windet.

Nun unterscheiden sich die Mittelozeanischen Rücken von den Gebirgsketten auf den Kontinenten. Das kontinentale Hochland besteht aus gefaltetem Sedimentgestein, das ausgedehnte Hochland der Ozeane dagegen aus Basalt, der aus dem heißen Erdinneren emporgestiegen ist.

Ewing und sein Schüler Bruce Charles Heezen (1924–1977) entdeckten ferner, daß sich im Zentrum der ozeanischen Gebirgsrücken ein tiefer Graben befand. Um 1957 hatte man herausgefunden, daß es sich um eine Rinne handelt, die die gesamten Mittelozeanischen Rücken entlanglief. Man sprach vom »großen globalen Graben«.

Zuerst sah es so aus, als sei dieser Graben durchgängig, ein sechzigtausend Kilometer langer Riß in der Erdkruste. Genauere Untersuchungen zeigten jedoch, daß es sich um ein System aus kurzen, geraden Abschnitten handelte, die gegeneinander verschoben waren, als hätten Erdbebenstöße einen Abschnitt vom anderen getrennt. Tatsächlich kommen entlang der Tiefseegräben viele Vulkane und Erdbeben vor.

Es wurde plötzlich klar, daß die Erdkruste aus großen Platten besteht, die durch das Grabensystem voneinander getrennt sind. Man nannte sie *tektonische Platten,* nach dem griechischen Wort für »Zimmermann«, da die Platten aussehen, als habe ein geschickter Handwerker sie so zusammengefügt, daß sie eine scheinbar zusammenhängende Kruste bilden. Das gesamte Konzept, das die Entwicklung der Erdkruste im Zusammenhang mit diesen Platten (oder Schollen) umfaßt, wird »Plattentektonik« genannt.

Was bedeuteten diese Zusammenhänge für Wegeners These von der Kontinentalverschiebung? Betrachtet man eine der Schollen für sich, so können die darauf befindlichen Objekte ihre Position gegeneinander nicht verändern. Nordamerika beispielsweise klebt für alle Ewigkeit auf der Platte, zu der es gehört (der nordamerikanischen Großscholle); und es behält seine derzeitige Position. Wenn sich nun aber die Platte selbst bewegen kann und Nordamerika mit sich trägt?

Dieser Vorgang erscheint zunächst unglaubwürdig, da die benachbarten Platten so eng miteinander verzahnt sind. Die Grenzen der Platten sind jedoch mit Vulkanen übersät. Die Küsten des Pazifischen Ozeans, die die Grenzen der Pazifischen Platte darstellen, sind sogar so reich an aktiven wie inaktiven Vulkanen, daß man sie als »Feuerkreis« bezeichnet.

Wäre es also möglich, daß heißes, flüssiges Gestein (Magma) aus den tieferen Schichten der Erde aufsteigt, sich an verschiedenen Stellen durch die Risse der Erdkruste zwängt und da und dort in Form vulkanischer Tätigkeit sichtbar wird? So könnte zum Beispiel Magma sehr langsam durch den mittelatlantischen Teil des sogenannten Scheitelgrabens zwischen den Platten aufsteigen und sich in Island – das sich genau an diesem Punkt befindet – als vulkanische Tätigkeit manifestieren, während es sich anderswo beim Kontakt mit dem Meerwasser verfestigt. Es wäre dann möglich, daß eben dieses Magma den Mittelatlantischen Rücken gebildet hat. Da immer mehr Magma heraufquoll, mußte das erkaltende Gestein die Nordamerikanische und die Eurasische Platte sehr langsam auseinanderdrängen. Dasselbe wäre mit der Südamerikanischen und der Afrikanischen Platte geschehen.

Das Aufquellen von Magma durch die Scheitelgräben hätte also Pangaea auseinanderreißen und seine Teile voneinander entfernen können, wobei der Zwischenraum schließlich den Atlantischen Ozean gebildet hätte. Es waren die beiden amerikanischen Geologen Hammond Hess (1906–1969) und Robert Sinclair Dietz (geb. 1914), die diese Theorie erstmals vortrugen und sie *Sea Floor Spreading* (Wachsen der Ozeanböden) nannten. Die Kontinente schwammen also nicht und drifteten auseinander, wie Wegener es sich vorgestellt hatte. Sie befinden sich auf Platten, die als solche auseinandergezwängt werden und die Kontinente mit sich tragen. Dies war ein beweisbarer Mechanismus; und die geologische Welt, die Wegener zuvor verspottet und lächerlich gemacht hatte, stürzte sich nun erregt und enthusiastisch auf die Idee von Pangaea und seinem Auseinanderbrechen.

Werden durch das Aufquellen des Magma zwei Platten auseinandergezwungen, so müssen angesichts der engen Verzahnung aller Platten beide an der anderen Seite auf jeweils andere Platten treffen. Hier muß entweder eine Platte unter die andere hinuntergleiten und den Meeresboden zu *Tiefseegräben* absenken oder die beiden aufeinanderstoßenden Platten falten sich zu Gebirgen auf. Vor ungefähr 225 Millionen Jahren begann Pangaea, in eine Nordhälfte aus Nordamerika, Europa und Asien und eine Südhälfte mit Südamerika, Afrika, Indien, Australien und der Antarktis auseinanderzubrechen. Die Nordhälfte nennt man *Laurasia,* nach dem Hochland von Laurentia, dem ältesten Teil des nordamerikanischen Kontinents, nördlich des Sankt-Lorenz-Stroms. Für die Südhälfte verwendet man immer noch den von Sueß geprägten Begriff *Gondwanaland,* wobei es natürlich nicht mehr um irgendwelche Landbrücken geht.

Auf dieses erste Auseinanderbrechen folgten neue Phasen der Verschiebung. Vor ungefähr 200 Millionen Jahren begannen sich Nordamerika und Eurasien auseinanderzubewegen, vor 150 Millionen Jahren begann der gleiche Prozeß mit Südamerika und Afrika. Vor ungefähr 110 Millionen Jahren wiederum zerfiel der Ostteil Gondwanalands in Madagaskar, Indien, die Antarktis und Australien. Madagaskar blieb relativ nahe bei Afrika, doch Indien bewegte sich weiter fort als jede andere Landmasse. Es glitt nach Norden und traf mit dem Süden Asiens zusammen, wodurch sich der Himalaja mit dem tibetischen Hochland bildete – die jüngste, größte und eindrucksvollste Gebirgsregion der Erde. Die Antarktis und Australien dürften sich erst vor 40 Millionen Jahren getrennt haben, wobei sich die Antarktis südwärts bewegte, ihrem eisigen Schicksal entgegen.

Die Platten bewegen sich heute natürlich noch immer, und so bewegen sich auch die Kontinente langsam und stetig. Entlang Ostafrika ist ein großer Scheitelgraben sichtbar, und das Rote Meer könnte der Anfang eines sich langsam verbreiternden Ozeans sein. Vielleicht werden die Kontinente in ferner Zukunft, in Hunderten von Jahrmillionen, wieder zusammenkommen und ein neues Pangaea bilden – bevor auch diese Landmasse wieder auseinanderbricht und sich neue, von den alten in mancher Hinsicht verschiedene Kontinente bilden. Dies könnte wieder und wieder geschehen, auf dieselbe Weise, auf die sich Pangaea vor 225 Millionen Jahren aus zuvor getrennten Kontinenten gebildet haben könnte. Lange Zeit vor diesem Ereignis könnte es ein dann anderes Pangaea gegeben haben und lange vor diesem ein wieder anderes. Die Theorie der Plattentektonik hat sich inzwischen als Angelpunkt der geologischen Wissenschaft erwiesen. Sie erklärt Erdbeben, Vulkane, Tiefseerinnen, Inselketten, die Kontinentalverschiebung, die Ausbreitung der Lebewesen und vieles mehr. Es wäre sogar möglich, daß die Bewegungen der Platten einen Kontinent ab und an über einen der Pole schieben. Die Folgen wären eine Vergletscherung und eine Eiszeit, durch die der Wasserspiegel der Meere sinken und die Ozeane abkühlen würden, was zu einer Massenausrottung führen würde.

Wir haben also festgestellt, daß sich die Oberfläche der Erde entwickelt, und daß die Kontinente, wie wir sie heute kennen, sich langsam im Verlauf des Mesozoikums und des Känozoikums gebildet haben.

Damit sind wir endlich bereit, weiter zurückzuschreiten und nach den Anfängen der Erde selbst zu fragen.

14.
DIE ERDE

V or der Anerkennung des Uniformitätsprinzips war eine vernünftige Schätzung des Alters der Erde eigentlich gar nicht möglich. Erst als man akzeptiert hatte, daß sich langsame Veränderungen über große Zeiträume hinweg abspielten, wurde das System für die Schätzung des Erdalters deutlich. Man mußte die Geschwindigkeit berechnen, mit der sich eine bestimmte langsame Veränderung vollzogen hatte, den Umfang der Gesamtveränderung bestimmen und dann das letztere durchs erstere teilen.

Der erste Versuch, dieses Verfahren anzuwenden, geht auf das Jahr 1715 zurück, als der englische Astronom Edmond Halley (1656–1742) folgende Überlegungen anstellte:

Die Flüsse lösen aus dem Erdreich, durch das sie fließen, winzige Salzmengen, die sie ins Meer transportieren. Das Salz bleibt im Meer, da nur der Wasseranteil der See unter dem Einfluß der Sonnenstrahlung verdunstet. Das verdunstete Wasser schlägt sich wieder als Regen nieder, wobei es keine nennenswerte Menge Salz mehr enthält. Bringen die Flüsse das Regenwasser aber wieder zum Meer zurück, enthält dieses eine neue Menge aus dem Erdreich gelösten Salzes. Dieser Vorgang wiederholt sich ständig.

Nehmen wir nun an, daß die Meere anfänglich aus Süßwasser bestanden haben, und messen wir, wieviel Salz ihnen jährlich zugeführt wird, so können wir berechnen, wie viele Jahre lang den Meeren Salz zugeführt wurde, bis sie ihren heutigen Salzgehalt von 3,3 Prozent erreicht haben.

Prinzipiell ist das ein logischer und sehr einfacher arithmetischer Vorgang, doch weist er eine Menge klaffender Lücken auf. Erstens wäre es möglich, daß die Meere anfänglich gar nicht aus Süßwasser bestanden haben, sondern bereits Salz enthielten.

Zweitens war es zu Halleys Zeiten völlig unmöglich, genau zu bestimmen, wieviel Salz dem Ozean jährlich zugeführt wurde. Viele Flüsse außerhalb Europas waren noch nie chemisch analysiert worden, und auch ihr Wasservolumen war nicht exakt bekannt. So war man auf Schätzungen angewiesen, die sich auf die bekannten Flüsse stützten und ohne weiteres vollkommen falsch sein konnten.

Drittens konnte man unmöglich feststellen, ob die Salzzufuhr über die Jahre hinweg tatsächlich konstant geblieben war. In bestimmten Perioden der Erdgeschichte waren die Flüsse womöglich ungestümer oder ruhiger, und der gegenwärtige Zustand mußte keineswegs dem Durchschnitt entsprechen.

Viertens gibt es Prozesse, durch die dem Meer Salz entzogen wird. Stürme tragen die Gischt mit ihrem Salzgehalt übers Land. Seichte Meeresbuchten können vollkommen austrocknen und ihren Salzgehalt hinterlassen (was später die bergmännische Salzgewinnung ermöglicht). Zog man all dies in Betracht, so war es gut möglich, daß Halleys Berechnungen katastrophal falsche Ergebnisse erbrachten.

Halleys Schätzung belief sich schließlich auf ein Alter von 1000 Millionen Jahren für die Meere der Erde. Für einen ersten Versuch war dies tatsächlich ein bemerkenswertes Ergebnis. Zu seiner Zeit machte es jedoch nur wenig Eindruck. Viele Menschen glaubten immer noch an die Berechnungen des Erzbischofs Ussher. Überdies konnte wiederum behauptet werden, daß Gott die Erde bei der Schöpfung vor sechstausend Jahren bereits mit einem Ozean geschaffen hatte, der den gegenwärtigen Salzgehalt aufwies.

Es kommt noch heute gelegentlich vor, daß ähnliche Argumente gegen die Beweise für die biologische Evolution vorgebracht werden. Gott, wird behauptet, habe die Erde bereits mitsamt sämtlicher Fossilien und aller anderen Hinweise auf ein hohes Alter der Erde geschaffen. Er habe dies getan, entweder um die Menschheit aus einem boshaften Sinn für Humor heraus zu narren oder um den Glauben der Menschen an die Überlegenheit der göttlichen Offenbarung gegenüber Wissenschaft und Vernunft zu prüfen – oder aus anderen, ebenso banalen wie Gottes nicht würdigen Motiven. Menschen, die an einer wörtlichen Interpretation der biblischen Schöpfungsgeschichte kleben, mögen eine derartige Argumentation akzeptieren, ein denkender Mensch jedoch nicht, selbst wenn er tief religiös ist.

Eine andere Methode, das Alter der Erde zu schätzen, bediente sich der Sedimentierungsrate. Auch die Flüsse, Seen und Meere der Urzeit haben Schlamm und Schlick abgelagert: das *Sediment*. Unter dem Gewicht weiterer, darüberliegender Schichten wurde dieses Sediment dann zu *Sedimentgestein* zusammengepreßt. Da der aus Wasser bestehende Teil des Globus reich an Leben war, geschah es häufig, daß lebende oder soeben gestorbene Lebewesen (oder Teile von ihnen) im Sediment stecken blieben, gelegentlich unter Bedingungen, die eine Versteinerung ermöglichten. Selbst landlebende Tiere mußten gelegentlich Wasser finden und konnten in Wasserlöchern steckenbleiben oder dort getötet werden, um später als Fossilien im Sedimentgestein zu enden.

Die Fossilienjäger konnten nun die Dicke des Sedimentgesteins messen, in dem sie Fossilien gefunden hatten. War die Sedimentierungsrate bestimmbar, dann konnte man die Dauer einer bestimmten geologischen Periode aus der Dicke der betreffenden Schicht berechnen. Nachdem man alle Perioden in die richtige Reihenfolge gebracht hatte, konnte man schließlich ihre Gesamtdauer und den bis zur Gegenwart verflossenen Zeitraum berechnen.

Dies war kein sehr genaues Verfahren zur Berechnung des Alters von Fossilien, da man keine Aussagen darüber treffen konnte, inwiefern sich die Sedimentierungsrate an den jeweiligen Fundorten und in den jeweiligen Perioden unterschieden hatte. Die Abweichungen waren so groß – und gelegentlich nur sehr unzureichend bekannt –, daß man einem geschätzten Durchschnittswert nicht wirklich trauen konnte.

Dennoch brachte man Berechnungen vor, die das Alter der ältesten Fossilien auf ungefähr 500 Millionen Jahre schätzten. Für eine Schätzung, die auf einer so unsicheren und schwierigen Messung wie der Sedimentierung beruhte, war das gar nicht schlecht. Vor dem Hintergrund einer möglicherweise 500 Millionen Jahre alten oder noch älteren Erde konnte etwa Darwin sein Schema einer biologischen Evolution durch zufällige Variationen entwickeln, bei dem eine natürliche Selektion die Zufälligkeit eliminierte und dem Prozeß den Anschein einer zielgerichteten Planung gab. Da ein derartiger Prozeß sehr langsam verlaufen mußte, hatte er Hunderte von Jahrmillionen dauern müssen.

Noch bevor Darwin seine Thesen vorbrachte, hatte es jedoch schon Widerspruch gegen das Konzept einer extrem alten Erde gegeben – nicht allein aus den erwähnten religiösen Erwägungen, sondern von seiten von Wissenschaftlern, die scheinbar unumstößliche physikalische Gesetze ins Feld führten.

In den vierziger Jahren des vergangenen Jahrhunderts wurde immer deutlicher, daß Energie weder geschaffen noch zerstört werden kann. Es sah so aus, als besitze das Universum eine bestimmte Energiemenge, die sich von einer Form in eine andere verwandeln kann, deren Gesamtpegel sich jedoch nicht verändert. Man nennt diesen Zustand das *Gesetz der Energieerhaltung* oder den *Ersten Hauptsatz der Thermodynamik*. Es handelt sich dabei um das bis zum heutigen Tag grundlegendste aller Naturgesetze. Der deutsche Physiker Hermann von Helmholtz (1821–1894) formulierte es erstmals im Jahre 1847.

Nachdem dieses Gesetz entwickelt und allgemein akzeptiert worden war, erhob sich die Frage nach der Quelle der Sonnenenergie. Dieses Problem war nie zuvor aufgetaucht. Man hatte angenommen, daß die Sonne entweder Tag für Tag und Jahr für Jahr schien und geschienen hatte, weil es der Wille Gottes war, oder daß es sich einfach um eine Lichtkugel handelte, deren Natur es war, ewig zu glühen.

Solche Annahmen waren nun nicht mehr möglich. Wenn die Sonne ein natürliches Phänomen war, so mußte sie gewaltige Energiemengen aussenden, um die Erde aus einer Entfernung von 150 Millionen Kilometern zu beleuchten und zu erwärmen – und diese Energie mußte von irgendwoher kommen.

Die Sonne konnte ihre Energie nicht aus derselben Quelle wie die Feuer der Erde schöpfen. Diese Feuer entstehen aus der chemischen Mischung von Brennstoff und Sauerstoff. Hätte die Sonne jedoch aus Brennstoff und Sauerstoff bestanden, so wäre angesichts der derzeitig produzierten Energiemenge ihr gesamter Inhalt innerhalb eines Drittels der geschichtlichen Zeit verbrannt – obwohl die Sonne die 330000fache Masse der Erde besitzt.

Das Phänomen Sonne mußte also auf einem anderen, stärkeren Energieträger basieren. Im Jahre 1854 war Helmholtz zu der Ansicht gelangt, daß nur eine einzige Energiequelle einerseits ausreichend groß war und andererseits eine ausreichend kleine Veränderung in der Sonne hervorrief. Die Sonne, erklärte er, mußte sich zusammenziehen. Ihre Substanz fiel nach innen, und dieser Fall führte zu einem Verlust an Gravitationsenergie. Diese Energie wiederum verwandelte sich in Strahlung, die die Erde als Licht und Wärme erreichte.

Eine Kontraktion von einem Zweitausendstel des Sonnendurchmessers hätte die gesamte Energie liefern können, die das Gestirn seit der Erfindung der Schrift durch die Sumerer abgestrahlt hatte. Dem bloßen Auge konnte ein derartiger Vorgang nicht sichtbar werden, so daß die gesamte Theorie recht plausibel schien.

Sie lief darauf hinaus, daß die Sonne zu dem Zeitpunkt, als die Sumerer vor fünftausend Jahren die Schrift erfanden, ein klein wenig größer gewesen sein muß. Ging man weitere fünftausend Jahre zum Beginn der Zivilisation zurück, war sie ein weiteres Stück größer, und so fort.

Der schottische Physiker William Thomson, der spätere Lord Kelvin of Largs (1824–1907), führte Helmholtz' Überlegungen weiter. Im Jahre 1862 berechnete er, daß der Rand der Sonne vor 50 Millionen Jahren bis zur Umlaufbahn der Erde gereicht habe. Aus einer anderen Perspektive betrachtet, hieß das: Hatte die Sonne anfänglich die Umlaufbahn der Erde ausgefüllt und sich bis zu ihrem gegenwärtigen Durchmesser zusammengezogen, so gab sie erst seit 50 Millionen Jahren ihre gegenwärtige Energiemenge ab. Das wiederum bedeutete, daß die Erde nicht mehr als diese 50 Millionen Jahre alt sein konnte und daß auf ihr kein Leben möglich gewesen wäre, bevor sich die Sonne ausreichend zusammengezogen hatte, um der Erde eine vergleichsweise kühle Temperatur zu bescheren. Das Leben wäre also weit weniger als 50 Millionen Jahre alt gewesen.

Diese Berechnungen schockierten die zeitgenössischen Geologen und Biologen, die absolut sicher waren, daß die Erde wesentlich älter war. Das von Kelvin vorgeschlagene Alter erschien den Forschern, die die langsamen Veränderungen der Erdkruste und der Evolution studierten, ebenso lächerlich gering wie die Berechnungen des Erzbischofs Ussher.

Wie aber konnte man dem Ersten Hauptsatz der Thermodynamik widersprechen? Den Biologen und Geologen blieb lediglich, darauf zu bestehen, daß es irgendeine andere Energiequelle geben mußte. Sie mußte leistungsfähiger sein als die Sonnenkontraktion, so daß sie eine Energieabstrahlung der Sonne über einen mindestens zehn- bis zwanzigfachen Zeitraum ermöglichte als den, den Kelvin zugestanden hatte.

Die Lösung ergab sich aus einer Entdeckung des französischen Physikers Antoine Henri Becquerel (1852–1908).

Im Jahre 1896 fand Becquerel durch Zufall heraus, daß das Element Uran langsam, aber stetig energetische Strahlung abgab. Die aus Polen stammende französische Physikerin Marie Sklodowska Curie (1867–1934) entdeckte zwei Jahre später, daß das Element Thorium dieselbe Strahlung aufwies. Sie nannte dieses Phänomen *Radioaktivität.*

Indem Uranium und Thorium (wie andere Elemente und ihre Produkte, die als radioaktiv eingestuft werden) diese Strahlung abgaben, erzeugten sie Energie. Marie Curies Ehemann Pierre (1859–1906) gelang es im Jahre 1901 als erstem, diese Energieproduktion zu messen. Curie konnte zeigen, daß die Gesamtmenge an Energie, die eine bestimmte Menge Uran abstrahlte, enorm viel höher war als die durch das Verbrennen derselben Menge Kohle erzeugte Energie. Radioaktive Energie wird jedoch so langsam abgegeben – im Falle von Uran und Thorium über einen Zeitraum von Tausenden von Jahrmillionen –, daß nur sehr empfindliche Meßmethoden ihr Vorhandensein anzeigen können.

Der aus Neuseeland stammende britische Physiker Ernest Rutherford (1871–1937) trug im Jahre 1904 die These vor, dieser neuentdeckte Energieträger müsse in irgendeiner Weise die Lösung für das Problem der Sonnenenergie sein. Es handelte sich um einen so unglaublich gehaltvollen Stoff, daß die Sonne Milliarden von Jahren ohne sichtbare Veränderung scheinen konnte. Das hätte bestätigt, daß die Erde so alt war, wie die Geologen und Biologen behaupteten. Rutherford sagte dies bei einem öffentlichen Vortrag, bei dem der alte Kelvin selbst im Publikum saß.

Wie aber funktionierte der Prozeß der Radioaktivität genau? Zuerst hatte man keine Lösungen parat. Bedeutete dies womöglich, daß man den Ersten Hauptsatz der Thermodynamik aufgeben mußte?

Das war nicht der Fall. Rutherford ließ radioaktive Strahlung auf intakte Atome prallen, und das Resultat machte klar, daß das Atom nicht einfach eine überaus winzige, zusammenhängende Kugel war, wie die Chemiker des 19. Jahrhunderts angenommen hatten. Im Jahre 1911 zeigte Rutherford, daß die Atome aus einem *sehr* kleinen Kern im Zentrum bestehen, einem Kern, der nur ein Hunderttausendstel des gesamten Atomdurchmessers ausmacht. Fast die gesamte Masse des Atoms befindet sich in diesem winzigen Kern. Den Rest des Atoms bildet ein Gewirr leichter Elektronen um den Kern herum.

Gewöhnliche Energie, die durch chemische Veränderungen entsteht (wie etwa beim Verbrennen von Benzin oder der Explosion von Dynamit), ist die Folge von Veränderungen in der Anordnung der leichten Elektronen. Die wesentlich größere Energie der Radioaktivität dagegen resultiert aus Veränderungen der wesentlich massiveren Partikel im Inneren des winzigen Atomkerns. Durch seine Versuche hatte Rutherford das Funktionsprinzip der *Kernenergie* entdeckt.

Man war sich nun darüber im klaren, daß die Funktion der Sonne auf der Kernenergie beruhen mußte, obwohl die genauen Details weitere zwanzig Jahre im dunkeln blieben.

Als ob dies nicht genug gewesen wäre, diente das Phänomen der Radioaktivität auch einem anderen Zweck, der auf seine Weise genauso aufregend war.

Man fand bald heraus, daß der Atomkern seine Struktur

verändert, wenn ein radioaktives Atom Energie abstrahlt. Im Grunde verändert sich damit das gesamte Atom. Im Jahre 1904 wies der amerikanische Physiker Bertram Borden Boltwood (1870–1927) darauf hin, daß sich beim Zerfall von Uran (oder Thorium) eine andere Art Atom bildete, die wieder zerfiel, Strahlung abgab und eine dritte Atomart bildete, und so weiter. Man konnte also von einer *radioaktiven Serie* sprechen. Boltwood demonstrierte auch, daß das Endprodukt der Uran- wie der Thoriumserie Blei war. Das Bleiatom, das aus dieser Serie hervorging, war nicht mehr radioaktiv und veränderte sich nicht weiter. Das Endresultat dieser Art Radioaktivität war also die Verwandlung von Uran oder Thorium zu Blei.

Im selben Jahr (1904) zeigte Rutherford, daß eine wägbare Menge eines radioaktiven Elements innerhalb eines bestimmten Zeitraums zur Hälfte zerfällt. Diesen Zeitraum nannte er *Halbwertzeit*. Ich habe dieses Konzept bereits in Verbindung mit der Radiokarbonmethode erwähnt.

Jede individuelle radioaktive Substanz hat eine individuelle Halbwertzeit. Bei einigen Elementen handelt es sich dabei um einen Sekundenbruchteil, bei anderen um Jahrmillionen, bei wieder anderen um einen zwischen diesen Extremen liegenden Zeitraum. Die jeweilige Substanz hat aber immer dieselbe Halbwertzeit, zumindest unter irdischen Bedingungen. Kennt man die Halbwertzeit einer bestimmten radioaktiven Substanz, so kann man leicht berechnen, wieviel von ihr nach einem bestimmten Zeitraum noch vorhanden sein wird.

Boltwood entwickelte im Jahre 1907 die Idee, daß sich in uranhaltigem Gestein ein Teil des Urans sehr langsam zu Blei verwandeln mußte. Nach der Bleimenge, die sich in Relation zum Uran im Gestein angesammelt hatte, konnte man berechnen, wie lange das Gestein in fester Form existiert hatte. Nur wenn das Gestein fest war, konnten nämlich weder das Uran noch das Blei daraus entweichen.

Nun beträgt die Halbwertzeit von Uran 4500 Millionen Jahre, die von Thorium 14000 Millionen Jahre. Selbst wenn die Erde viele Tausende von Jahrmillionen alt war, konnte nicht das gesamte Uran oder Thorium Zeit gehabt haben zu zerfallen. Man konnte also das Alter eines uranhaltigen Gesteins immer noch berechnen.

Praktischerweise sind Uran und Thorium in sehr vielen Gesteinsarten der Erde vorhanden, so daß man beinahe alle Gesteine problemlos datieren kann. Das Vorkommen dieser Elemente beschränkt sich natürlich auf kleine Mengen, doch ist die Messung radioaktiver Stoffe ein sehr präzises Verfahren, zu dem man nicht mehr als diese kleinen Mengen benötigt.

Mit der Zeit entdeckte man andere radioaktive Stoffe, deren Halbwertzeit ebenfalls Tausende von Jahrmillionen beträgt. Von dem sehr häufigen Element Kalium existiert eine Abart, Kalium-40, die ungefähr eines von zehntausend Kaliumatomen stellt. Kalium-40 ist radioaktiv und hat eine Halbwertzeit von 1300 Millionen Jahren. Es zerfällt zu Argon-40, einer gasförmigen, stabilen Substanz. Ein anderes, weniger häufiges Element als Kalium ist das Rubidium. Bei ihm besteht ein Viertel der Atome aus dem radioaktiven Rubidium-87, das eine Halbwertzeit von 46 000 Millionen Jahren hat und zu dem stabilen Strontium-87 zerfällt. Kalium wie Rubidium können verwendet werden, um das Alter uralter Gesteine mit beträchtlicher Genauigkeit zu bestimmen.

Die Tatsache, daß derartige radioaktive Stoffe überall auf der Erdkruste vorkommen, ist übrigens nicht ohne Bedeutung. Sie sind nicht in ausreichender Menge vorhanden, um das Leben in nennenswertem Maße schädigen zu können. Schließlich leben Flora und Fauna seit langer Zeit mit diesen Stoffen, ohne ausgerottet worden zu sein. Die radioaktiven Elemente dienen jedoch als eine kleine, wenngleich sehr langlebige Wärmequelle, die sich in der Erdkruste womöglich mit derselben Rate ansammelt, mit der die Erde Wärme in den Weltraum abstrahlt. Das bedeutet, daß sich die Erde nur ganz langsam abkühlt, wenn überhaupt. Womit endgültig all jene geologischen Theorien zu Fall gebracht wären, die sich auf ein Abkühlen und Schrumpfen der Erde beziehen, das beim Fehlen einer langlebigen Wärmequelle im Inneren unseres Planeten eintreten würde.

Nun ist die Methode der Altersbestimmung durch die Messung des radioaktiven Zerfalls zwar recht einfach, doch kann die Praxis natürlich Probleme aufwerfen. Man muß sorgfältig Gesteinsproben sammeln und immer wieder präzise Messungen durchführen; man muß auf irgendeine Weise bestimmen können, ob das Gestein von Anfang an bereits Blei (oder Strontium oder Argon) enthalten hat, das keine Verbindung zu dem radioaktiven Zerfallsprozeß aufweist, und so weiter.

Trotz dieser Schwierigkeiten hat man Methoden erarbeitet und zur Anwendungsreife entwickelt, so daß die Dauer der verschiedenen geologischen Perioden und ihr Abstand von der Jetztzeit berechnet werden konnten. Mit Hilfe dieser Verfahren hat man auch die in den vorangegangenen Kapiteln angegebenen Jahreszahlen erhalten.

Man hat sogar Gesteine entdeckt, die älter sind als alle Formationen, über die wir bislang gesprochen haben. Die Untersuchungen brachten zuerst 1000 Millionen Jahre altes Gestein zutage, und bis zum Jahre 1931 war man auf 2000 Millionen Jahre altes Gestein gestoßen. Doch das war noch nicht alles. Besonders altes Gestein aus dem Westen Grönlands hat die Schallgrenze von 3000 Millionen Jahren überschritten. Das älteste bislang gefundene Gestein scheint sogar 3800 Millionen Jahre alt zu sein, eine Abweichung von hundert Millionen Jahren eingeschlossen.

Diese Zahlen bezeichnen ein *Mindestalter* der Erde; denn je älter das Gestein, desto unwahrscheinlicher ist es, daß es während seiner gesamten Existenz unberührt geblieben ist. Gestein kann durch den Einfluß von Wind, Wasser und Lebewesen erodieren; es kann durch die Bewegung der Platten auch weit ins Erdinnere geschoben werden und dort schmelzen. Es wäre also möglich, daß Gestein existiert, das älter als 3800 Millionen Jahre ist, jedoch in so geringer Menge, daß man es noch nicht gefunden hat.

Durch die Messung der veränderten Proportion von Rubidium und Strontium im Gestein hat man jedoch berechnen können, wann die Erde erstmals ungefähr ihren gegenwärtigen Umfang und ihre derzeitige Struktur angenommen hat. Es scheint inzwischen wahrscheinlich, daß die Erde sich vor 4550 Millionen Jahren gebildet hat.

Eine derartige Zahl verschafft uns eine vollkommen neue Perspektive bezüglich geologischer Zeiträume. Wenn ich im vorangegangenen Kapitel berichtet habe, daß die ersten Chorda-Tiere vor 550 Millionen Jahren lebten, scheint das in einer unvorstellbar entfernten Vergangenheit stattgefunden zu haben. Gehen wir 550 Millionen Jahre in die Vergangenheit zurück, so bewegen wir uns aber lediglich im letzten Achtel der Erdgeschichte. In den ersten sieben Achteln der Existenz unseres Planeten hat es nirgendwo irgendwelche Chorda-Tiere gegeben, so primitiv sie auch sein mochten.

Ich habe jedoch bereits erwähnt, daß die kambrischen Meere schon zur Zeit des Auftauchens der Chorda-Tiere von Lebewesen wimmelten. Alle anderen Stämme existierten bereits. Es müßte also Fossilien von Organismen geben, die viel älter als jedes Chorda-Tier sind; und die Erdgeschichte hat diesen Lebewesen mit Sicherheit viel Zeit zu ihrer Entwicklung geboten. Fragen wir als nächstes also nicht mehr nach dem Ursprung eines bestimmten Stammes, sondern nach dem des ältesten.

Wann sind, ganz allgemein gesehen, die ersten Fossilien festzustellen?

15.
DIE FOSSILIEN

Die häufigsten Fossilien aus der kambrischen Periode (vor 500 bis 600 Millionen Jahren) sind die Trilobiten. Ihr Name – zu deutsch »Dreilapper« – leitet sich von ihrer Körperform ab, die aus drei Teilen (Lappen) besteht. Sie waren Arthropoden (Gliederfüßler) und gehörten zum selben Stamm wie die heutigen Krustentiere (Krabben und Hummer), aber auch wie gewisse landlebende Organismen wie die Insekten und Spinnen.

Man hat um die zehntausend verschiedene Trilobitenarten entdeckt. Manche von ihnen waren gerade zweieinhalb Millimeter lang, andere über fünfundzwanzig Zentimeter. Bei einer Reihe von Massenausrottungen innerhalb des Kambriums erlitten sie große Verluste, von denen sie sich schließlich nicht mehr erholen konnten. Nach dem Kambrium nahm ihre Zahl rasch ab, und noch vor dem Ende des Paläozoikums waren sämtliche Trilobiten ausgestorben.

Sie haben jedoch ein schwaches Echo hinterlassen. Es ist der Schwertschwanz (auch »Pfeilschwanzkrebs«), der mit wenigen Veränderungen in seiner heutigen Form seit 200 Millionen Jahren, also seit dem Jura, existiert. Er verhält sich zu den Trilobiten wie die Krokodile zu den Dinosauriern. Genaugenommen sind Pfeilschwanzkrebse und Trilobiten enger mit den Spinnen als mit den Krabben und Krebsen verwandt.

Auch die Fossilien anderer Stämme finden sich bereits im Kambrium. Es sind dies unter anderem die Mollusken oder Weichtiere, deren heutige Vertreter Austern, Muscheln und Tintenfische sind, die Echinodermen oder Stachelhäuter (heutige Vertreter: Seesterne und Seeigel), die Brachiopoden oder Armfüßer (heute lebt noch ein relativ seltener muschelähnlicher Typ), die Poriferen (zu denen die heutigen Schwämme gehören), die Anneliden oder Ringelwürmer (deren bekanntester moderner Vertreter der Regenwurm ist).

Höchstwahrscheinlich waren sämtliche Stämme der Tier-

Primitives Leben im Meer
(Präkambrisches Zeitalter)

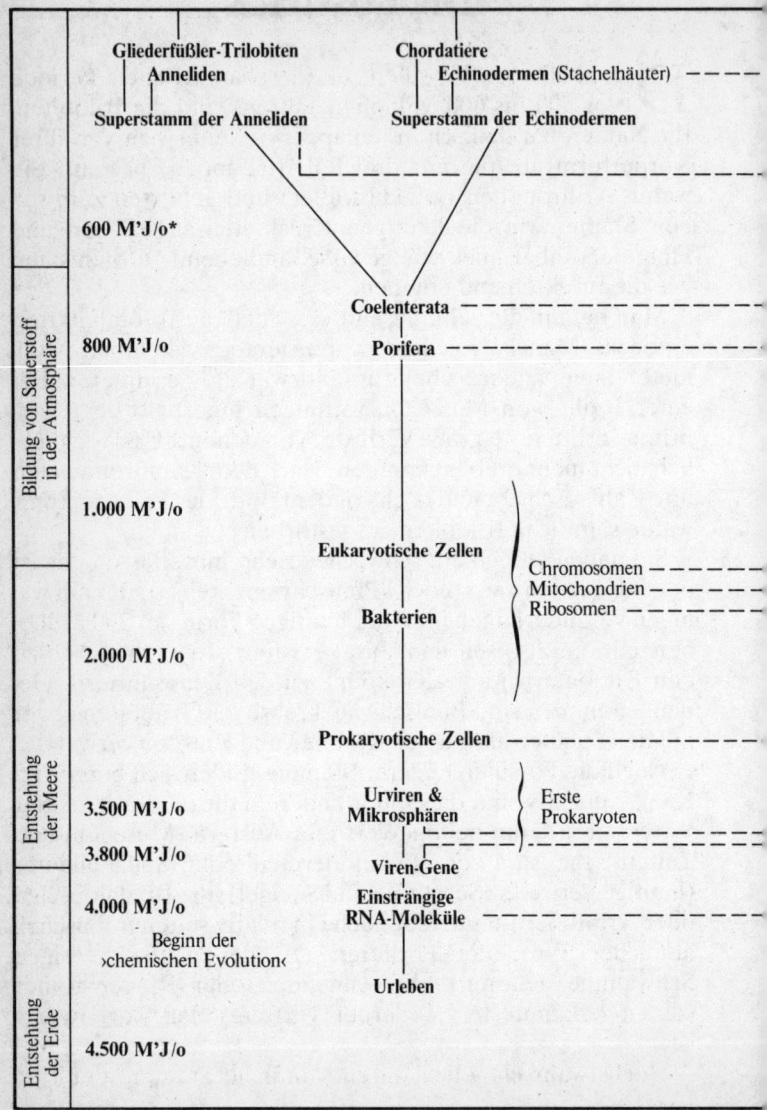

Gliederfüßler-Trilobiten	**Chordatiere**
Anneliden	**Echinodermen** (Stachelhäuter) – – –
Superstamm der Anneliden	**Superstamm der Echinodermen**

600 M'J/o*

Bildung von Sauerstoff in der Atmosphäre

Coelenterata – – – – – – – –

800 M'J/o

Porifera – – – – – – – –

1.000 M'J/o

Eukaryotische Zellen

Chromosomen – – – –
Mitochondrien – – – –
Ribosomen – – – – –

Bakterien

2.000 M'J/o

Prokaryotische Zellen – – – – –

Entstehung der Meere

3.500 M'J/o

Urviren & Mikrosphären

Erste Prokaryoten

3.800 M'J/o

Viren-Gene

4.000 M'J/o

Einsträngige RNA-Moleküle – – – – –

Beginn der ›chemischen Evolution‹

Urleben

Entstehung der Erde

4.500 M'J/o

* Millionen Jahre vor heute

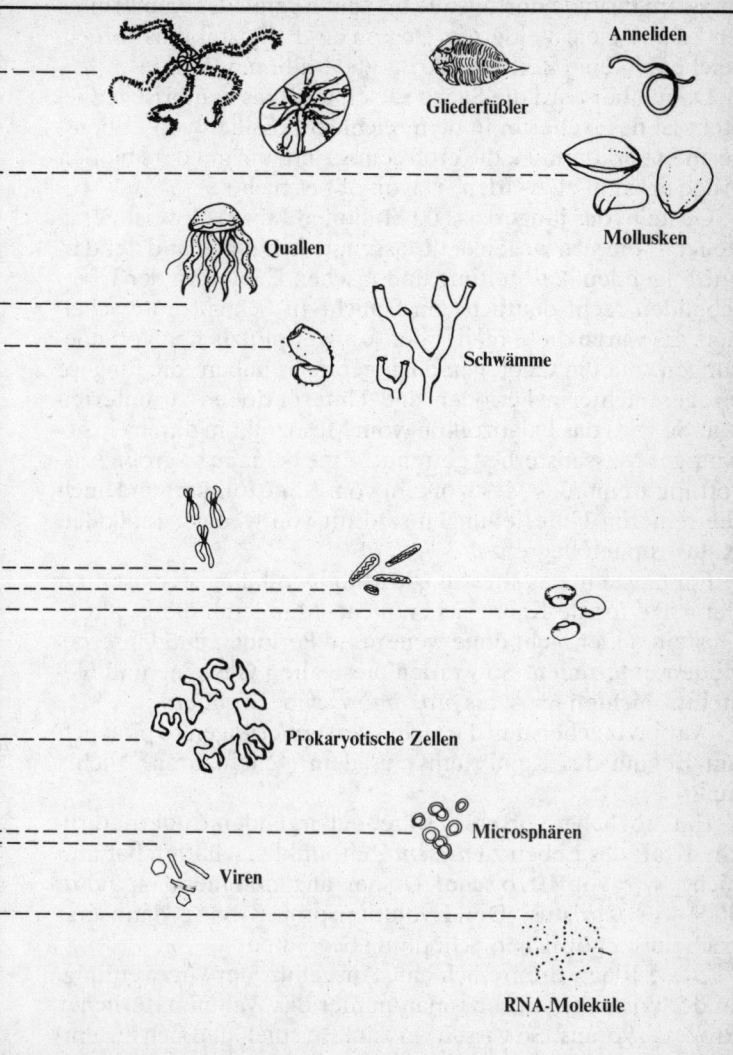

Gliederfüßler

Anneliden

Mollusken

Quallen

Schwämme

Prokaryotische Zellen

Microsphären

Viren

RNA-Moleküle

welt mit Ausnahme der Chorda-Tiere bereits im frühen Kambrium vorhanden. Das gilt natürlich auch für pflanzliche Formen. Im Grunde dürften alle bis zum Beginn des Kambriums und damit gleichzeitig zum Beginn des Paläozoikums zurückreichen, in eine Zeit vor 570 bis 600 Millionen Jahren.

Dann aber wird die Sache rätselhaft. Das kambrische Gestein ist das früheste, in dem reichlich Fossilien von Lebensformen vorkommen, die groß genug sind, um mit dem bloßen Auge erkannt zu werden. Davor gibt es nichts.

Gestein, das jünger als 600 Millionen Jahre ist, weist Fossilien auf, die sich wegen der Massenausrottungen und der darauf folgenden Ausbreitung und raschen Evolution der Überlebenden recht deutlich von Schicht zu Schicht unterscheiden. Es waren diese mehr oder weniger plötzlichen Veränderungen, die die Geologen dazu gebracht haben, die jüngere Erdgeschichte in Perioden und Unterperioden zu unterteilen. So wird das Paläozoikum vom Mesozoikum durch ein gewaltiges Massensterben getrennt. Eine beinahe so große Ausrottung trennt das Mesozoikum vom Känozoikum; und auch die feineren Unterteilungen sind oft von weniger radikalen Katastrophen begrenzt.

Für Gestein, das älter als 600 Millionen Jahre ist, existieren derartige fossile Kennzeichen nicht. Man kann dieses ältere Gestein daher nicht ohne weiteres in Perioden und Unterperioden unterteilen. So werden diese alten Gesteine und Gesteinsschichten meist als *präkambrisch* bezeichnet.

Warum tauchen nun die vielen Versteinerungen so plötzlich am Beginn des Kambriums aus dem (scheinbaren) Nichts auf?

Ein möglicher Vorschlag wäre, daß irgendeine übernatürliche Kraft das Leben zu *diesem* Zeitpunkt erschaffen hat und nicht, wie von Erzbischof Ussher angenommen, im Jahre 4004 vor Christus. Der Evolutionsprozeß hätte dann erst nach dieser göttlichen Schöpfung begonnen.

Diese Idee wäre freilich eine Ausgeburt der Verzweiflung. In der Wissenschaft setzt man immer das Walten natürlicher Prozesse voraus. So wissen wir zum Beispiel, daß sich die entdeckten Fossilien vor allem aus den harten Teilen der Organismen gebildet haben – den Zähnen, Klauen, Knochen, Schalen und so weiter. Aus diesem Grund ist es gut möglich, daß die Fossilien kein vollkommen korrektes Bild der relativen Bedeutung bestimmter Lebensformen in verschiedenen Epochen geben. Jene Stämme, die Knochen besaßen wie die Chorda-Tiere oder Schalen wie die Gliederfüßler, die Weichtiere und andere, könnten ohne weiteres überrepräsentiert sein. Jene Stämme oder Teile von Stämmen dagegen, die nur wenig oder gar keine harten Teile besaßen, haben nur selten fossile Spuren hinterlassen. Darüber hinaus sind diese Versteinerungen auch noch schwerer zu erkennen.

Es wäre also möglich, daß die harten Körperteile erst am Beginn des Kambriums entwickelt wurden und daß Versteinerungen daher auch erst ab diesem Zeitpunkt ihre Spuren hinterlassen konnten. Das klingt vernünftig, doch überläßt es uns der Frage, warum sich die harten Teile gerade zu diesem Zeitpunkt so plötzlich entwickelt haben. Ich werde in einem späteren Kapitel auf diesen Aspekt zurückkommen.

Registrieren wir vorläufig, daß im Kambrium scheinbar alle Stämme gut entwickelt waren. Sie lassen sich ohne weiteres unterscheiden; und das gilt auch für die Chorda-Tiere, die sich irgendwann im Kambrium entwickelten.

Schließen wir nun jede Möglichkeit aus, daß irgendein übernatürlicher Eingriff das Leben bereits unterschiedlich geschaffen hat, so müssen wir nach dem Prinzip der Evolution annehmen, daß es schon vor dem Kambrium einen ausgedehnten Zeitraum gegeben hat, in dem sich die verschiedenen Stämme von einer gemeinsamen Wurzel abgespaltet haben. Wegen des Fehlens präkambrischer Fossilien können wir diese Entwicklung nicht detailliert verfolgen, doch müssen wir vernünftigerweise annehmen, daß sie stattgefunden hat.

Diese Vorstellung einer präkambrischen Entwicklung erschien der wissenschaftlichen Welt um so wahrscheinlicher, als endlich das wahre Alter der Erde bestimmt worden war. War die Erde 4550 Millionen Jahre alt, so hatte das präkambrische Zeitalter ungefähr 4000 Millionen Jahre gedauert, was sieben Achtel der gesamten Erdgeschichte wären. Es war also eindeutig genügend Zeit vorhanden, um die allmähliche Entwicklung der verschiedenen Stämme zu ermöglichen.

Um diese Möglichkeit zu erkunden, wollen wir als nächstes den Ursprung der vielzelligen Lebewesen betrachten.

16.
VIELZELLIGE ORGANISMEN

Das Konzept einer evolutionären Entwicklung des Lebens ist, wie an anderer Stelle beschrieben, zum großen Teil aus der Beobachtung von Ähnlichkeiten zwischen bestimmten Tierarten entstanden. So ähneln sich Wölfe und Schakale, Schafe und Ziegen, Löwen und Tiger, Pferde und Esel und so weiter. Erweitert man dieses Konzept, so ähneln sich mehrere solcher Gruppen in etwas grundlegenderer Hinsicht; und mehrere dieser Obergruppen sind in noch grundlegenderer Hinsicht verwandt. Schließen wir nun die Möglichkeit aus, daß irgendeine übernatürliche Kraft das Leben in Form derartiger Gruppen geschaffen hat, um uns in die Irre zu führen, so müssen wir als Erklärung für diese Tatsache annehmen, es habe eine evolutionäre Entwicklung gegeben. Die gegebenen Fakten sind dann vor diesem Hintergrund zu prüfen.

Gibt es nun Ähnlichkeiten, die ohne weiteres mit dem bloßen Auge sichtbar sind, so sollten weitere Ähnlichkeiten existieren – vielleicht sogar extrem fundamentale, die erst sichtbar werden, wenn wir die winzigen Details betrachten, die das bloße Auge nicht erkennen kann.

Es hat immer schon Methoden gegeben, das Erscheinungsbild der Dinge zu vergrößern. Einfache Glaskugeln lassen Details des Untergrunds, auf dem sie ruhen, größer erscheinen. Das gilt auch für Wassertropfen. Derartige Vergrößerungen sind jedoch recht schwach und außerdem unscharf. Vonnöten war ein spezielles, vom Menschen geschaffenes Gerät, das deutliche und starke Vergrößerungen liefern konnte.

Einen Anfang machte Galilei, als er im Jahre 1609 ein Teleskop konstruierte. Es vergrößerte entfernte Dinge und ermöglichte ihm, astronomische Objekte genauer zu studieren, als es bis dahin möglich gewesen war. Galilei entdeckte ferner, daß man durch die richtige Anordnung von Linsen auch kleine Objekte vergrößern konnte. Er besaß damit ein Gerät, das man später *Mikroskop* nennen sollte (nach dem griechischen Ausdruck für »das Kleine sehen«), und er benutzte es, um Insekten zu betrachten.

Was Galilei betraf, so war das letztgenannte Gerät für ihn lediglich eine Spielerei. Der erste, der die Mikroskopie ernsthaft anging, war der italienische Biologe Marcello Malpighi (1628−1694). In den fünfziger Jahren des 17. Jahrhunderts begann er, mit Hilfe eines Mikroskops die Lungen von Fröschen und die Flughäute von Fledermäusen zu untersuchen. Seine Studien führten ihn zur Entdeckung winziger Blutgefäße, der *Kapillaren* (nach dem lateinischen Wort für »haarähnlich«), die für das bloße Auge unsichtbar waren und die die Arterien und Venen verbanden. Malpighi untersuchte auch Insekten und Hühnerembryonen, und bald folgten andere Wissenschaftler seinem Beispiel.

Im Jahre 1665 legte der englische Forscher Robert Hooke (1635−1703) eine dünne Korkscheibe unter sein Mikroskop. Er entdeckte, daß das Objekt aus einem dichten Netz winziger rechteckiger Löcher bestand. Hooke nannte sie *Zellen,* ein Begriff, der bis dahin nur dazu benützt worden war, um kleine Zimmer zu bezeichnen. Nun ist Kork totes Gewebe. Auch das Gewebe lebender Pflanzen besteht aus diesen kleinen Einheiten, die jedoch mit einer komplexen Flüssigkeit gefüllt sind. Der Begriff »Zelle« findet hier immer noch Anwendung, obwohl er genaugenommen nicht ganz korrekt ist.

In den Jahrzehnten nach Hookes Entdeckung beobachteten weitere Wissenschaftler Zellen lebender Gewebe, doch erst im Jahre 1838 formulierte der deutsche Botaniker Matthias Jakob Schleiden (1804−1881) die allgemeine Regel, daß alle Pflanzen aus Zellen bestehen.

Pflanzliche Zellen sind durch deutliche *Zellwände* getrennt, die Zellulose enthalten. Dies ist ein stützender Stoff, der für Pflanzen charakteristisch ist, bei Tieren jedoch nicht vorkommt. Auch Tiere besitzen Zellen, doch sind diese von relativ dünnen *Zellmembranen* voneinander getrennt. Im Jahre 1839 stellte der deutsche Physiologe Theodor Schwann (1810−1882) fest, daß auch alle Tiere aus Zellen bestehen.

Schleiden und Schwann hatten damit die *Zelltheorie* des Lebens aufgestellt.

Alle bisher erwähnten Tiere sind *vielzellig*. Das heißt, sie bestehen aus einer Vielzahl von Zellen. Diese Zahl ist oft außerordentlich groß. Ein großer Wal dürfte aus hundert Billiarden (100 000 000 000 000 000) Zellen bestehen, ein Mensch aus fünfzig Billionen (50 000 000 000 000). Jedoch ist auch das winzigste Insekt immer noch ein Vielzeller, obwohl es womöglich nur aus ein paar tausend Zellen besteht. Die Pflanzen, die wir auf dem Festland wachsen sehen, sind ebenfalls vielzellig.

Wie bereits angedeutet, können pflanzliche und tierische Zellen leicht unterschieden werden. Pflanzenzellen besitzen Zellwände, Tierzellen Zellmembranen. Darüber hinaus enthalten viele Pflanzenzellen Chlorophyll, das sich in kleinen Strukturen mit dem Namen *Chloroplasten* (griechisch für »grüne Formen«) befindet. Tierische Zellen besitzen dagegen niemals Chlorophyll.

Tierische und pflanzliche Zellen untereinander sind sich jedoch erstaunlich ähnlich. Was einen einzelnen Organismus wie etwa einen Menschen betrifft, so unterscheiden sich zwar seine Muskelzellen recht stark von seinen Nervenzellen und diese wiederum von den Leberzellen. Die Nervenzellen einer Tierart (einschließlich des Menschen) sind den Nervenzellen einer anderen Tierart jedoch ziemlich ähnlich, und das gilt auch für andere Zelltypen. Selbst wenn Organismen sich bezüglich ihres Aussehens stark unterscheiden und sogar zu verschiedenen Stämmen gehören, ähneln sich die jeweiligen Zellen in Hinsicht auf ihre Größe, ihre Form und ihre Struktur. Sie sind sich jedenfalls wesentlich ähnlicher als die betreffenden Organismen als ganze.

Die Ähnlichkeit der Zellen bei allen Stämmen ist für sich ein deutlicher Beleg für eine gemeinsame Herkunft aller Stämme. Wären die jeweiligen Stämme durch eindeutig unterschiedliche Evolutionsprozesse entstanden, so könnten wir erwarten, daß einige Stämme nicht aus Zellen bestünden, sondern eine andere Organisationsform aufwiesen. Bestünden aber zwei Stämme aus Zellen und wären diese auf verschiedene Weise entstanden, so müßten sie sich bezüglich ihrer Größe oder ihres Aussehens radikal unterscheiden. Das ist jedoch nicht der Fall; und wenn wir die chemische Struktur aller Zellen betrachten (was wir in einem späteren Kapitel tun werden), so sehen wir, daß die Verwandtschaft hier sogar noch weiter geht.

Man kann also vernünftigerweise annehmen, daß *alle* Lebensformen, so unterschiedlich sie im Hinblick auf ihre Größe, ihr Aussehen, ihre Struktur und ihre Funktion auch sein mögen, von irgendeinem gemeinsamen Ahnen abstammen. Nun können wir nicht ohne weiteres Gesteine untersuchen, um Einzelheiten dieser Abstammung zu entdecken, obwohl auch dies, wie wir noch sehen werden, kein völlig hoffnungsloses Unterfangen ist. Auf jeden Fall können wir jedoch die heute lebenden Organismen studieren und nach Hinweisen über den Ablauf dieser Entwicklung suchen.

Eine erste Erkenntnis wäre, daß alle vielzelligen Organismen ihr Leben als einzelne Zelle beginnen. Hier gibt es natürlich scheinbare Ausnahmen. Eine Pflanze kann aus einem abgebrochenen Zweig herauswachsen, der bereits vielzellig ist. Auch aus einem bereits vielzelligen Teil eines Seesterns kann ein komplettes Tier entstehen. Man spricht hier von ungeschlechtlicher Fortpflanzung.

Dieses Verfahren findet sich im allgemeinen nur bei Pflanzen und einfacheren Tieren. Ansonsten entstehen komplexe Tiere aus einem Ei, und selbst jene Pflanzen und einfachen Tiere, die zur ungeschlechtlichen Fortpflanzung neigen, können *auch* aus einem Ei, einem Samen oder einer Spore entstehen.

Im Jahre 1861 bewies der Schweizer Anatom Rudolf Albert von Kölliker (1817–1905), daß die »Eier« und die Spermien von Säugetieren Strukturen aufweisen, die charakteristisch für einzelne Zellen sind. Wir sprechen daher von *Eizellen* und *Samenzellen*. Die Vereinigung einer Eizelle und einer Samenzelle führt zu einem *befruchteten Ovum* (*Ovum* ist das lateinische Wort für »Ei«). Auch dieses hat die Struktur einer einzelnen Zelle. Aus dem befruchteten Ovum entwickelt sich dann ein Organismus, der so klein sein kann wie eine Spitzmaus oder so groß wie ein Wal.

Der deutsche Anatom Karl Gegenbaur (1826–1903), ein

Schüler Köllikers, führte die Arbeit seines Lehrers fort und zeigte, daß alle Eier und Spermien, selbst die riesigen Eier der Reptilien und der Vögel, im Grunde einzelne Zellen sind. Das Ei eines Vogels oder eines Reptils enthält ein winziges Teilchen Leben, das das befruchtete Ovum darstellt. Der ganze Rest ist eine Nahrungsreserve für den wachsenden Embryo.

Die befruchteten Ova verschiedener Tiere zeigen oft ein recht ähnliches Aussehen. Es ist fast unmöglich, das befruchtete Ovum einer Giraffe von dem eines Menschen zu unterscheiden, wenn man nur das gewöhnliche mikroskopische Verfahren anwendet. Es gibt natürlich einen Unterschied, da das eine Ovum eine Giraffe, das andere einen Menschen hervorbringt, ohne daß dabei ein Fehler möglich wäre. Dieser Unterschied besteht jedoch auf der molekularen Ebene und liegt damit außerhalb der Reichweite eines Mikroskops.

Zellen besitzen die Fähigkeit, sich zu teilen und sich so zu verdoppeln. Dies geschieht als Resultat komplexer Prozesse, die auf Strukturen innerhalb der Zelle beruhen und die wir vorläufig nicht genauer betrachten wollen. Jedenfalls sind diese Prozesse in allen Zellen im Grunde dieselben, was ein weiterer deutlicher Hinweis auf die Abstammung aller Lebewesen von einem gemeinsamen Ahnen ist.

Das befruchtete Ei teilt sich also in zwei Zellen. Aus diesen Zellen werden vier, dann acht, und so weiter. Im weiteren Verlauf der Entwicklung spezialisieren sich einzelne Zellen und werden zum Ausgangspunkt bestimmter Gewebe und Organe, die das entstehende Tier besitzen wird. Die Einzelheiten dieses Prozesses können auf evtl. Verwandtschaften hinweisen.

Beispielsweise zeigen manche Tiere im Verlauf ihrer Entwicklung eine Jugendform, die sich leicht (und manchmal auch stark) von der voll entwickelten Form unterscheidet. Der bekannteste derartige Fall ist der der Raupe, die vorerst frißt und wächst, um sich dann zu verpuppen. Innerhalb des Kokons wird ihr Körper umgebildet, so daß das Tier schließlich als Schmetterling wiedergeboren wird. Eine vom voll entwickelten Tier so verschiedene Form nennt man *Larve*. Der

Begriff ist von dem lateinischen Wort *larva* (»Maske« der Schauspieler) abgeleitet, da die Larvenform gewissermaßen das ausgewachsene Tier maskiert, das später aus ihr entsteht.

Bei den landlebenden Wirbeltieren finden sich keine Larvenformen, doch Frösche und Kröten haben als bekannte Larvenformen die Kaulquappen.

Bestimmte Organismen, die in ihrer voll entwickelten Form *sessil* oder festsitzend sind, wie beispielsweise die Austern, besitzen Larvenformen, die frei umherschwimmen und sich eine Stelle aussuchen, auf der sie sich zur Entwicklung der Seßhaftigkeit des ausgewachsenen Stadiums niederlassen (sofern man bei einem Organismus, der so wenig vernunftbegabt ist wie eine Austernlarve, überhaupt von »aussuchen« sprechen kann).

Im allgemeinen sind die voll entwickelten Formen stärker spezialisiert als die Larvenformen. Die letzteren können daher einige Hinweise auf die Vorfahren eines bestimmten Organismus geben. Nach der Form der Austernlarve können wir also mit gewisser Wahrscheinlichkeit annehmen, daß die Austern von frei umherschwimmenden Ahnen abstammen.

Seesterne haben eine *radiäre Symmetrie*. Das heißt, daß von der Mitte des Organismus aus gleiche Teile in alle Richtungen abgehen. Im Falle des gewöhnlichen Seesterns strecken sich fünf Arme in gleichem Abstand aus; bei einigen Arten sind es mehr als fünf. Die Seesterne gehören zu den *Echinodermen* (griechisch für »Stachelhäuter«). Es gibt Stachelhäuter, die nicht die offensichtliche sternförmige Symmetrie der Seesterne aufweisen – die Seeigel –, doch zeigen sie diese bei genauerer Untersuchung doch.

Die sternförmige Symmetrie ist eine recht primitive Eigenschaft. Alle Stämme mit Ausnahme der einfachsten zeigen eine bilaterale Symmetrie, bei der der Körper (im Geiste) der Länge nach in zwei Hälften zerlegt werden kann, wobei der linke Teil das Spiegelbild des rechten ergibt. Wir (und alle anderen Wirbeltiere) weisen eine derartige bilaterale Symmetrie auf, bei der einem Organ auf einer Seite eines auf der anderen entspricht. Wir haben zwei Augen, zwei Schultern, zwei Brüste, zwei Nasenlöcher, zwei Lungenflügel, zwei Nieren und so weiter. Die Organe, die wir nur einfach besitzen, liegen mehr oder weniger entlang der Mittellinie des Körpers: Nase, Herz, Nabel, Kehlkopf und so weiter.

Sind die Seesterne nun wegen ihrer radiären Symmetrie tatsächlich sehr primitiv? Nein, denn diese Symmetrie hat sich erst spät im Verlauf ihrer evolutionären Geschichte entwickelt. Wir wissen dies, da die Larven der Stachelhäuter genauso bilateral symmetrisch sind wie wir. Die Stachelhäuter stammen also von einem bilateralen Ahnen ab.

Können uns die Larven von Chorda-Tieren wichtige Hinweise geben? Auf den ersten Blick scheint das unwahrscheinlich, da Larvenformen innerhalb dieses (unseres) Stammes nicht häufig vorkommen. Selbst die Kaulquappe ist eine späte Entwicklung und sagt nur aus, daß die Amphibien von den Fischen abstammen.

Die einfachen Chorda-Tiere jedoch – jene, die keine Wirbeltiere sind – besitzen Larvenformen, die von Bedeutung sein können. Die Tunicata (Manteltiere) beispielsweise sind so unbeweglich wie die Austern und wurden nach ihrer Entdeckung ursprünglich für Weichtiere gehalten, bevor man die Bedeutung ihrer Kiemenspalten herausgefunden hatte. Die Larve des Manteltiers schwimmt jedoch frei herum und gleicht dem Amphioxus (Lanzett»-Fischchen«).

Eine Art der Evolution könnte durch ein Phänomen namens *Neotenie* erklärt werden. Der Begriff ist von den griechischen Wörtern für »hingehaltene Jugend« abgeleitet und bedeutet eine Entwicklung, bei der das Larvenstadium immer wichtiger wird. Vielleicht haben einige frühe Manteltiere Larvenformen entwickelt, die sich nie in ausgewachsene Tiere verwandelt, sondern Geschlechtsorgane hervorgebracht haben. Aus diesen hätten sich dann amphioxusähnliche Organismen und daraus wiederum die Wirbeltiere entwickeln können. Das ist jedoch reine Spekulation.

Die interessanteste Larvenform zeigt Balanoglossus (der Eichelwurm), der wohl das primitivste aller lebenden Chorda-Tiere ist. Seine Larve ähnelt so stark der Stachelhäuterlarve, daß sie zuerst zu den Stachelhäutern gezählt wurde, bevor man ihre ausgewachsene Form identifizierte.

Die Ähnlichkeit der Larvenformen des Eichelwurms und der Stachelhäuter läßt es möglich erscheinen, daß eine gemeinsame Urform sich in zwei Richtungen entwickelt hat. In der einen wurde sie immer mehr zum Stachelhäuter und entwickelte eine radiäre Symmetrie. In der anderen wurde sie immer mehr zum Chorda-Tier und entwickelte schließlich Knochen.

Seesterne und Menschen unterscheiden sich jedoch so stark, daß die Annahme eines gemeinsamen Vorfahren relativ schwerfällt. Man muß schon sehr viel auf die Aussagekraft von Larvenformen geben, zu denen auch die des Balanoglossus gehört, der bestenfalls ein halbes Chorda-Tier ist. Der Unterstamm, zu dem Balanoglossus gehört, trägt denn auch den Namen *Hemichordata* (»halbe Chorda-Tiere«).

Können wir weitere Hinweise finden? Wir könnten einige chemische Eigenschaften untersuchen, die die Chorda-Tiere womöglich von den anderen Stämmen unterscheiden.

Beispielsweise enthalten unsere Muskeln einen wichtigen Stoff, der in enger Verbindung mit dem Mechanismus steht, durch den sich die Muskeln zusammenziehen und entspannen. Es ist das *Kreatinphosphat,* abgekürzt KP. Man findet es ausnahmslos in den Muskeln aller Wirbeltiere. Die Muskeln von Tieren anderer Stämme besitzen jedoch kein KP; statt dessen enthalten sie eine ähnliche Verbindung mit dem Namen *Argininphosphat* oder AP.

Wie steht es nun mit jenen Chorda-Tieren, die keine Wirbeltiere sind? Amphioxus besitzt KP, das Manteltier AP; Balanoglossus besitzt KP *und* AP.

Und die Stachelhäuter? Die meisten von ihnen besitzen lediglich AP, doch die Seeigel haben KP *und* AP, und ein bestimmter Seesterntyp enthält KP.

Es wäre also möglich, daß der gemeinsame Vorfahr der Stachelhäuter und der Chorda-Tiere zuerst leicht unterschiedliche Arten ausgebildet und dann den Gebrauch von KP entwickelt hat. Dieses Merkmal wäre dann bei der Entwicklung einiger weniger Stachelhäuterarten erhalten geblieben und bei allen Chorda-Tieren, die komplexer als das Manteltier sind.

Die Stachelhäuter und die Chorda-Tiere bilden folglich den »Superstamm« der Echinodermen. Dieser Superstamm (eine Überordnung, die mehr als einen Stamm enthält) ist nach den Echinodermen (Stachelhäutern) benannt, da diese den primitiveren der beiden Stämme darstellen und da der gemeinsame Vorfahr eher echinodermähnlich als chorda-tierähnlich war.

Die Stachelhäuter und die Chorda-Tiere unterscheiden sich darin, daß die letzteren *segmentiert* sind, die ersteren jedoch nicht. Segmentiert bedeutet hier, daß ein Organismus aus einer Anzahl verbundener und ähnlicher Teile besteht, die alle vielzellig sind. Diese Teile nennt man Segmente; und bestimmte Organe treten in jedem dieser Segmente auf.

Bei Chorda-Tieren wie dem Menschen ist die Segmentierung nicht auf den ersten Blick sichtbar, doch wenn wir das menschliche Skelett betrachten, so sind das Rückgrat und die Rippen eindeutig Beispiele einer Segmentierung. Auch die Anordnung von Muskeln und Nerven weist eine Segmentierung auf. Das gilt auch für andere Körperbestandteile, wenn nicht beim Erwachsenen, so doch für gewisse Stadien der embryonalen Entwicklung.

Es gibt zwei weitere segmentierte Stämme: die Anneliden (Ringelwürmer) und die Arthropoden (Gliederfüßler). Keiner dieser Stämme zeigt sich in irgendeiner anderen Weise mit den Chorda-Tieren verwandt, so daß man gemeinhin annimmt, daß das Merkmal der Segmentierung mindestens zweimal entwickelt wurde: einmal von den Chorda-Tieren und einmal von einem gemeinsamen Vorfahren der Anneliden und der Arthropoden, falls diese verwandt sein sollten.

Die Biologie ist der Ansicht, daß die Ringelwürmer und die Gliederfüßler tatsächlich verwandt sind. Einerseits besteht eine Anzahl grundlegender Ähnlichkeiten, andererseits existiert eine Reihe von Tierarten mit dem gemeinsamen Namen *Peripatus,* die Anneliden wie Arthropoden-Merkmale aufweisen. Peripatus scheint ein Abkömmling eines gemeinsamen Ahnen der Ringelwürmer und der Gliederfüßler zu sein. Er hat viele der primitiven Merkmale dieses Ahnen behalten und hätte damit eine ähnliche Stellung wie Balanoglossus, der ein Abkömmling eines gemeinsamen Vorfahren der Stachelhäuter und der Chorda-Tiere sein könnte.

Aufgrund ihrer möglichen Verwandtschaft kann man die Anneliden und die Arthropoden unter dem Superstamm der Anneliden zusammenfassen. Dieser Stamm ist, wie im Falle des Superstammes der Echinodermen, nach dem primitiveren der beiden Stämme benannt. Der gemeinsame Vorfahr stünde bezüglich seiner Merkmale den Anneliden näher als den Arthropoden.

Wenn bei den vielzelligen Tieren das befruchtete Ovum wächst und sich entwickelt, bildet es mit der Zeit eine aus Zellen bestehende Kugel mit einem Hohlraum in der Mitte. Dann buchtet sich ein Teil der Kugel ein, wodurch ein becherförmiges Objekt entsteht. Dieses besitzt nun zwei Zellschichten, von denen eine der Außenseite, die andere der Innenseite des Bechers zugewandt ist. Die nach außen gewandte Schicht nennt man *Ektoderm* (griechisch für »Außenhaut«), die nach innen gewandte *Entoderm* (»Innenhaut«).

Ektoderm und Entoderm werden als *Keimblätter* bezeichnet. Wenn der jeweilige Organismus weiterwächst und sich differenziert, entstehen Organe wie die Haut, das Nervensystem und die Sinnesorgane aus dem Ektoderm. Aus dem Entoderm entwickeln sich Organe wie Magen und Darm, die Lunge und die Verdauungsdrüsen.

Bei allen Stämmen (mit Ausnahme der einfachsten) entwickelt sich ein drittes Keimblatt zwischen Ektoderm und Entoderm. Dies ist das *Mesoderm* (»Mittelhaut«), aus dem sich die Muskulatur, das Blut, die Bindegewebe und die Nieren bilden. Das wäre alles; kein Stamm hat jemals ein viertes Keimblatt entwickelt.

Das Mesoderm wird auf zwei verschiedene Weisen gebildet. Entweder entsteht es aus Taschen, die aus dem Entoderm herauswachsen. Oder es bildet sich an der Stelle, an der sich Entoderm und Ektoderm berühren. Nur bei den Stachelhäutern und den Chorda-Tieren (das heißt beim Superstamm der Echinodermen) entsteht das Mesoderm ausschließlich aus dem Entoderm. Dies ist ein weiterer Hinweis auf die Verwandtschaft der beiden Stämme.

Bei allen anderen Stämmen, die ein Mesoderm bilden, entwickelt es sich an der Verbindungsstelle von Ektoderm und Entoderm. Aus diesem Grund schließt man alle anderen Stämme mit einem Mesoderm in den Superstamm der Anneliden ein.

Alle Stämme mit drei Keimblättern scheinen also aus einer von zwei Urformen entstanden zu sein, die unabhängig voneinander eine unterschiedliche Methode entwickelt haben, ein Mesoderm zu bilden. Von der einen Urform stammen die Stachelhäuter und die Chorda-Tiere ab, von der anderen die anderen Stämme. Nebenbei bemerkt, scheint es mir, daß eine extraterrestrische Intelligenz, würde sie das Leben auf der Erde studieren, entscheiden würde, daß der Superstamm der Anneliden aufgrund der Zahl seiner Stämme und Arten der bei weitem erfolgreichere sei. Da wir selbst zum kleineren der beiden Superstämme gehören, fänden wir es womöglich nicht einfach, mit diesem Schluß übereinzustimmen.

Was aber ist nun die Urform dieser beiden Urformen der Superstämme? Auch heute noch existiert ein primitiver Stamm, der sich mit lediglich zwei Keimblättern zufriedengibt, einem Ektoderm und einem Entoderm. Es sind dies die Hohltiere oder *Coelenterata* (griechisch für »hohle Eingeweide«). Sie bestehen aus einer im wesentlichen becherförmigen Ansammlung von Zellen. Ihr Aussehen erinnert damit an die Becherform, die sich im Verlauf der Entwicklung der komplexeren Stämme bildet – an jenen Becher, der der Bildung des Mesoderms vorangeht.

Der becherförmige Körper der Hohltiere besitzt eine einzelne Öffnung, die als Mund und Anus dient. Durch diese Öffnung wird Nahrung ins Innere des Bechers (in das »hohle Eingeweide«) aufgenommen. Dort wird sie verdaut, wonach der Abfall durch dieselbe Öffnung ausgestoßen wird.

Die bekanntesten der heute lebenden Hohltiere sind die Quallen, die Korallen und die Seeanemonen. Sie müssen von sehr primitiven Hohltieren abstammen, die irgendwann einmal die fortgeschrittensten Lebewesen waren. Einige frühe Abkömmlinge dieser Ahnen haben sich dann abgezweigt, auf zwei verschiedene Arten ein Mesoderm entwickelt und damit auch die beiden Superstämme, deren Bedeutung heute bei weitem die jener wenigen Organismen überschreitet, die an der Lebensform der Hohltiere festhalten.

Noch primitiver als die Hohltiere sind die *Porifera* (griechisch für »Porenträger«) oder Schwämme, die gerade noch zu den Vielzellern zählen. Schwämme bestehen aus einer sessilen (seßhaften) Struktur mit vielen Poren. Durch diese Öffnungen wird Wasser eingesogen, aus dem verwertbare Bestandteile entnommen werden. Die Überreste werden durch spezifische, größere Öffnungen ausgeschieden.

Obwohl ein Schwamm mehrere spezialisierte Zelltypen besitzt, ist die Spezialisierung nicht sehr weit gediehen. Bei wirklich vielzelligen Tieren sind die einzelnen Zellen so spezialisiert, daß sie auf ihre benachbarten Zellen angewiesen sind, die andere, für sie selbst lebensnotwendige Funktionen erfüllen. Als Folge können die individuellen Zellen eines vielzelligen Organismus nicht alleine leben und wachsen. Trennt man sie vom Gesamtorganismus, so sterben sie ab. Beim Schwamm jedoch kann sich jede einzelne Zelle von sich aus vervielfältigen und einen neuen Schwamm bilden.

Es gibt andere Fälle einer derart beschränkten Ansammlung, die noch keine echte Vielzelligkeit darstellt. Ein Beispiel für eine beschränkte Ansammlung von Pflanzenzellen wären die verschiedenen Arten von Seetang.

An dieser Stelle stellt sich folgende Frage: Wenn die Stämme des Kambriums aus den Ahnen der beiden Superstämme entstanden sind und diese Ahnen von primitiven Hohltieren als den frühesten *echten* Vielzellern abstammen, wo liegt dann der Beginn der Vielzelligkeit?

Schon vor geraumer Zeit hat man einige präkambrische Spuren vielzelligen Lebens entdeckt. Im Jahre 1930 fand der deutsche Paläontologe Georg Julius Ernst Gurich (1859–1938) in Gestein, das knapp vor dem Kambrium datierte, unbestreitbare Spuren solcher Lebewesen. Und der australische Paläontologe R. C. Sprigg fand im Jahre 1947 in spätem präkambrischem Gestein zwar keine Fossilien an sich, aber Spuren von Eindrücken, die die weichen Körper von Vielzellern hinterlassen hatten. Sie wurden als Würmer,

Quallen und Schwämme identifiziert, also als die primitivsten aller Vielzeller.

Wir besitzen nicht genügend Material, um einen direkten Anfang erkennen zu können. Die Paläontologie hat jedoch bezüglich der Rate der evolutionären Veränderung gewisse Schlüsse gezogen. Aufgrund dieser Erkenntnisse vermutet man, daß die ersten vielzelligen Organismen vor ungefähr 800 Millionen Jahren entstanden sind. Diese einfachen, ausschließlich aus weichen Teilen bestehenden Organismen existierten ungefähr 200 Millionen Jahre (was ein Viertel der Gesamtgeschichte der Vielzeller wäre), bevor manche von ihnen harte Teile entwickelten und damit echte Versteinerungsvorgänge eintreten konnten.

Natürlich sind auch die vielzelligen Organismen nicht aus dem Nichts entstanden. Vor ihrer Existenz muß es noch einfachere Organismen gegeben haben. Es würde sich dabei um einzelne Zellen handeln, die sich im Verlauf der Evolution schließlich zusammenfanden, um vielzellige Organismen zu bilden. Derartige Zellen nennt man *eukaryotische Zellen,* aus Gründen, die ich sogleich erklären werde. Aus einer einzelnen eukaryotischen Zelle bestehende Organismen nennt man *Eukaryoten.*

Damit wäre die Richtung unserer nächsten Frage vorgegeben: Es gilt, dem Ursprung der Eukaryoten nachzuspüren.

205

17.
DIE EUKARYOTEN

Als man zum ersten Mal eine Zelle als solche identifizierte, schien sie eine mikroskopische Struktur mit einer gallertartigen Flüssigkeit zu sein, in der man mit den zeitgenössischen Mikroskopen wenig oder gar keine Details erkennen konnte.

Im Jahre 1839, gerade zu der Zeit, als Schleiden und Schwann die Zelltheorie entwickelten, führte der tschechische Physiologe Jan Evangelista von Purkinje (1787–1869) den Begriff *Protoplasma* für den Lebenskeim in Eiern ein. Das griechische Stammwort bedeutet »zuerst gebildet«, da dieses embryonale Material die erste Lebensform eines individuellen Wesens ist. Es ist etwas, das mit der Zeit wächst, sich teilt und sich zu einem vollständigen und ausgewachsenen Organismus differenziert.

Der deutsche Botaniker Hugo von Mohl (1805–1872) verwendete im Jahre 1846 denselben Begriff für das gallertartige Material im Inneren aller Zellen, vielleicht ohne von der früheren Prägung durch Purkinje zu wissen. Im Jahre 1860 zeigte dann der deutsche Anatom Max J. S. Schulze (1825–1874), daß das Protoplasma aller Zellen ähnliche Eigenschaften besitzt, unabhängig davon, ob es von sehr einfachen oder von sehr komplexen Organismen stammt und ob diese Organismen pflanzlich oder tierisch sind. Diese Untersuchungen trugen zum Sieg der evolutionären Idee bei, da sie zeigten, daß alles Leben auf der Erde in Verbindung steht.

Freilich konnte man sich schon damals nicht vorstellen, daß das Protoplasma eine einheitliche Substanz war, die in allen Zellen *vollkommen* gleich aussah. Wie wäre es sonst für den einzelnen Organismus möglich gewesen, Junge derselben Art hervorzubringen? Es mußte irgend etwas im Protoplasma geben, das jede Art unfehlbar von allen anderen Arten unterschied.

Die Existenz einer Struktur innerhalb der Zelle war sogar schon entdeckt worden, bevor man den Begriff *Protoplasma* prägte. Im Jahre 1831 hatte der schottische Botaniker Robert Brown die Zellen von Orchideenblättern untersucht und entdeckt, daß jede von ihnen ein kleines Kügelchen zu enthalten schien. Es befand sich mehr oder weniger in der Mitte der Zelle und schien dunkler und weniger durchsichtig als der Rest des Inhalts zu sein.

Brown war nicht der erste Forscher, der diese Tatsache feststellte, doch war er der erste, der behauptete, dies sei ein gemeinsames Merkmal aller Zellen. Darüber hinaus gab er dem Objekt einen Namen. Er nannte es *Nukleus,* nach dem lateinischen Wort für »kleiner Kern«. Der Begriff wurde allgemein übernommen, doch entdeckte man, wie bereits beschrieben, ein Dreivierteljahrhundert später, daß auch das Atom einen kleinen Kern besitzt. Auch hier verwendete man die Bezeichnung *Nukleus.* Man wird diese beiden Begriffe kaum gleichzeitig gebrauchen, doch wären dann die Begriffe *Zellkern* und *Atomkern* angebracht. Brown hat also den Nukleus der Zelle oder den Zellkern entdeckt.

Das griechische Wort für den Kern einer Nuß lautet *Karyon.* Von diesem Begriff ist die Benennung für Zellen abgeleitet, die einen Nukleus enthalten: Man nennt sie eukaryotische Zellen oder Eukaryoten (griechisch für »echte Kerne«). Wie wir später sehen werden, gibt es auch einige wichtige Zellen ohne Kern.

Alle Zellen des menschlichen Körpers – und sogar alle Zellen des vielzelligen Lebens – sind eukaryotisch. Es gibt scheinbare Ausnahmen, wie etwa die roten Blutkörperchen und die Blutplättchen im Blut des Menschen und anderer Lebewesen. Sie besitzen keinen Nukleus, sind aber auch keine echten Zellen; nicht wegen des Fehlens des Zellkerns, aber weil ihnen essentielle chemische Stoffe fehlen, die der Zellkern enthält. Auf diesen Aspekt werde ich später noch zurückkommen.

Abgesehen von dem schattenhaft sichtbaren Zellkern war es nicht möglich, genauere Einzelheiten im Inneren einer Zelle zu erkennen, bis die Chemie Mitte des 19. Jahrhunderts Methoden zur Herstellung synthetischer Farbstoffe entwickelte. Nach der Erfindung dieser Farbstoffe aber entdeckte man, daß sich manche von ihnen an ganz bestimmte Strukturen in der Zelle banden, an andere dagegen nicht. So konnte man die Zellen in ein farbiges Muster verwandeln und aus diesem Informationen ablesen, die bis dahin nicht verfügbar gewesen waren.

Im Jahre 1879 fand der deutsche Biologe Walther Flemming (1843–1905) heraus, daß er mit bestimmten roten Farbstoffen ein spezifisches Material einfärben konnte, das in Form kleiner Körnchen im Inneren des Zellkerns verteilt war. Flemming nannte dieses Material *Chromatin* (nach dem griechischen Wort für »Farbe«).

Wenn Flemming einen Schnitt aus einem im Wachstum befindlichen Gewebe einfärbte, wurden Zellen in verschiedenen Stadien der Zellteilung festgehalten. Der Farbstoff tötete die Zellen natürlich ab, doch konnten sie gewissermaßen als eine Reihe von Momentaufnahmen dienen, aus der man den korrekten Ablauf des Prozesses herausarbeiten konnte.

Wenn der Prozeß der Zellteilung begann, verschmolz das Chromatingerüst zu kurzen, fadenähnlichen Objekten, denen man den Namen *Chromosomen* (»gefärbte Körper«) gab. Da diese fadenähnlichen Chromosomen folglich ein sehr bedeutsames Merkmal der Zellteilung darzustellen schienen, taufte Flemming den einleitenden Prozeß der Kernteilung *Mitose,* nach dem griechischen Wort für Faden.

Wenn die Zellteilung fortschritt, verdoppelte sich die Zahl der Chromosomen. Dann trennten sie sich, eine Hälfte wanderte zum einen Ende der Zelle, die andere zum andern. Wenn sich die Zelle dann in der Mitte einschnürte und schließlich in zwei Zellen teilte, besaß jede der beiden neuen Zellen die volle Chromosomenzahl.

Im Jahre 1887 zeigte der belgische Biologe Edouard van Beneden (1846–1910), daß die Zellen jeder Tierart eine charakteristische Chromosomenzahl aufwiesen (beim Menschen sind es sechsundvierzig). Die Samenzellen und die Eizellen hatten jedoch nur die Hälfte der für die jeweilige Art charakteristischen Zahl; das heißt, sie besaßen jeweils den halben Chromosomensatz. Wenn eine Samenzelle eine Eizelle befruchtete, enthielt das Ergebnis dieses Vorgangs, das befruchtete Ovum, einen halben Satz vom männlichen und einen halben Satz vom weiblichen Elternteil.

Damit wurde deutlich, daß die Chromosomen (oder ein damit zusammenhängendes Merkmal) die Eigenschaften des befruchteten Ovums bestimmten. So mochte das befruchtete Ovum eines Nashorns ganz ähnlich wie das befruchtete Ovum einer Katze (oder wie das eines Menschen) aussehen, doch der spezifische Unterschied in den Chromosomen verlieh dem einen Ovum ausschließlich die Fähigkeit, ein Nashorn hervorzubringen, während aus dem anderen nichts anderes als eine Katze werden konnte.

Zur Zeit Flemmings und van Benedens wußte noch niemand genau, wie sich die Chromosomen voneinander unterschieden; doch dies ist ein Thema, auf das ich erst später zu sprechen komme.

Das Protoplasma außerhalb des Zellkerns (oder das seine Hauptmasse ausmachende *Cytoplasma,* nach dem griechischen Wort für »Zellform«) ist natürlich auch nicht einfach eine gallertartige Masse. Wie der Zellkern enthält es kleine Strukturen. Da sind zum Beispiel die *Mitochondrien,* die ein deutscher Biologe namens C. Benda im Jahre 1898 entdeckte. Die durchschnittliche Zelle kann ein paar Hundert, aber auch ein paar Tausend dieser Strukturen enthalten. Auf griechisch bedeutet ihr Name »Knorpelfäden«, doch bezieht sich dieser Name lediglich auf ihr Aussehen, wie es ihr Entdecker auffaßte. Heute weiß man, daß die Mitochondrien mit der Verbindung von Nährstoffen und Sauerstoff zu tun haben, also mit der Energieproduktion des Körpers.

Im Cytoplasma befinden sich ferner unzählige *Ribosomen,* die der rumänisch-amerikanische Physiologe George Emil Palade (geb. 1912) im Jahre 1956 erstmals genauer untersucht hat. Es sind winzige Objekte, die die Synthese von Proteinmolekülen kontrollieren (auch hierauf werde ich später zurückkommen). Innerhalb wie außerhalb des Zellkerns befinden sich weitere Zellstrukturen, deren Funktion teilweise noch nicht endgültig bestimmt werden konnte.

Nach all dem können wir zu folgendem Schluß kommen: Eine Zelle ist zwar so winzig, daß man sie normalerweise nicht mit dem bloßen Auge sehen kann, doch handelt es sich trotzdem um eine außerordentlich komplizierte Struktur. Hat man dies erkannt, so ist es nicht weiter überraschend, daß ein winziges Stückchen Leben wie ein befruchtetes Ovum oder ein Pflanzensamen die Fähigkeit besitzt, sich zu einem ausgewachsenen und sehr komplexen vielzelligen Tier oder zu einer ebenso komplexen Pflanze zu entwickeln.

Ist es dann nicht möglich, daß eine einzelne Zelle komplex genug ist, um unabhängig leben zu können und nicht nur als Teil eines vielzelligen Organismus?

Die kleinsten Einheiten (potentiellen) Lebens, die dem Menschen in der Zeit vor der Erfindung des Mikroskops bekannt waren, waren die Samen bestimmter Pflanzen. Ein Gleichnis aus dem Neuen Testament demonstriert dieses Wissen. Als die Jünger Jesu erkannten, daß es ihnen nicht gelingen würde, bei einem Geisteskranken den »Teufel« zu vertreiben, erklärte Jesus ihnen, es ermangle ihnen an Glauben. Wenn sie nur ein ganz klein wenig Glauben besäßen, sagte er ihnen, könnten sie alles tun – sogar Berge versetzen. Um das geringe Ausmaß des nötigen Glaubens zu verdeutlichen, sagte Jesus: »So ihr Glauben habt wie ein Senfkorn ...« (Matthäus 17, 20). Die Kraft des Glaubens erläutert eine andere Passage (Matthäus 13, 31 und 32) in ähnlicher Weise: »Ein Senfkorn, ... welches das kleinste ist unter allem Samen ...«

Hier wäre anzumerken, daß der »kleinste unter allem Samen« nicht der Senfsamen ist, sondern der Samen bestimmter Orchideenarten, der nur ungefähr ein Mikrogramm (ein Millionstel Gramm) wiegt und den man bei gutem Licht unter Umständen gerade noch als winzigen Punkt erkennen kann.

Etwas noch Erstaunlicheres entdeckte der holländische Naturforscher Anton van Leeuwenhoek (1632–1723), der sich intensiv mit der Entwicklung von Mikroskopen befaßte. Ab dem Jahre 1674 verbrachte er beinahe ein halbes Jahrhundert damit, winzige, aber perfekte Linsen zu schleifen (eine Gesamtzahl von vierhundertneunzehn), durch die er eine Vielzahl von Objekten von Zahnabstrichen bis zu Insekten betrachten konnte.

Im Jahre 1676 untersuchte Leeuwenhoek einen Tropfen Wasser aus einem Tümpel unter seinem Mikroskop und stellte fest, daß das Wasser von winzigen Kreaturen wimmelte, die unzweifelhaft lebendig waren. Die mikroskopisch kleinen Objekte, die Leeuwenhoek sah, schwammen aktiv umher, und sie zeigten deutliche Hinweise auf eine innere Struktur. Sie verschlangen kleinere Teilchen Leben und sonderten Abfälle ab. Leeuwenhoek nannte sie »Animalcules« (Tierchen).

Heute nennen wir sie *Mikroorganismen*. Dieser Begriff wird für alle Lebensformen verwendet, die so klein sind, daß man sie nur durch ein Mikroskop hindurch adäquat beobachten kann. Bei gutem Licht können die größeren Formen wie die kleinsten Samen auch mit bloßem Auge als winzige Punkte wahrgenommen werden.

Manche Mikroorganismen können sich durchaus gewandt bewegen, mit Hilfe einer oder mehrerer *Flagellae* (lateinisch für »Geißeln«), einer Vielzahl von *Cilia* (lateinisch für »Wimpern«) oder einfach durch Körperbewegungen. Dieser Typus von Mikroorganismen enthält durchweg kein Chlorophyll und verschlingt seine Nahrung. Es handelt sich eindeutig um winzige Tiere, die unter dem Begriff *Protozoa* zusammengefaßt werden, was auf lateinisch soviel wie »Urtiere« heißt.

Ein anderer Typus von Mikroorganismen ist relativ bewegungslos und besitzt im Zellinneren grüne Chloroplasten, die Chlorophyll enthalten. Es sind winzige Pflanzen: die Algen (lateinisch *Algae*).

Nachdem Schleiden und Schwann die Zelltheorie etabliert hatten, kamen sie zu dem Schluß, daß derartige Mikroorganismen im Gegensatz zu den größeren Organismen nicht aus Zellen bestanden, die noch kleiner als sie selbst waren. Der deutsche Zoologe Karl Theodor Ernst von Siebold (1804–1855) wies im Jahre 1845 noch einmal deutlich darauf hin, daß solche Organismen Einzeller waren. Sie waren im allgemeinen größer und komplexer als die Zellen, die Teil eines vielzelligen Organismus waren, doch handelte es sich immer noch um einzelne Zellen.

Solche einzelligen Organismen sind eindeutig primitiver

als vielzellige Organismen. Man kann daher leicht schließen, daß es ursprünglich, bevor sich die ersten Vielzeller entwickelt hatten, auf der Erde *ausschließlich* einzellige Organismen gab.

Wie vernünftig und logisch eine derartige Überlegung auch klingen mochte, sie mußte reine Spekulation bleiben, bis man irgendwelche sichtbaren Beweise gefunden hatte. Aber war es überhaupt möglich, Indizien aufzuspüren? Wenn man von den frühen Lebewesen mit weichem Körper nur undeutliche Spuren finden konnte, wieviel undeutlicher mußten dann die Spuren von Mikroorganismen sein?

Nun ist es dem amerikanischen Paläontologen Elso Sterrenberg Barghoorn (geb. 1915) im Jahre 1954 und danach tatsächlich gelungen, derartige Spuren zu entdecken. Barghoorn befaßte sich anfänglich mit sehr altem Gestein aus dem südlichen Ontario, das zum ältesten Teil Nordamerikas zählt. Dabei verfertigte er dünne Schnitte von Gesteinsproben und studierte sie unter dem Mikroskop. Was er sah, waren kreisförmige Strukturen, die ungefähr der Größe einzelliger Tiere entsprachen. Außerdem fanden sich Anzeichen kleinerer Strukturen innerhalb dieser Objekte, die wiederum den typischen Strukturen von Zellen ähnelten – dem Zellkern, den Mitochondrien und so weiter.

Inzwischen hat man so viele dieser Objekte entdeckt und untersucht, daß kein ernsthafter Zweifel mehr besteht, daß es sich um fossile Überreste sehr früher Eukaryoten handelt. Die frühesten dieser Eukaryoten scheinen zu einer Algenart gehört zu haben, der man den Namen *Acritarcha* gegeben hat. Sie dürften bis zu 1400 Millionen Jahre alt sein.

Es sieht also so aus, als hätten die Eukaryoten nach ihrer Entstehung 600 Millionen Jahre lang die komplexeste Lebensform der Erde dargestellt, bevor sich die ersten und einfachsten Vielzeller entwickelten.

Dennoch haben die Eukaryoten, sei es allein als einzellige Organismen oder vereint zu vielzelligen Organismen, nur im letzten Drittel der Erdgeschichte existiert. In den ersten zwei Dritteln hat es keine Eukaryoten gegeben.

Könnte es in dieser Zeit jedoch nicht eine andere Lebensform gegeben haben, die noch einfacher als die Eukaryoten war? Schließlich weisen selbst die kleinsten und simpelsten Eukaryoten eine recht komplexe Struktur auf. Es wäre daher unwahrscheinlich, daß sie spontan aus gewöhnlicher lebloser Materie entstehen konnten.

Wie sich herausgestellt hat, gibt es tatsächlich Zellen, die kleiner und einfacher als die Eukaryoten sind. Man nennt sie *prokaryotische Zellen* oder *Prokaryoten;* und die Eukaryoten dürften sich aus ihnen entwickelt haben. Als nächstes wollen wir daher den Ursprung der Prokaryoten erforschen.

18.
DIE PROKARYOTEN

Im Jahre 1683 bemerkte Leeuwenhoek, der als erster Mikroorganismen unter dem Mikroskop betrachtete, bestimmte Objekte, die sich gerade an der Grenze der Auflösungsfähigkeit seiner Linsen befanden. Er berichtete über sie, wie er es mit all seinen Entdeckungen hielt.

Man konnte mit diesen besonders kleinen Objekten jedoch nicht viel anfangen, bevor die Mikroskope entscheidend verbessert worden waren. Erst ein Jahrhundert später standen dem dänischen Biologen Otto Friedrich Müller (1730–1784) bessere Mikroskope zur Verfügung, so daß er in der Lage war, derartig kleine Objekte ausreichend zu vergrößern, um verschiedene Abarten zu entdecken.

Das Interesse an den winzigen Objekten nahm sprunghaft zu, nachdem der französische Chemiker Louis Pasteur (1822–1895) in den sechziger Jahren des 19. Jahrhunderts bewiesen hatte, daß Mikroorganismen die Verursacher der Infektionskrankheiten waren. Im Jahre 1872 veröffentlichte der deutsche Botaniker Ferdinand Julius Cohn (1828–1898) ein dreibändiges Werk über diese Lebewesen. Er war der erste, der sie *Bakterien* nannte. Der Begriff ist von dem lateinisch-griechischen Wort für »Stäbchen« abgeleitet und bezeichnet das Aussehen mancher Bakterien. Andere sehen jedoch wie kleine Kugeln aus, wieder andere wie winzige, geringelte Würmer.

Bakterien unterscheiden sich recht deutlich von Eukaryoten oder von den eukaryotischen Zellen vielzelliger Organismen.

Zuerst einmal ist die geringe Größe der Bakterien bemerkenswert. Eine durchschnittliche eukaryotische Zelle hat einen Durchmesser von ungefähr zehn Mikrometern (wobei ein Mikrometer ein millionstel Meter ist). Eine eukaryotische Zelle, die die Fähigkeit zu unabhängigem Leben besitzt, kann sogar größer sein und etwa einen Durchmesser von hundert Mikrometern erreichen.

Ein Bakterium dagegen hat lediglich einen Durchmesser von einem oder zwei Mikrometern, und die kleinsten bekannten Bakterien kommen sogar nur auf 0,1 Mikrometer.

Eine andere bemerkenswerte Eigenschaft der Bakterien ist das Fehlen eines Zellkerns. Da Bakterienzellen also kleiner und primitiver zu sein scheinen als die größeren eukaryotischen Zellen, nennt man sie prokaryotische Zellen, nach dem griechischen Ausdruck für »vor dem Zellkern«, was heißen soll, daß sie schon existiert haben, bevor sich ein Zellkern entwickelte.

Diese Tatsache könnte zu Mißverständnissen führen. Oben habe ich erklärt, daß der Nukleus und das in ihm enthaltene Chromatingerüst für die Zellteilung notwendig seien. Ich habe auch erwähnt, daß die roten Blutkörperchen und die Blutplättchen keine Zellkerne haben; sie können daher weder wachsen noch sich teilen. Dieser Mangel führt dazu, daß man sie nicht als echte Zellen bezeichnet. Natürlich gehen uns diese Blutbestandteile trotzdem nicht aus, obwohl sie sich nicht vervielfältigen und obwohl sie ihre Existenz recht rasch beenden. Große Mengen dieser Zellen werden nämlich unablässig aus Vorläuferzellen gebildet, die tatsächlich echte Zellen sind und einen Zellkern besitzen. Die Zahl der gebildeten Zellen ist hoch genug, um die hohe Abbaurate auszugleichen.

Nun gelingt es einem Bakterium jedoch, sich auch ohne Zellkern zu teilen und zu vervielfältigen – und das sogar in starkem Maße.

Der Grund für diese Fähigkeit ist eigentlich nicht weiter rätselhaft. Bakterien haben zwar keinen Nukleus, doch besitzen sie das für Wachstum und Reproduktion nötige Chromatinmaterial. Dieser Stoff ist aber nicht in einem Zellkern gesammelt wie bei den Eukaryoten, sondern findet sich über die ganze Bakterienzelle verteilt. Und da die Größe einer Bakterienzelle ungefähr der des Zellkerns einer eukaryotischen Zelle entspricht, könnte man ein Bakterium fast als frei lebenden Nukleus bezeichnen.

Bakterien besitzen auch Ribosomen, so daß sie Protein herstellen können. Und jene Bakterien, die Sauerstoff aus der Atmosphäre aufnehmen können (einige wenige Arten können dies nicht), enthalten Mitochondrienmaterial.

Des weiteren gibt es Prokaryoten, die Chlorophyll besitzen wie die eukaryotischen Pflanzenzellen. Man hat diese Zellen wegen ihrer Farbe zuerst *Blaugrüne Algen* (oder kurz *Blaualgen*) getauft. Sobald die Biologie jedoch die Bedeutung des Unterschieds zwischen Eukaryoten und Prokaryoten erkannt hatte, mußte auffallen, daß die Struktur der Blaualgen eine wesentlich größere Verwandtschaft mit der von Bakterien aufwies als mit der gewöhnlicher Algen, die Eukaryoten sind. Heute verwendet man für die Blaualgen daher den Begriff *Cyanobacteria,* wobei der erste Teil des Wortes griechischen Ursprungs ist und »blau« bedeutet.

Es wäre möglich, daß die eukaryotischen Zellen durch eine Art Kombination verschiedener Typen von Prokaryoten entstanden sind. Mitochondrien wie Chloroplasten sind mit kleinen Mengen genetischen Materials verbunden, was die Annahme nahelegt, sie seien einmal unabhängige Organismen gewesen.

Nehmen wir einmal an, bei der Entwicklung der Prokaryoten seien mehrere verschiedene Typen entstanden. Manche von ihnen hätten zur Bewegung dienende Geißeln besessen; andere hätten perfekt die Fähigkeit entwickelt, mit atmosphärischem Sauerstoff umzugehen; wieder andere hätten Chlorophyll besessen. Es könnte nun sein, daß sich irgendwann ein beweglicher Prokaryot mit einem zur Sauerstoffsynthese fähigen verbunden hat – oder mit einem Chlorophyll enthaltenden oder mit beiden Typen. Diese Kombinationen wären dann besser in der Lage gewesen, in ihrer Umwelt zu leben; sie hätten sozusagen effizienter funktioniert als die einzelnen Prokaryoten. Sie hätten daher auch häufiger überlebt und bestens floriert.

In gewisser Weise könnte man eukaryotische Zellen daher als *multiprokaryotisch* bezeichnen, genauso wie gewöhnliche Organismen *multieukaryotisch* sind oder, um den bekannteren Begriff zu verwenden, *multizellular,* also vielzellig.

Übrigens kann man noch einen Schritt weitergehen und sich vorstellen, daß sich Organismen zu größeren Einheiten zusammenschließen, die wiederum wesentlich mehr leisten können als eine gleich große Zahl nicht organisierter Organismen. Man kann solche Gruppen als »Gemeinschaften« bezeichnen. Beispielsweise haben sich manche Insekten in dieser Richtung entwickelt; man denke an die »Staatenbildung« in Form der Ameisenhaufen, der Bienenstöcke und der Termitenhügel. Natürlich ist dies auch bei den Säugetieren zu beobachten: das beste Beispiel wären die menschlichen Gemeinschaften.

Es ist besonders die amerikanische Biologin Lynn Margolis (geb. 1938), die die These von der *multiprokaryotischen* Herkunft der eukaryotischen Zellen vertritt.

Wir können uns vorstellen, daß sich aus der Kombination von Prokaryoten immer größere Zellen ergeben, bis wir zu Multiprokaryoten gelangen, die ein tausendfach größeres Volumen und das tausendfache Chromatinmaterial gewöhnlicher Prokaryoten aufweisen. In diesem Stadium könnte es schwierig werden, den Zellteilungsprozeß zu organisieren, wenn die Chromosomen über die ganze Zelle verteilt sind. Dann wiederum würden jene Multiprokaryoten am besten überleben, die ihr Chromatinmaterial zu dem relativ kleinen Volumen eines Zellkerns zusammengefaßt haben. So wären aus den Multiprokaryoten Eukaryoten geworden.

Freilich haben trotz der Entwicklung der Eukaryoten auch manche Prokaryoten bis zum heutigen Tag überlebt. Sie sind sogar sehr erfolgreich. Gerade ihre Einfachheit und ihre überaus geringe Größe ermöglichen es ihnen, sich wesentlich schneller als die Eukaryoten zu entwickeln, zu teilen und zu vervielfältigen. Dies verleiht ihnen einen bestimmten Vorteil, den die Eukaryoten eingebüßt haben, um andere Vorteile zu erwerben. Es ist natürlich möglich und sogar wahrscheinlich, daß die heutigen Prokaryoten fortgeschrittener und komplexer sind als die ursprünglichen Prokaryoten, aus denen die Eukaryoten entstanden sind.

Wenn all dies stimmt, so muß es vor dem Entstehungsdatum der Eukaryoten vor 1400 Millionen Jahren bereits Prokaryoten gegeben haben.

Waren schon die Spuren einfachsten eukaryotischen Lebens im Gestein schwer zu entdecken, so mußten jene der noch kleineren und einfacheren Prokaryoten noch schwerer zu finden sein. Dennoch haben Barghoorn und seine Mitarbeiter in altem Gestein Objekte entdeckt, die bezüglich ihrer Größe und ihrer Form Spuren von Prokaryoten darstellen könnten.

Außerdem sind die Prokaryoten an manchen Orten der Erde besonders gut gediehen und haben flache, mattenartige Schichten gebildet, die mit Sediment durchsetzt sind. Man nennt diese Strukturen *Stromatholithen* (griechisch für »Betttücher«) oder Algenkalke.

Die ältesten Gesteine, in denen derartige Spuren von Prokaryoten gefunden wurden, dürften bis zu 3500 Millionen Jahre alt sein. Das bedeutet, daß bereits Leben auf der Erde existierte – zumindest in prokaryotischer Form –, als unser Planet erst eine Milliarde Jahre alt war. Über 2000 Millionen Jahre lang, also mehr als die Hälfte des Zeitraums, in dem Zellen an sich existieren, hat das Leben auf der Erde *ausschließlich* aus Prokaryoten bestanden. Es war eine Welt von Bakterien mit und ohne Chlorophyll.

Nun sind auch Prokaryoten komplexe Systeme. Jede winzige Zelle ist mit einer großen Anzahl verschiedener Moleküle gefüllt, von denen einige eine recht komplexe Struktur aufweisen. Auch die Prokaryoten können daher nicht aus dem Nichts entstanden sein. Sind noch einfachere und primitivere Lebensformen denkbar? Und wenn, wie sind sie entstanden? Was ist ihr Ursprung?

19.
DIE VIREN

Es war im Jahre 1880, als erstmals die Möglichkeit einer einfacheren Lebensform als die der Bakterien in Erwägung gezogen wurde. Pasteur hatte die »Keimtheorie der Krankheiten« entwickelt – also das Konzept, daß sämtliche Infektionskrankheiten von Mikroorganismen hervorgerufen werden – und beschäftigte sich nun mit der Tollwut, die man früher auch die Wasserscheu nannte.

Es gelang Pasteur, eine Behandlungsmethode zu finden, doch gelang es ihm nicht, einen Mikroorganismus zu entdecken, der eindeutig die Krankheitsursache war. Der Forscher war nicht bereit zu der Annahme, Tollwut sei eine Infektionskrankheit, für die kein mikroorganismischer Erreger existierte. So folgerte er, daß der betreffende Mikroorganismus zu klein sei, um unter dem Mikroskop erkannt zu werden. Diese Vermutung traf in der Fachwelt auf durchaus verständliche Skepsis.

Im Jahre 1892 untersuchte der russische Botaniker Dmitri Iwanowski (1864–1920) die Tabakmosaikkrankheit, eine Erkrankung der Tabakpflanze, die sich durch die Bildung eines unnatürlichen Mosaikmusters auf den Blättern manifestiert. Er konnte den verursachenden Mikroorganismus genausowenig finden wie Pasteur den Tollwuterreger. Daraufhin zerkleinerte Iwanowski infizierte Blätter und drückte die zähflüssige Masse durch einen sehr feinen Filter, der sämtliche Bakterien entfernen sollte. Wenn die durch den Filter gelangte Flüssigkeit gesunde Tabakpflanzen *nicht* infizierte, konnte Iwanowski schließen, daß eine bakterielle Ursache vorlag und daß er das Bakterium einfach nicht identifiziert hatte. Er mußte jedoch feststellen, daß die gewonnene klare Flüssigkeit für gesunde Pflanzen immer noch infektiös war.

Iwanowski hätte aus diesem Ergebnis folgern können, daß die für die Tabakmosaikkrankheit verantwortlichen Mikroorganismen wesentlich kleiner als Bakterien waren und so auch durch einen Filter gelangen konnten, dessen Poren für Bakterien zu fein waren. Der Forscher konnte jedoch nicht so viel Mut aufbringen wie sein Kollege Pasteur und entschloß sich daher zu der Annahme, daß sein Filter nicht vollkommen fehlerfrei sei, weshalb der Mikroorganismus durch kleine Risse habe sickern können.

Drei Jahre später, im Jahre 1895, wiederholte der holländische Botaniker Martinus Willem Beijerinck fast dasselbe Experiment, doch kam er nicht wie Iwanowski zu dem Schluß, seine Filter seien schadhaft. Er war der festen Überzeugung, daß der infektiöse Mikroorganismus beträchtlich kleiner als Bakterien sein mußte. Beijerinck war nicht bereit, Spekulationen über seine chemische oder physische Natur anzustellen. Er nannte diesen Erregertyp »filtrierbares Virus«. Da *Virus* eines der lateinischen Worte für »Gift« ist, bedeutete der Begriff einfach »ein Gift, das durch einen Filter gelangen kann«.

Bis zum Jahre 1931 hatte man um die vierzig Krankheiten festgestellt, die von solchen filtrierbaren Viren verursacht wurden, darunter der gewöhnliche Schnupfen, Masern, Mumps, Grippe, Windpocken, Pocken, Kinderlähmung und natürlich Tollwut. Man wußte jedoch immer noch nichts über die chemische Zusammensetzung und das Aussehen dieser Mikroorganismen.

In eben diesem Jahr (1931) ließ nun der britische Bakteriologe William Joseph Elford (1900–1942) eine Flüssigkeit mit einem filtrierbaren Virus durch einen Filter passieren, der so fein war, daß das »filtrierbare« Virus nicht mehr filtrierbar war. Es konnte nicht mehr durch die winzigen Poren gelangen. Ab diesem Zeitpunkt ließ man das Attribut *filtrierbar* fallen und nannte die Krankheitserreger nur noch *Viren*.

Elfords Experimente ermöglichten es zum ersten Mal, die Größe von Viren zu schätzen. Während ein durchschnittliches Bakterium einen Durchmesser von ungefähr zwei Mikrometern aufwies, hatte das durchschnittliche Virus einen Durchmesser von ungefähr 0,2 Mikrometern; das kleinste bekannte Virus kommt sogar nur auf 0,02 Mikrometer. Die Viren waren also um so viel kleiner als die Prokaryoten, wie die Prokaryoten kleiner als die Eukaryoten waren. Ein typischer Prokaryot hatte das tausendfache, ein typischer Eukaryot das millionenfache Volumen eines typischen Virus.

Die Viren waren derart kleine Objekte, daß sich die Frage erhob, ob man sie überhaupt als Lebewesen bezeichnen könne. Die Bakterien schienen gerade groß genug, um Lebewesen zu sein; konnte dies bei einem Objekt mit einem Tausendstel des Bakterienvolumens noch der Fall sein?

Im Jahre 1935 experimentierte der amerikanische Biochemiker Wendell Meredith Stanley (1904–1971) mit einer das Tabakmosaikvirus enthaltenden Lösung. Er behandelte diese Lösung mit einem Verfahren, mit dem es kurz zuvor gelungen war, Kristalle von Proteinmolekülen herzustellen. Stanley erhielt tatsächlich feine, nadelähnliche Kristalle des Virus. Separierte und trocknete man diese Kristalle und löste sie dann wieder in frischem Wasser auf, so zeigten sie sämtliche Eigenschaften des Virus und konnten gesunde Tabakpflanzen infizieren.

Dies schien dafür zu sprechen, daß Viren leblose Proteinmoleküle waren – man konnte sich nicht vorstellen, daß ein lebender Organismus in kristalliner Form existieren konnte. Andererseits konnte sich das Virus vervielfältigen, sobald es ins Innere einer Zelle gelangt war; und offensichtlich hatte es dem Virus vorher auch gelingen müssen, in die Zelle einzudringen. Dies wiederum schien eine Fähigkeit zu sein, die nur ein Lebewesen haben konnte. Wenn Viren also kristallisieren konnten, so war es möglich, daß sie zwar lebendig waren, jedoch eine so einfache Struktur besaßen, daß sie die kristallbildenden Eigenschaften von Proteinmolekülen hatten.

Aber bestanden sie eigentlich nur aus Proteinen? Chemische Untersuchungen an Viren demonstrierten eindeutig das Vorhandensein von Protein, doch darüber hinaus konnte es noch weitere Inhaltsstoffe geben.

Im Jahre 1936 zeigten zwei britische Biochemiker, Frederick Charles Bawden (geb. 1908) und Norman Wingate Pirie (geb. 1907), daß das Tabakmosaikvirus tatsächlich nur zu 94 Prozent aus Protein bestand. Die restlichen 6 Prozent bildete ein Stoff mit dem Namen *Nukleinsäure*.

Die Nukleinsäure war von dem Schweizer Biochemiker Johann Friedrich Miescher (1844—1895) bereits im Jahre 1869 entdeckt worden, und zwar in Eiter. Miescher nannte den neugefundenen Stoff »Nuklein«, da er mit dem Nukleus der Zelle in Verbindung zu stehen schien. Später stellte man fest, daß er saure Eigenschaften aufwies, weshalb der Name in Nukleinsäure geändert wurde.

Es dauerte ein Dreivierteljahrhundert, bevor die Struktur der Nukleinsäure genau erforscht war, doch schon zu dem Zeitpunkt, als Bawden und Pirie ihre Entdeckung machten, war sie bekannt. Es gab zwei wichtige Formen, die *Ribonukleinsäure* und die *Desoxyribonukleinsäure,* üblicherweise zu RNA beziehungsweise DNA abgekürzt (nach dem englischen Wort »acid« für Säure). Verband sich eine dieser beiden Formen mit einem Protein, so entstand ein *Nukleoproteid.*

Wie sich herausstellte, bestanden alle Viren aus Eiweiß- und Nukleinsäuremolekülen. Im Falle des Tabakmosaikvirus und einer Reihe weiterer Viren war die betreffende Nukleinsäure RNA, bei anderen Viren DNA.

Natürlich existierten auch in Zellen Nukleinsäuren; schließlich hatte man sie dort erstmals entdeckt. Der deutsche Biochemiker Robert Joachim Feulgen (1884—1955) entwickelte eine spezielle Färbemethode und zeigte damit im Jahre 1923, daß DNA sich im Zellkern konzentrierte, während RNA im Cytoplasma vorkam.

Der schwedische Biochemiker Torbjörn Oskar Caspersson (geb. 1910) untersuchte die in Zellen enthaltenen Nukleinsäuren noch genauer und kam Mitte der dreißiger Jahre zu dem Ergebnis, daß DNA nicht einfach überall im Zellkern vorkam, sondern spezifisch in den Chromosomen.

Diese Entdeckung führte zu der Überlegung, daß ein Virus gewissermaßen ein isoliertes Zellchromosom sei, so wie man ein Bakterium als eine Art isolierten Zellkern bezeichnete.

Inzwischen war den Biologen auch klargeworden, daß die Chromosomen eine besondere Bedeutung für das Leben besaßen. Im Jahre 1865 hatte der österreichische Botaniker Gregor Johann Mendel (1822—1884) den Vererbungsmechanismus offengelegt, also die Art und Weise, durch die physische Eigenschaften von den elterlichen Organismen auf die

Kinder übergingen. Eine wichtige Rolle spielten laut Mendel dabei gewisse Erbfaktoren im Organismus, die auf bestimmte Weise wirkten.

Viele Jahre lang kümmerte sich kaum jemand um Mendels Erkenntnisse, bis der holländische Botaniker Hugo Marie de Vries (1848—1935) ihnen im Jahre 1900 Geltung verschaffte. Zu diesem Zeitpunkt war wesentlich mehr über die Einzelheiten der Zellstruktur bekannt, und im Jahre 1902 wies der amerikanische Biologe Walter Stanborough Sutton (1877—1916) darauf hin, daß sich die Chromosomen im Verlauf der Zellteilung genauso verhielten, wie sich die von Mendel postulierten Erbfaktoren verhalten sollten.

Die Chromosomen erwiesen sich also als Träger der Erbinformation. Sie mußten auf irgendeine Weise die Zellchemie kontrollieren, so daß die Zelle und der Organismus, zu dem sie gehörte, verschiedene Eigenschaften genauso präsentieren konnten, wie diese von den Eltern ererbt worden waren. Tatsächlich waren es nicht die Eigenschaften selbst, die vererbt wurden; vielmehr produzierten die Chromosomen diese Eigenschaften.

Der dänische Botaniker Wilhelm Ludwig Johannsen (1857—1927) erkannte, daß die Chromosomenzahl viel zu gering war, um sämtliche physischen Eigenschaften zu kontrollieren, wenn jedes Chromosom nur eine von ihnen kontrollierte. Er entwickelte daher im Jahre 1909 die Theorie, daß die Chromosomen in kleine Abschnitte unterteilt seien, die jeweils eine einzelne Eigenschaft hervorbrachten. Diese kleinen Abschnitte nannte Johannsen *Gene,* nach dem griechischen Wort für »erzeugen«.

Wenn ein Virus nun in eine Zelle eindringt, so stellt es ein fremdes, parasitäres Chromosom dar, das die Zellmaschinerie für seine eigenen Zwecke benutzen (oder mißbrauchen) kann. Konkret heißt das, die Zelle muß mehr derartige Viren produzieren. Manche Viren sind dabei relativ moderat und benutzen eine Zelle, ohne sie zu töten. Andere Viren töten die Zelle im Verlauf eines für diese allzu üppigen Vermehrungsprozesses.

Wir haben festgestellt, daß das Leben auf der Erde vor der

Entstehung vielzelliger Organismen ausschließlich aus einzelligen Organismen bestanden hat. Vor den eukaryotischen Einzellern wiederum hat es nur Prokaryoten gegeben. Wäre es also möglich, daß das Leben vor der Existenz all dieser Zellen nur aus Viren bestanden hat?

Wir verfügen zur Zeit noch über keinerlei Hinweise, ob dies tatsächlich der Fall war. Wenn allerdings Viren vor den Zellen existiert haben, so können wir sicher sein, daß sie nicht wie die heutigen Viren ausgesehen haben. Alle uns bekannten heutigen Viren sind Zellparasiten und können sich ohne die Maschinerie im Innern bereits existierender Zellen nicht vervielfältigen. Es wäre sogar möglich, daß die heutigen Viren sich in einem »Degenerations«-Prozeß aus kompletten Zellen entwickelt haben. Sie wären dann Zellen, die einen Teil ihrer chemischen Fähigkeiten verloren haben, weil es für sie viel einfacher war, unabhängigere Zellen für sich arbeiten zu lassen.

Zum Beispiel gibt es einen Mikroorganismus mit dem Namen *Rickettsia.* Er wurde von dem amerikanischen Mediziner Howard Taylor Ricketts (1871–1910) entdeckt, der im Jahre 1909 herausfand, daß solche Zellen das Fleckfieber verursachen. Die Rickettsien sind gewissermaßen kleine Bakterien, die nicht unabhängig leben können. Ihnen fehlt nämlich eine bestimmte Sorte von Proteinen namens *Enzyme,* die Schlüsselvorgänge des Lebens *katalysieren,* also rasch in Gang bringen. Die Rickettsien können nur wachsen und sich vermehren, wenn sie in den von ihnen befallenen Zellen die Enzyme finden und gebrauchen können, die ihnen fehlen.

Es gibt Viren, die kleiner sind als die Rickettsien, jedoch immer noch relativ komplex. Außerdem existiert eine Reihe zunehmend kleinerer und einfacherer Viren, denen immer mehr Eigenschaften fehlen, die für ein unabhängiges Leben notwendig wären. Die kleinsten Viren besitzen nur noch die Fähigkeit, in eine Zelle einzudringen. Haben sie dies geschafft, so vervielfältigten sie sich ausschließlich mittels der Kontrolle, die sie über die Enzyme ihrer Wirtszelle ausüben, und tragen so gut wie gar keine eigenen Enzyme zu diesem Prozeß bei.

Unabhängig von diesen Überlegungen ist es jedoch unwahrscheinlich, daß auch die einfachste Bakterienzelle direkt und ohne einen einfachen Vorläufer entstanden ist. Wir müssen daher annehmen, daß es vor den Prokaryoten virusähnliche Objekte gegeben hat, die zu irgendeiner Form unabhängigen Lebens fähig waren. Im Verlauf der ersten Jahrmilliarde der Erdgeschichte hätten sich diese virusähnlichen Objekte nach und nach entwickelt, bis sie schließlich komplex genug waren, um von uns als Prokaryoten erkannt zu werden.

Diese Vorläufer des Lebens müssen sich aus einfachen Molekülen entwickelt haben, wie wir sie überall um uns in der Luft und im Ozean finden. Bevor wir also weitere Spekulationen über den Beginn des Lebens anstellen, wollen wir die Anfänge des Ozeans und der Atmosphäre der Erde betrachten.

20.
DER OZEAN UND DIE ATMOSPHÄRE

In einem der vorangegangenen Kapitel habe ich beschrieben, wie sich die Babylonier und ihre Vorfahren die Entstehung der Erde erklärten, nämlich als Entwicklung des Chaos eines grenzenlosen Ozeans hin zu einer Ordnung (oder einem Kosmos), mit der das gegenwärtige Universum begann. In der babylonischen Gefangenschaft nahmen die Juden Elemente dieses Mythos auf und brachten diese in die biblische Schöpfungsgeschichte ein.

Das 1. Buch Mose, die Genesis, beginnt mit dem Vers: »Am Anfang schuf Gott Himmel und Erde.« Dann folgen die Einzelheiten.

Der ursprüngliche Zustand des Geschaffenen wird im zweiten Vers folgendermaßen beschrieben: »Und die Erde war wüst und leer, und es war finster auf der Tiefe ...« Die Begriffe »leer« und »Tiefe« beziehen sich auf das ursprüngliche Chaos, das »wüst«, also formlos war. Bildlich konnte man sich das Chaos also als eine Art aufgewühlten Ozean vorstellen, in dem sich alle Stoffe, aus denen später das Universum gebildet wurde, in einem zufälligen, ungeordneten Durcheinander befanden.

Im selben Vers heißt es nun aber weiter: »... und der Geist Gottes schwebte auf dem Wasser.« Es ist der Wille Gottes, der dem Chaos Ordnung aufzwingt, indem er eine Reihe von Trennungen durchführt. Am ersten Tag trennt – »scheidet« heißt es in den alten Übersetzungen – Gottes Wille das Licht von der Finsternis und schafft Tag und Nacht. Am zweiten Tag erschafft er den Himmel, um die Wasser unten (den Ozean) von den Wassern oben (dem Regen) zu trennen. Und am dritten Tag trennt er das Wasser vom Land und erschafft damit nicht nur die Kontinente, sondern auch den Ozean, wie wir ihn heute vor uns haben.

Aus der Perspektive der Bibel besteht der Ozean in seiner heutigen Form also seit dem dritten Tag der Schöpfung.

Nun ist der Ozean zumindest sichtbar. Die Luft ist unsichtbar, und wir erkennen ihre Existenz nur deshalb, weil ihre Bewegung in Form des Windes spürbar wird. Darüber kann man leicht hinwegsehen, und in der Tat gibt sich die Bibel nicht damit ab, die Erschaffung der Atmosphäre zu schildern. Vielleicht konnte ihre Erschaffung ausgelassen werden, da man die Luft in gewisser Weise als Chaos betrachten kann, das keiner sichtbaren Ordnung unterliegt. Vielleicht meinte man, sie sei einfach ein übriggebliebener Teil des ursprünglichen Chaos und habe daher keinen Schöpfungsvorgang benötigt.

Bis zum Beginn der Neuzeit nahm man an, daß sich die Luft in mehr oder weniger derselben Konsistenz nach oben erstreckte, die sie auf Meereshöhe aufwies, bis sie den Himmel erreichte, der nach antiker wie auch biblischer Auffassung ein festes Gewölbe war. Freilich war der Gedanke, daß die Luft bis zum Himmel reichte, nicht sonderlich aufregend, da die meisten Völker des Altertums den Himmel nicht für sehr hoch hielten. Vielleicht reichte er gerade ein Stück über die Berggipfel. So kennt die griechische Mythologie den Titanen Atlas, der als Strafe für seine Auflehnung gegen Zeus dazu verdammt wird, den Himmel zu stützen. Später kommt dann der menschliche Held Herakles, stellt sich auf einen Berggipfel und ist damit groß genug, Atlas' Aufgabe eine Zeitlang zu übernehmen. Nach Auffassung des Altertums waren Wasser und Luft zwei der *Elemente,* der Grundstoffe, aus denen das Universum bestand. Man neigte dazu, sich vorzustellen, alle Flüssigkeiten verdankten ihren Zustand einer Beimischung von Wasser, während alle Dämpfe eine Beimischung von Luft enthielten.

Der erste, der klar die Existenz luftähnlicher Stoffe erkannte, deren Eigenschaften sich recht deutlich von denen der atmoshärischen Luft unterschieden, war der flämische Arzt Jan Baptista van Helmont (1577–1644). Er prägte im Jahre 1624 einen Begriff für alle Arten von Dampf, die luftähnliche Eigenschaften besaßen: Er nannte sie *Gase.* Dies war ein letztes Echo der Vorstellung, Luft und Ozean seien Formen eines Chaos gewesen, da »Gas« nur eine andere Schreibweise für »Chaos« ist.

Der von Helmont gebildete Begriff wurde zuerst mehr oder weniger ignoriert. Noch eineinhalb Jahrhunderte nach dieser Prägung bezeichneten die Chemiker die von ihnen entdeckten und verwendeten Gase als Luftarten. Man sprach von »fester Luft«, von »Feuerluft« und vom »Phlogiston«, einem Stoff, der bei der Verbrennung entweichen sollte. Erst der französische Chemiker Antoine Laurent Lavoisier (1743—1794) rettete Helmonts Schöpfung und verankerte sie in der Begriffswelt der Chemie und der Öffentlichkeit.

Inzwischen hatte man jedoch eine Entdeckung gemacht, die alle Ansichten über die Luft von Grund auf verändert hatte. Es war dem italienischen Physiker Evangelista Torricelli (1608—1647) im Jahre 1643 gelungen, ein Gleichgewicht zwischen einer Luftsäule und einer Quecksilbersäule herzustellen (und damit das Barometer zu entwickeln). Damit war bewiesen, daß die Luft mit einem Eigengewicht von 6,7 Kilogramm auf jeden Quadratzoll Oberfläche (einschließlich der Oberfläche des menschlichen Körpers) drückte. Der Mensch ist sich dieses Drucks nicht bewußt, da die im Körper enthaltenen Flüssigkeiten einen in alle Richtungen wirkenden Gegendruck ausüben.

Durch Torricellis Entdeckung wurde deutlich, daß die Luft das Universum nicht bis zu einer unbegrenzten Höhe füllen konnte. Aus ihrem Gewicht konnte man sogar berechnen, daß sie bei durchgängig gleichbleibender Dichte lediglich acht Kilometer hoch reichen konnte.

Dies war nicht der Fall, da der britische Physiker Robert Boyle (1627—1691) im Jahre 1662 demonstrierte, daß die Luft einem Druck unterliegt. Das bedeutet, daß die Luft auf Meereshöhe von der Luft der höheren Schichten nach unten gedrückt wird. Als Folge ist sie stärker komprimiert und damit dichter. Steigt man auf einen Berg, so lastet auf der Luft, die man am Gipfel antrifft, weniger höherliegende Luft, also weniger Druck. Diese Luft ist folglich weniger dicht; sie verdünnt sich und nimmt mehr Raum in Anspruch. Die Luft erstreckt sich demnach in wesentlich größere Höhen als die genannten acht Kilometer, doch wird sie nach oben immer dünner.

In einer Höhe von ungefähr neuneinhalbtausend Metern über dem Meer wird die Luft zu dünn, um menschliches Leben zu ermöglichen. Auf hundertsechzigtausend Höhenmetern finden sich nur noch Spuren von Luft, und in sechzehnhundert Kilometern Höhe ist sie so gut wie nicht mehr feststellbar. Das bedeutet, daß die Lufthülle der Erde, ihre *Atmosphäre* (nach dem griechischen Ausdruck für »Kugel aus Dampf«), auf die direkte Umgebung der Erde beschränkt ist. Dies wiederum bedeutet, daß die gewaltigen Zwischenräume zwischen den Himmelskörpern – also beispielsweise zwischen der Erde und dem Mond – bis auf fast nicht mehr wahrnehmbare Spuren von Materie nichts enthalten und daher als *Vakuum* bezeichnet werden können (nach dem lateinischen Wort für »leer«).

Nach menschlicher Erfahrung ist es nun so, daß Gase wie die Luft dazu neigen, sämtlichen verfügbaren Raum auszufüllen. Die Erdatmosphäre zeigt aber keine wahrnehmbare Tendenz, sich nach außen ins Vakuum auszudehnen.

Der Grund für dieses Verhalten liegt darin, daß die Atmosphäre durch die Erdanziehungskraft in der Nähe der Erdoberfläche gehalten wird. Es war der englische Naturwissenschaftler Isaac Newton (1642–1727), der dieses Phänomen der Schwerkraft (der Gravitation) im Jahre 1687 erstmals befriedigend erklärte. Ein Objekt kann der Anziehungskraft entkommen, wenn es sich schnell genug bewegt *(Fluchtgeschwindigkeit)*, wobei die Fluchtgeschwindigkeit auf der Erde über elf Kilometer pro Sekunde beträgt. Die Luft aber – oder irgendein größerer Teil von ihr – erreicht selbst in Form des gewaltigsten Wirbelsturms selten mehr als ein Hundertstel dieser Geschwindigkeit.

Wie alle Teile des Universums besteht die Atmosphäre aus winzigen *Atomen,* die in Gruppen von *Molekülen* vorkommen können. Bei festen Stoffen (und in einem wesentlich geringeren Grad auch bei Flüssigkeiten) sind die Moleküle aneinander gebunden und können sich nicht getrennt bewegen. Bei Gasen wie der Luft dagegen beeinflussen sich die Moleküle kaum gegenseitig; jedes bewegt sich mehr oder weniger unabhängig von den anderen.

In den sechziger Jahren des 19. Jahrhunderts entwickelte der schottische Mathematiker James Clerk Maxwell (1831–1879) seine *kinetische Gastheorie,* die die Geschwindigkeit aufzeigte, mit der sich die verschiedenen Atome oder Moleküle bewegen. Wenn sich die Temperatur erhöht, steigt auch die Durchschnittsgeschwindigkeit der Bewegung. Dabei zeigt sich jedoch immer ein gewisses Spektrum. Bei jeder beliebigen Temperatur gibt es immer einige Moleküle, die sich schneller bewegen (einige viel schneller) als der Durchschnitt, während sich andere Moleküle langsamer (und in manchen Fällen viel langsamer) bewegen.

Das bedeutet, daß in jeder Form von Atmosphäre immer die Chance besteht, daß einige Moleküle sich schnell genug bewegen, um in das den Luftgürtel umgebende Vakuum zu entkommen. Voraussetzung ist, daß sich diese Moleküle in der oberen Atmosphäre befinden und das Vakuum erreichen können, ohne auf andere Moleküle aufzuprallen und einen Teil ihrer Geschwindigkeit zu verlieren. Anders gesagt, »leckt« jede Atmosphäre. Im Falle der Erde vollzieht sich dieser Prozeß so langsam, daß selbst nach Milliarden von Jahren noch kein wahrnehmbarer Teil der Atmosphäre verlorengegangen ist. Je kleiner der Himmelskörper und je schwächer seine Schwerkraft, desto geringer ist seine Fluchtgeschwindigkeit und desto größer die Chance, daß einzelne Moleküle schnell genug sind, um zu entkommen.

Ein weiterer Faktor ist die Wärme des Himmelskörpers. Je heißer er ist, desto schneller bewegen sich die einzelnen Moleküle der Atmosphäre und desto schneller »leckt« diese. Was schließlich die Größe der Moleküle betrifft, so bewegt sich ein Molekül bei jeder beliebigen Temperatur um so schneller, je kleiner es ist. In jeder Atmosphäre entweichen die kleineren Moleküle daher rascher als die größeren.

Ist ein Himmelskörper klein genug oder heiß genug (oder beides), so ist jede Atmosphäre, die zu einem bestimmten Zeitpunkt existiert haben mag, in relativ kurzer Zeit entschwunden. Der Körper ist dann luftlos. Ist ein Körper dagegen groß oder kühl genug (oder beides), so bleibt ihm seine Atmosphäre.

Aus diesem Grund besitzen die acht massivsten Körper des Sonnensystems samt und sonders substantielle Atmosphären. Dies sind, in abnehmender Reihenfolge ihrer Masse: die Sonne, die trotz ihrer gewaltigen Oberflächentemperatur von beinahe 6000 °C eine Atmosphäre hat, Jupiter, Saturn, Neptun, Uranus, die Erde, die Venus (trotz ihrer Oberflächentemperatur von 475 °C, die weit über dem Siedepunkt von Wasser liegt) und der Mars.

Der Mars freilich hat lediglich eine dünne Atmosphäre, nur ungefähr ein Hundertstel so dicht wie die der Erde. Der Körper mit der neuntgrößten Masse, Merkur, ist zu klein für eine Atmosphäre, besonders da seine Umlaufbahn so nahe der Sonne liegt, daß er eine hohe Oberflächentemperatur aufweist, auch wenn diese nicht so hoch wie die der Venus ist.

Der Körper mit der zehntgrößten Masse ist Ganymed, der größte Jupitermond. Auch er hat keine Atmosphäre, obwohl er viel kälter ist als Merkur. An nächster Stelle rangiert Titan, der größte Satellit des Saturns. Er ist etwas kleiner als Ganymed, jedoch noch kälter und kann daher eine Atmosphäre an sich ziehen. Callisto, der zweitgrößte Satellit des Jupiters, hat die zwölftgrößte Masse und keine Atmosphäre. An dreizehnter Stelle steht schließlich Triton, der größere der beiden Neptunmonde. Er ist so kalt, daß er eine Atmosphäre haben könnte; wir wissen jedoch noch nichts darüber.

Die zahllosen anderen Objekte unseres Sonnensystems, die eine kleinere Masse als Triton aufweisen, haben keine Atmosphäre.

Die Erde ist also nicht dadurch einzigartig, daß sie eine Atmosphäre besitzt. Acht (oder vielleicht neun) andere Körper des Sonnensystems weisen dasselbe Phänomen auf. Wir werden auf diesen Aspekt jedoch in Kürze zurückkommen und sehen, worin die Einzigartigkeit unseres Planeten besteht.

Im Falle der Flüssigkeiten können wir feststellen, daß die Moleküle, aus denen sie zusammengesetzt sind, zwar miteinander verbunden sind, daß diese Bindung jedoch nicht so fest ist wie im Falle fester Stoffe. So zeigen die einzelnen Moleküle eine wesentlich stärkere Tendenz, sich von einer Flüssigkeit zu entfernen als von einem festen Körper. Anders gesagt, haben Flüssigkeiten die Tendenz, sich zu verflüchtigen und gasförmig zu werden. Wasser beispielsweise zeigt die Tendenz, zu Wasserdampf zu verdunsten.

Wir können diesen Vorgang nach einem Regenschauer beobachten, wenn die Feuchtigkeit auf den Straßen allmählich verschwindet. Alle offenen Wasserflächen, selbst der Ozean, zeigen einen ständigen Verdunstungsprozeß, so daß einer der Bestandteile der Atmosphäre Wasserdampf ist. Dieser Wassergehalt der Atmosphäre steigt jedoch nicht unbegrenzt an, da es die gegenläufige Tendenz des Dampfes gibt, wieder zu flüssigem Wasser zu kondensieren. Verdunstung und Niederschlag gleichen sich aus. Dadurch bleibt der Wassergehalt der Atmosphäre auf der Erde als ganzer relativ konstant.

Weil sich ständig Wasserdampf in der Luft befindet, können die im Dampf enthaltenen Wassermoleküle im Einzelfall in die obere Atmosphäre steigen. Bewegen sie sich dann schnell genug und verlieren sie nicht durch Kollisionen ihre Geschwindigkeit, können sie der Schwerkraft entkommen. Auf der Erde ist dieses »Leck« auch über Jahrmilliarden hinweg unbedeutend, doch auf Körpern, auf denen dieser Prozeß rasch fortschreitet, nimmt der Wasservorrat schnell ab. Das Resultat ist völlige Trockenheit.

Aus diesem Grunde sind der Mond und der Merkur vollkommen trocken. Auch die Venus hat wegen ihrer hohen Oberflächentemperatur eine absolut trockene Oberfläche, doch befindet sich noch etwas Wasserdampf in ihrer kalten oberen Atmosphäre.

Liegt die Temperatur unter 0 °C, so existiert Wasser in seiner festen Form als Eis. In diesem Aggregatzustand verflüchtigt es sich wesentlich langsamer als flüssiges Wasser. Das bedeutet, daß alle Himmelskörper, die weiter von der Sonne entfernt sind als die Erde, auf ihrer gesamten Oberfläche oder auf deren größtem Teil Wasser zurückhalten können, selbst wenn sie relativ klein sind. Dieses Wasser existiert jedoch nur als Eis.

Aus diesem Grund findet sich auf dem Mars eine kleine Wassermenge – als Eis. Die meisten Monde der äußeren Planeten, wie auch einige Asteroiden und beinahe alle Kometen, sind eisbedeckt. Es gibt gewisse Hinweise, daß Europa, der kleinste der vier großen Jupitermonde, von einem Ozean flüssigen Wassers umgürtet ist. Ist das tatsächlich der Fall, so ist dieser Ozean vollkommen mit einer Eisschicht bedeckt. Im Falle der vier Riesenplaneten Jupiter, Saturn, Uranus und Neptun macht Wasser wahrscheinlich nur einen kleinen Prozentsatz der Stoffe auf ihrer Oberfläche aus.

Damit wären wir bei der Einzigartigkeit des irdischen Ozeans. Die Erde ist der einzige Körper des Sonnensystems, der eine große Fläche flüssigen Wassers aufweist, die nicht von Eis bedeckt ist.

Dies ist von Bedeutung. In einem Gas sind die Moleküle von vergleichsweise großen Entfernungen getrennt. Chemische Reaktionen, die von der Kollision von Molekülen abhängen, können daher nicht mit der Geschwindigkeit und der Vielfalt stattfinden, die ein lebendes System erfordert. In einem festen Körper wiederum sind die Moleküle zwar in direktem Kontakt, doch können sie sich nicht frei bewegen, was ebenfalls die Geschwindigkeit und die Vielfalt der chemischen Reaktionen vermindert. Nun sind die Moleküle zwar auch bei einer Flüssigkeit in direktem Kontakt, doch können sie sich viel freier bewegen als in einem festen Stoff. Flüssigkeiten sind daher das ideale Medium, in dem sich Leben entwickeln kann.

Unter den diversen Flüssigkeiten ist Wasser ferner besonders geeignet, da es eine hohe Lösungsfähigkeit besitzt und eine Vielzahl gelöster Stoffe enthalten kann. Auch Moleküle, die gewöhnlich in fester Form vorkommen, verhalten sich in gelöster Form wie ein Teil einer Flüssigkeit.

Man nimmt gemeinhin an, daß das Leben im Ozean begonnen hat. Überhaupt macht die Tatsache, daß die Erde Millionen von Kubikkilometern flüssigen Wassers besitzt, das den Strahlen der Sonne als einer natürlichen und üppigen Energiequelle ausgesetzt ist, aus unserer Welt einen idealen Ort für die Entstehung von Leben. Daß die Erde der einzige Körper unseres Sonnensystems ist, von dem man dies behaupten kann, führt daher auch zu der Annahme, daß innerhalb dieses Sonnensystems nirgendwo sonst Leben existiert.

Nebenbei bemerkt, besteht natürlich die Möglichkeit, daß Leben auf einer vollkommen anderen Basis entstehen könnte als auf jener, die wir auf der Erde kennen. Es könnte also irgendeine Form des Lebens auf einem Planeten geben, dessen Milieu wir als absolut lebensfeindlich ansehen. Jedoch haben wir zumindest zur Zeit keinerlei Hinweise, daß dies der Fall sein könnte – und bis zum Auftauchen irgendwelcher Indizien wäre es gefährlich, nicht an Wasser gebundenes Leben für mehr als eine interessante Spekulation zu halten.

Kehren wir nun aber zur Atmosphäre zurück.

Wie erwähnt, besitzen acht oder vielleicht neun der Himmelskörper unseres Sonnensystems eine Atmosphäre. Haben wir jedoch irgendeinen Grund zu der Annahme, daß all diese Atmosphären identisch sind?

Bis zur Neuzeit nahm man allgemein an, Luft sei ein Element, ein einheitlicher Stoff, dessen Einzelteile identisch seien. Man vermutete nicht, es handle sich um eine Mischung oder eine Kombination verschiedener Stoffe. Wäre diese Ansicht richtig, so könnte man logischerweise annehmen, daß es dieselbe Luft, die auf der Erde existiert, auch auf jedem anderen Himmelskörper mit einer Atmosphäre geben müsse.

Diese Annahme ist aber falsch.

Seit den Zeiten van Helmonts beschäftigen sich die Chemiker früherer Jahrhunderte mit einer Anzahl von Gasen mit verschiedenen Eigenschaften. Diese Gase wurden aber unter speziellen Bedingungen im Laboratorium hergestellt und niemand vermutete, daß sie in der Luft vorkommen könnten. Schließlich gibt es, abgesehen vom Wasser, viele andere Flüssigkeiten – Alkohol, Terpentin, Quecksilber, Olivenöl und so weiter –, und die Chemiker waren sich dieser Tatsache schon im Altertum bewußt. Niemand aber dachte, man könne diese Flüssigkeiten auch im Ozean finden. Wenn sie dort überhaupt vorkamen, meinte man, daß dies lediglich unbedeutende Verunreinigungen sein müßten. Natürlich fand man Salz im Meer, doch dabei handelte es sich nur um einen gelösten festen Stoff. Die einzige Flüssigkeit, aus der der Ozean bestand, konnte nur das Wasser sein.

Analog zu dieser Tatsache mochte zwar Staub in der Luft

sein oder Spuren von Wasserdampf oder andere, einen Geruch ausströmende Dämpfe dieser oder jener Art. Doch auch hier konnte es sich nur um unbedeutende Unreinheiten handeln. Im Grunde war die Luft einfach – Luft.

Im Jahre 1754 befaßte sich der schottische Chemiker Joseph Black (1728–1799) mit einem Gas, das wir heute *Kohlendioxid* nennen. Black zeigte, daß die heute als *Kalziumkarbonat* bezeichnete Substanz bei der Erhitzung Kohlendioxid verliert und zu Kalziumoxid wird. Dies war ein erster Hinweis, daß man einfach durch die Erhitzung eines festen Stoffes Gas produzieren konnte.

Wie Black weiterhin feststellte, verwandelte sich Kalziumoxid wieder in Kalziumkarbonat, wenn man es einem Kohlendioxidbad aussetzte. Aber auch wenn man Kalziumoxid einfach in der Luft stehenließ, verwandelte es sich sehr langsam in Kalziumkarbonat. Das bedeutete, daß sich Kohlendioxid als ein natürlicher Luftbestandteil in der Atmosphäre befinden mußte.

Dieses Kohlendioxid war jedoch wieder nur eine nebensächliche Verunreinigung. Heute ist bekannt, daß es lediglich 0,035 Prozent der Luft ausmacht. Damit ist weit mehr Wasserdampf in der Luft als Kohlendioxid.

Black zeigte auch Interesse an der Tatsache, daß eine Kerze in der Luft zwar unbegrenzt brennen kann, jedoch nur, wenn es sich um einen freien Luftraum handelt. Läßt man sie in einem abgeschlossenen Behälter brennen, so daß nur eine begrenzte Menge Luft zur Verfügung steht, verlöscht die Kerze mit der Zeit, obwohl noch unverbranntes Wachs zur Verfügung steht und obwohl der Behälter noch Luft enthält.

Black wußte, daß eine brennende Kerze Kohlendioxid produzierte und daß in diesem Stoff nichts brennen konnte. Hielt man eine Flamme in ein Gefäß mit Kohlendioxid, so ging sie aus. Doch auch wenn Black Chemikalien hinzufügte, die das Kohlendioxid mit derselben Rate aufnahmen, mit der es sich bildete, ging eine Kerze immer noch aus, wenn die Luftzufuhr begrenzt war, *obwohl* die verbleibende Luft *kein* Kohlendioxid enthielt.

Black überließ dieses Problem einem seiner Schüler, dem

schottischen Chemiker Daniel Rutherford (1749–1819). Rutherford wiederholte die Experimente mit größter Sorgfalt und erhielt im Jahre 1772 ein Gas, bei dem es sich nicht um Kohlendioxid handelte, in dem Kerzen jedoch nicht brannten und Mäuse rasch verendeten. Es war das Gas, das wir heute *Stickstoff* (Nitrogenium, Zeichen: N) nennen.

Im Jahre 1774 isolierte der englische Chemiker Joseph Priestley ein Gas, das genau gegensätzliche Eigenschaften aufwies. Brachte man ein schwelendes Holzstückchen in dieses Gas, so lebte die Flamme auf. Mäuse wiederum benahmen sich darin geradezu ausgelassen. Auch Priestley selbst genoß es, den Stoff einzuatmen. Es handelte sich um das Gas, das wir heute *Sauerstoff* (Oxygen, Zeichen: O) nennen.

Lavoisier, der zuvor den Begriff *Gas* in die wissenschaftliche Sprache eingeführt hatte, führte im Jahre 1778 schließlich eine Reihe von Experimenten durch, die ganz deutlich zeigten, daß die Luft kein Element war. Sie war vielmehr eine Mischung aus zwei verschiedenen Gasen, Stickstoff und Sauerstoff, und zwar in einem Verhältnis von vier zu eins bezüglich des Volumens. Heute ist bekannt, daß Stickstoff 78 Prozent des Luftvolumens ausmacht, Sauerstoff dagegen 21 Prozent.

Diese Zahlen ergeben insgesamt 99 Prozent. Fast der gesamte Rest besteht aus *Argon,* einem im Jahre 1894 entdeckten Gas. Die gemeinsamen Entdecker waren der englische Physiker John William Strutt (oder Lord Rayleigh, 1842–1919) und der schottische Chemiker William Ramsay (1852–1916).

Des weiteren enthält die Luft eine winzige Menge Kohlendioxid, weitere Gase in noch kleineren Mengen und natürlich Wasserdampf, dessen Gehalt in gewissem Rahmen variabel ist.

Diese Zusammensetzung macht die Einzigartigkeit der Erdatmosphäre deutlich: Die Erde ist der einzige Körper unseres Sonnensystems mit einer Atmosphäre, in der Sauerstoff einen wichtigen Bestandteil bildet.

Diese Tatsache bedarf natürlich einer Erklärung.

Die Einzigartigkeit eines Ozeans aus flüssigem Wasser ist leicht zu verstehen, da sie von der Temperatur abhängt. Auf einem zu heißen Körper verdampft Wasser und existiert nur noch als Dampf; auf einem zu kalten Körper gefriert Wasser dauerhaft zu Eis. Die Erde ist der einzige Körper unseres Sonnensystems, auf dem die Temperatur das richtige Niveau einhält, um flüssiges Wasser entstehen zu lassen – und auf dem die Schwerkraft stark genug ist, um dieses Wasser festzuhalten.

Eine Atmosphäre, die sich durch den Besitz von Sauerstoff auszeichnet, ist nicht so einfach zu erklären. Wenn es nur um die Temperatur ginge, könnte Sauerstoff auch in der heißen Atmosphäre der Venus und der sehr kalten des Titan problemlos existieren. Das ist jedoch nicht der Fall. Als freies Gas existiert Sauerstoff auf keinem anderen Himmelskörper – nur auf der Erde.

Was hat es mit dem Rätsel des Sauerstoffvorkommens in unserer Atmosphäre auf sich?

Sauerstoff ist ein sehr aktives Gas. Das heißt, es verbindet sich leicht mit anderen Stoffen. Bliebe es sich selbst überlassen, würde es sich allmählich mit den diversen Stoffen in der Erdoberfläche verbinden und mit der Zeit verschwinden.

Darüber hinaus verbrennt der Mensch seit mindestens einer halben Million Jahren – und besonders in diesem Jahrhundert – Holz und andere Energieträger. Beim Verbrennungsprozeß verbinden sich die Wasserstoff- und die Kohlenstoffatome im jeweiligen Brennstoff mit Sauerstoff aus der Luft. Die Wasserstoffverbindung ergibt Wassermoleküle, die Kohlenstoffverbindung Kohlendioxidmoleküle. Auf ähnliche Weise erhalten wir und beinahe alle anderen Lebensformen Energie, indem wir die Kohlenstoff- und die Wasserstoffatome in unserer Nahrung oder unserem Gewebe mit Sauerstoff aus der Luft verbinden.

Aus all diesen Gründen könnte man erwarten, daß der Sauerstoffgehalt der Atmosphäre konstant und Jahr für Jahr absinkt, bis unsere Form des Lebens nach nicht allzu langer Zeit beendet wäre. Das geschieht aber nicht – und der Prozentsatz von Sauerstoff in unserer Atmosphäre bleibt Jahr für Jahr konstant. Die einzige Erklärungsmöglichkeit läuft auf die Annahme hinaus, auf unserem Planeten werde Sauerstoff mit einer Rate gebildet, die seinen Verbrauch ausgleicht. Aber wie?

Eine Antwort auf diese Frage deutete sich schon an, als Priestley im Jahre 1771 kurz vor der Entdeckung des Sauerstoffs mit Luft experimentierte, in der eine Kerze gebrannt hatte und ausgelöscht war, so daß nichts mehr darin brennen konnte. Das im Behälter verbliebene Gas bestand nun nur noch aus Stickstoff und Kohlendioxid; und wenn man eine Maus hineinsetzte, starb sie fast augenblicklich. Um nachzuprüfen, ob die Gasmischung für alles Leben tödlich war, steckte Priestley ein Minzezweiglein in einen kleinen Wasserbehälter und stellte diesen in ein Gefäß mit ausgebrannter Luft.

Zum Erstaunen des Forschers starb die Minze nicht ab. Sie schien sogar gut zu gedeihen. Nach einigen Monaten, in denen das Zweiglein weiterlebte und wuchs, setzte er eine weitere Maus in die ehemals tote Luft; und das Tier überlebte. Auch eine Kerze konnte wieder darin brennen.

Es schien also so zu sein, daß der Stoff, den Tiere und ein Verbrennungsprozeß verbrauchten, von pflanzlichem Leben wiederhergestellt wurde. Anders gesagt, verbanden Tiere (und brennende Stoffe) Nahrung oder andere Energieträger mit Sauerstoff, wodurch Kohlendioxid und Wasser entstanden; Pflanzen dagegen verbrauchten Kohlendioxid und Wasser und produzierten dabei Sauerstoff und die Kohlenstoff-/Wasserstoff-Substanzen ihres Gewebes. Diese beiden Tendenzen bleiben im Gleichgewicht.

Verwandlungen in der Natur *produzieren* gemeinhin immer Energie. Um solche Verwandlungen umzukehren, ist dagegen eine Energie*zufuhr* vonnöten. Eine Verwandlung in der Natur ist jene von Kohlenstoff und Wasserstoff plus Sauerstoff in Kohlendioxid und Wasser. So entsteht die Energie, der sich die Tiere bedienen. Wenn Pflanzen jedoch Kohlendioxid und Wasser zu Gewebe plus Sauerstoff umwandeln, kehrt das die natürliche Verwandlung um und bedarf einer Zufuhr von Energie. Woher nehmen die Pflanzen die hierfür benötigte Energie?

Im Jahre 1779 zeigte der holländische Arzt Jan Ingenhousz

(1730–1799), daß Pflanzen nur im Sonnenlicht Sauerstoff produzieren. Es bedarf also der Sonnenenergie, damit die Pflanzen die natürliche Umwandlung umkehren und ihr eigenes Gewebe aufbauen können (wobei dieses Gewebe dann als Nahrung und Brennstoff für Tier und Mensch dient). Aus diesem Grund nennt man diesen Prozeß *Photosynthese,* nach dem griechischen Ausdruck für »mit Licht aufbauen«.

Dies erklärt, warum die Erde eine Atmosphäre mit einem großen Gehalt eines so aktiven Gases wie Sauerstoff besitzt und warum sich der Sauerstoff nicht mit anderen Stoffen verbindet und einfach verschwindet. Die Erde hat ein blühendes Lebenssystem, zu dem Pflanzen gehören, die Sauerstoff genauso rasch produzieren, wie dieser verschwindet.

Dies wiederum muß bedeuten, daß jene anderen Körper des Sonnensystems, die eine Atmosphäre ohne Sauerstoff besitzen, dieses Gas wegen des Fehlens eines solchen Lebenssystems nicht haben können. Zumindest besitzen sie kein System, das *unserem* Leben entspricht; und wir haben bislang keinerlei Hinweise, daß andersartige Systeme existieren oder auch nur möglich sind.

Ein weiterer Schluß drängt sich auf. Zu der Zeit, als sich das Leben auf der Erde gerade zu bilden begann, gab es kein anderes Leben. Gab es aber kein Leben auf der Erde, so konnten bestenfalls Spuren von Sauerstoff in ihrer Atmosphäre sein. Wir können daher schließen, daß sich das Leben gebildet hat, als Sauerstoff noch in der Erdatmosphäre fehlte.

Wie aber hat die Erdatmosphäre damals ausgesehen?

Wir können einige Vermutungen bezüglich dieser Frage anstellen, wenn wir die Arten von Atomen im Universum betrachten, die zur Bildung einer Atmosphäre beitragen können. Nach dem heutigen Stand der astronomischen Wissenschaft kommen folgende zwölf Atome im Universum am häufigsten vor (in der Reihenfolge ihrer Häufigkeit): Wasserstoff (H), Helium (He), Sauerstoff (O), Neon (Ne), Stickstoff (N), Kohlenstoff (C), Silizium (Si), Magnesium (Mg), Eisen (Fe), Schwefel (S), Argon (Ar) und Aluminium (Al).

Die Wasserstoffatome, die die einfachste Struktur aller

Atome aufweisen, stellen neunzig Prozent aller Atome im Universum. An nächster Stelle bezüglich ihrer Einfachheit stehen die Heliumatome, die weitere neun Prozent stellen. Die anderen zehn Arten von Atomen stellen beinahe das gesamte restliche Prozent. Wir können hier alle anderen Elemente vernachlässigen, da sie im Vergleich zu den zwölf genannten Elementen mengenmäßig nicht ins Gewicht fallen, um von größerer Bedeutung für die Struktur eines Planeten oder seiner Atmosphäre zu sein.

Unter den zwölf genannten Elementen bilden vier – Silizium, Magnesium, Eisen und Aluminium – ausschließlich feste Verbindungen, die nicht zu einer Atmosphäre beitragen können.

Von den verbleibenden Atomen bilden drei – Helium, Neon und Argon – überhaupt keine Verbindungen, sondern existieren nur als einzelne Atome. Ansammlungen solcher Atome sind Gase, die zur Atmosphäre beitragen können.

Von den letzten fünf Elementen bildet Sauerstoff angesichts der Existenz eines gewaltigen Überangebots an Wasserstoff zusammen mit diesem Wassermoleküle. Diese Moleküle bestehen aus zwei Wasserstoffatomen und einem Sauerstoffatom (H_2O). Stickstoff verbindet sich mit Wasserstoff zu Ammoniakmolekülen, die aus drei Wasserstoffatomen und einem Stickstoffatom bestehen (NH_3). Kohlenstoff und Wasserstoff verbinden sich zu Methanmolekülen, die aus vier Wasserstoffatomen und einem Kohlenstoffatom zusammengesetzt sind (CH_4); und Schwefel verbindet sich mit Wasserstoff zu Schwefelwasserstoffmolekülen, die aus zwei Wasserstoffatomen und einem Schwefelatom bestehen (H_2S). Auch nachdem sich Sauerstoff, Stickstoff, Kohlenstoff und Schwefel mit Wasserstoff verbunden haben, bleibt eine überwältigende Zahl von Wasserstoffatomen übrig. Diese verbinden sich miteinander und bilden Wasserstoffmoleküle, die aus jeweils zwei Wasserstoffatomen bestehen (H_2).

Die in den letzten beiden Abschnitten genannten Stoffe sind bei gewöhnlichen Temperaturen alle gasförmig, wenn man vom Wasser absieht, das eine Flüssigkeit darstellt, die jedoch leicht zu Dampf werden kann. Es sind also sieben Gase und eine Flüssigkeit, die in nennenswertem Maße zu einer Atmosphäre beitragen können. In abnehmender Reihenfolge ihres Vorkommens sind es: Wasserstoff, Helium, Wasser, Neon, Ammoniak, Methan, Schwefelwasserstoff und Argon.

Jeder Himmelskörper, der groß genug ist, um ein Gravitationsfeld zu haben, das alle genannten Stoffe festhalten kann, wird sich fast ausschließlich aus Wasserstoff und Helium bilden. Auch seine Atmosphäre besteht aus diesen beiden Stoffen und sehr geringen Mengen anderer Gase. Das trifft beispielsweise auf die Sonne zu, deren gewaltiges Gravitationsfeld sogar die kleinsten Atome – also Wasserstoff und Helium – festhalten kann, und dies sogar angesichts der hohen Temperaturen der Sonnenoberfläche.

Die Atome werden jedoch nicht für immer festgehalten. Die elektrische Aktivität der Sonne in Form von Eruptionen kann Atome in negativ geladene Elektronen und positiv geladene Atomkerne aufbrechen. Die Kerne, die massiver und daher wuchtiger sind, schnellen in alle Richtungen von der Sonne weg und machen sich bis weit ins Planetensystem hinein bemerkbar.

Diese davonjagenden, elektrisch geladenen Teilchen bilden den *Sonnenwind*. Die Existenz dieses Phänomens wurde in den fünfziger Jahren dieses Jahrhunderts bekannt, als man begann, den Weltraum mit Hilfe von Raketen und Satelliten zu erforschen. Der Begriff selbst wurde im Jahre 1958 von dem amerikanischen Physiker Eugene Newman Parker (geb. 1927) geprägt. Die Sonne gibt nur einen unbedeutenden Bruchteil ihrer Masse an den Sonnenwind ab, doch spielt dieser eine bedeutende Rolle bei der Mechanik des Sonnensystems.

Auch wesentlich kleinere Himmelskörper als die Sonne können Wasserstoff und Helium festhalten und eine fast zur Gänze aus diesen Elementen bestehende Atmosphäre besitzen, sofern sie wesentlich kälter als die Sonne sind. Die äußeren Planeten haben genug Masse und sind an ihrer Oberfläche kalt genug, um diese Gase festzuhalten. Es ist sogar so, daß sie deshalb so groß geworden sind, weil sie schon bei ihrer Bildung relativ kalt waren und diese in großer Menge vorkommenden Gase festhalten konnten. Ihre Größe verstärkte ihre Schwerkraft und machte es damit noch leichter, eine größere Gasmenge einzufangen. Dieser »Schneeballeffekt« brachte die riesigen Planeten Jupiter, Saturn, Uranus und Neptun hervor, die alle eine Atmosphäre aus Wasserstoff und Helium aufweisen.

Wie steht es nun mit den relativ nahe bei der Sonne liegenden Planeten? Sie waren viel wärmer als die äußeren Planeten und konnten die winzigen Wasserstoff- und Heliumatome nur in sehr geringer Menge festhalten. Sie haben sich also aus Silizium, Magnesium, Eisen, Aluminium und anderen, noch weniger häufigen Elementen gebildet, die in der Lage sind, feste Stoffe aus Metall oder Gestein zu bilden. Diese Stoffe haften durch die Kraft der chemischen Bindung aneinander und hängen nicht von der Schwerkraft ab, um diesen Zustand zu erhalten. Weil diese Elemente vergleichsweise selten sind, sind die nahe bei der Sonne liegenden Planeten wesentlich kleiner als die weitentfernten Riesen.

Ist ein warmer Planet nicht *allzu* klein, kann er, wie die Erde, einige der häufig vorkommenden Gase festhalten, weil die Atome und Moleküle dieser Gase eine Neigung zeigen können, sich mehr oder weniger fest mit einigen der festen Stoffe aus Gestein oder Metall zu verbinden. Diese gebundenen Gase werden dann im Inneren des sich bildenden Planeten gefangen. Helium, Neon und Argon bilden überhaupt keine Verbindungen und entkommen leichter als die anderen Gase, so daß im Falle der Erdatmosphäre heute nur sehr kleine Mengen von ihnen vorhanden sind. Auch gasförmigen Wasserstoff konnte die Erde in sehr geringer Menge einfangen. Der große Rest dieser leichten Gase, den die Anziehungskraft der Erde nicht festhalten konnte, wurde vom Sonnenwind weit in die äußeren Regionen des Sonnensystems hinausgetragen, wo zumindest ein Teil von den Riesenplaneten aufgefangen wurde.

Als die Erde sich im Verlauf ihres Bildungsprozesses zusammenzog und kompakter wurde, wurden die flüssigen und gasförmigen Stoffe nach außen gedrängt. So drangen die Wassermoleküle nach außen und bildeten in den niedriggelegenen Becken den Ozean. Ammoniak, Methan und ein wenig Schwefelwasserstoff bildeten nach ihrem Austreten die Atmosphäre. Dazu kam Wasserdampf. All diese Moleküle waren schwer genug, um von der Schwerkraft der Erde gehalten zu werden. Wir könnten die so entstandene Erdatmosphäre aus Ammoniak, Methan, Wasserdampf und ein wenig Schwefelwasserstoff »Atmosphäre I« nennen. Sie dürfte nicht lange existiert haben, denn sie war angesichts der Nähe zur Sonne wahrscheinlich zu instabil. Die Wassermoleküle, die bis in die obere Atmosphäre vordrangen, wurden vom ultravioletten Sonnenlicht aufgebrochen. Man nennt diesen Prozeß *Photolyse,* nach dem griechischen Ausdruck für »Aufbrechen durch Licht«.

Die Wassermoleküle brachen also in ihre Bestandteile auseinander, in Wasserstoff- und Sauerstoffatome. Dabei konnte das Gravitationsfeld der Erde den Wasserstoff nicht halten. Er verschwand, während der Sauerstoff festgehalten wurde.

Nun ist Sauerstoff chemisch aktiv. Er entzieht Ammoniakmolekülen Wasserstoffatome und bildet wieder Wasser, während der übriggebliebene Stickstoff sich selbst überlassen bleibt. Stickstoffatome wiederum sind nicht aktiv. Sie neigen lediglich dazu, sich zu verdoppeln und Stickstoffmoleküle zu bilden, die aus zwei Stickstoffatomen bestehen (N_2).

Auch den Methanmolekülen entzieht der Sauerstoff Wasserstoffatome, bildet Wasser und verbindet sich mit dem übriggebliebenen Kohlenstoff zu Kohlendioxid, dessen Moleküle aus einem Kohlenstoffatom und zwei Sauerstoffatomen bestehen (CO_2). Holt sich der Sauerstoff seine Wasserstoffatome vom Schwefelwasserstoff, so bildet er wieder Wasser und verbindet sich mit dem freigesetzten Schwefel zu Schwefeldioxid, dessen Moleküle aus je einem Schwefelatom und zwei Sauerstoffatomen bestehen (SO_2).

Kohlendioxid wie Schwefeldioxid konnten sich nun mit dem Gestein der festen Erdkruste verbinden und sich auch im Meer auflösen. Auf diese Weise konnte das Schwefeldioxid bis auf kleine Spuren aus der Atmosphäre verschwinden. Das wesentlich häufigere Kohlendioxid dagegen blieb in beträchtlicher Menge in der Atmosphäre.

Das Ergebnis all dieser Prozesse wäre eine Atmosphäre gewesen, die aus Stickstoff und Kohlendioxid (plus Wasserdampf) bestand. Man könnte sie »Atmosphäre II« nennen.

Zwischen der Sonne und den vier Riesenplaneten, die alle eine Atmosphäre aus Wasserstoff und Helium besitzen, befinden sich vier weitere Himmelskörper mit einer Atmosphäre: Venus, Mars, Titan und die Erde.

Von diesen Körpern besitzen Venus wie Mars eine Atmosphäre aus Stickstoff und Kohlenstoff. Auf dem Saturnmond Titan, der wesentlich weiter von der Sonne entfernt ist als diese beiden inneren Planeten, kommt das ultraviolette Sonnenlicht in wesentlich geringerer Konzentration an. Seine Atmosphäre besteht aus Stickstoff und Methan.

Das Leben ist auf der Erde entstanden, während diese Atmosphäre I oder Atmosphäre II besaß; vielleicht auch im Übergangsstadium zwischen diesen beiden Zuständen. Hatte sich einmal Leben entwickelt, so entstand auch bald eine neue Form der Sauerstoffbildung, die wesentlich rascher und effizienter war als der Prozeß der Photolyse. Jener neue Prozeß, die Photosynthese, ließ auf Kosten des Kohlendioxids Sauerstoff entstehen, so daß die Erde als einziger Planet schließlich eine Atmosphäre aus Stickstoff und Sauerstoff erhielt, die wir »Atmosphäre III« nennen könnten.

An dieser Stelle wollen wir nun zur Frage der Entstehung des Lebens zurückkehren.

21.
DAS LEBEN

W ir haben das Leben bis zu seiner einfachsten Form zurückverfolgt – dem Virus –, und wir haben festgestellt, daß dieser aus einer Verbindung von Nukleinsäure und Protein (aus Nukleoproteiden) besteht. Wollen wir nun noch weiter zurückgreifen und den Ursprung des Lebens an sich erforschen, müssen wir diese beiden Stoffe betrachten. Beginnen wir mit dem Protein.

Vor der Neuzeit neigte man dazu, Nahrung einfach für Nahrung zu halten. Die Nahrungsmittel hatten einen unterschiedlichen Geschmack, doch das konnte man als eine rein subjektive Angelegenheit abtun. Kurz gesagt, es sah so aus, als könne jede Art von Nahrung, die den Menschen nicht regelrecht vergiftete, sein Weiterleben garantieren.

Im Jahre 1815 wurde diese Ansicht widerlegt. Frankreich hatte seine Revolution und ein Vierteljahrhundert der Kriege durchgemacht. Das Elend der Armen war unbeschreiblich. So widmete sich der französische Physiologe François Magendie (1783–1855) der Aufgabe, herauszufinden, ob man aus Gelatine einen wertvollen Nährstoff herstellen konnte. Gelatine ließ sich nämlich billig aus ansonsten so gut wie unbrauchbaren Fleischresten herausfiltern.

Das Ergebnis von Magendies Untersuchungen war negativ. Menschen können nicht ausschließlich von Gelatine leben. Manche Nahrungsmittel stellten sich also als eindeutig besser als andere heraus.

Diese Erkenntnis führte zu ausführlichen Forschungen bezüglich der verschiedenen Nahrungsbestandteile. Im Jahre 1827 unterteilte der englische Chemiker William Prout (1785–1850) die Nahrungsmittel in drei Hauptbestandteile: Fett, Kohlenhydrate und in etwas, das man damals »albuminöse Substanz« nannte. Dieser Begriff entstand, da man den betreffenden Stoff im Eiweiß fand, dem *Albumen* (nach dem lateinischen Wort für »weiß«).

Was diese drei Hauptkomponenten betraf, so bestanden

die Fette und Kohlenhydrate ausschließlich aus Kohlenstoff-, Wasserstoff- und Sauerstoffatomen. Die albuminösen Substanzen enthielten dieselben Stoffe, dazu aber noch Stickstoff und manchmal auch Schwefel. Darüber hinaus schienen die albuminösen Substanzen komplexer zu sein und eine variablere chemische Struktur zu besitzen als die beiden anderen Nahrungsbestandteile.

Der holländische Chemiker Gerardus Johannes Mulder (1802–1880) untersuchte die chemische Struktur der albuminösen Substanzen und kam im Jahre 1838 zu dem Schluß, daß sie aus einem Grundbaustein bestanden, an den unterschiedliche Mengen zusätzlicher Strukturen angefügt waren. Den Grundbaustein nannte Mulder *Protein,* nach dem griechischen Wort für »der erste«, da die albuminösen Substanzen auf der Basis dieses Bausteins aufgebaut waren. Mulders Konzept erwies sich als nicht ganz korrekt, doch der Begriff blieb bestehen und wurde schließlich auf die Gesamtstruktur der albuminösen Substanzen angewendet. Sie sind seither als Proteine (umgangssprachlich auch einfach als Eiweiß) bekannt.

Weitere Untersuchungen der Proteinmoleküle zeigten, daß sie *polymerische Moleküle* oder *Polymere* waren, nach dem griechischen Ausdruck für »viele Teile«. Dieser Begriff wird für jedes Riesenmolekül verwendet, das aus kleinen, miteinander verketteten Einheiten besteht. So sind Stärke und Zellulose Polymere, die aus vielen Einheiten *Glukose* bestehen, einem einfachen Zucker. Gummi ist ein Polymer aus vielen Einheiten eines einfachen Kohlenwasserstoffs namens Isopren, der nur aus Wasserstoff- und Kohlenstoffatomen besteht. Auch die modernen Plastik- und Synthetikfasern sind aus verschiedenen einfachen Einheiten aufgebaute Polymere.

Bei den meisten Polymeren handelt es sich nur um eine bestimmte Einheit, die sich beständig wiederholt. Manchmal bestehen sie auch aus zwei verschiedenen Einheiten, die sich abwechselnd aneinanderreihen. Nur sehr selten sind mehr als zwei verschiedene Einheiten am Bau eines Polymers beteiligt.

Wie sich herausstellte, sind die Proteinmoleküle aus Einheiten namens *Aminosäuren* aufgebaut, die Kohlenstoff-, Wasserstoff-, Sauerstoff- und Stickstoffatome enthalten (und eventuell auch noch Schwefel). Was die Proteine recht deutlich von anderen Polymeren unterscheidet, ist die Tatsache, daß die Aminosäuren, aus denen die Proteinmoleküle zusammengesetzt sind, in *zwanzig* verschiedenen Abarten vorkommen. Dabei weist die Struktur jedes beliebigen Proteinmoleküls mit großer Wahrscheinlichkeit Elemente jeder Abart auf.

Über einen Zeitraum von mehr als hundert Jahren versuchte man, die Aminosäuren aus den verschiedenen Proteinen zu isolieren, um ihre Struktur zu bestimmen. Die erste Aminosäure wurde im Jahre 1820 von dem französischen Forscher Henri Bracconot (1781–1855) isoliert. Die zuletzt entdeckte Aminosäure ist das *Threonin,* das der amerikanische Biochemiker William Cumming Rose (1887–1985) im Jahre 1935 isolierte.

Die große Zahl verschiedener Aminosäuren-Einheiten ist von beträchtlicher Bedeutung. Die einzelnen Elemente können in jeder beliebigen Weise angeordnet werden, wobei jede unterschiedliche Anordnung ein Molekül mit ganz bestimmten Eigenschaften hervorbringt. Nimmt man nur jeweils ein Element aus jeder der zwanzig Formen, so genügen diese Glieder zur Herstellung der unglaublichen Zahl von zweieinhalb Milliarden verschiedener Anordnungen und daher auch verschiedener Moleküle.

Betrachten wir einmal das Hämoglobinmolekül. Es findet sich in unseren roten Blutkörperchen und dient dazu, Sauerstoff aus der Lunge zu allen Körperzellen zu befördern. Dieses Molekül enthält 539 Aminosäuren, wobei eine beträchtliche Anzahl jeder der zwanzig Abarten beteiligt ist. Die Zahl der unterschiedlichen Anordnungen, die wir mit diesen Hunderten von Aminosäuren herstellen können, entspricht einer 1 mit 620 Nullen. Im Vergleich mit dieser gewaltigen Zahl ist jene sämtlicher subatomischer Teilchen im gesamten bekannten Universum praktisch gleich Null. Damit Hämoglobin aber korrekt funktionieren kann, bedarf es einer bestimmten Anordnung. Ein Fehler in einer einzigen Aminosäure kann zu einem Hämoglobinmolekül führen, das mit gefährlicher Unvollkommenheit arbeitet.

Die meisten der zuerst untersuchten Proteine waren bezüglich ihrer Bedeutung für das Leben nicht sonderlich bemerkenswert. Sie waren zum größten Teil struktureller Natur, wie das *Keratin* in Haaren, Nägeln, Hufen, Klauen, Federn und der Haut oder das *Collagen* in Sehnen und Bindegeweben, und so weiter. Derartige Proteine zeigten zwischen einzelnen Individuen und selbst zwischen verschiedenen Arten keine großen Unterschiede.

Wesentlich »lebensähnlicher« waren Stoffe, die man ursprünglich *Fermente* oder Gärstoffe nannte. Man kannte sie seit prähistorischen Zeiten, da beispielsweise die Hefe Fruchtsäfte, eingeweichtes Korn und Teig fermentierte – wodurch Alkohol und Gasbläschen entstanden und schließlich Wein, Bier und Brotteig.

Schon im frühen 19. Jahrhundert wußte man, daß es in jedem lebenden Gewebe Fermente gab. Es waren Stoffe, die in sehr kleinen Mengen spezifische, rasche chemische Veränderungen veranlassen konnten; Veränderungen, die bei Abwesenheit dieser Fermente nur sehr langsam vor sich gingen. Dies war ein Beispiel jenes Prozesses, der unter dem Begriff *Katalyse* bekannt ist.

Das erste Ferment, das isoliert und untersucht wurde, war die *Diastase* (Amylase). Der französische Chemiker Anselme Payen (1795–1871) gewann sie aus Korn und stellte fest, daß sie die rasche Aufspaltung von Stärke und Zucker hervorrief oder katalysierte.

Ein Jahr später isolierte Schwann, einer der Begründer der Zelltheorie, das erste tierische Ferment. Es stammte aus der Magenschleimhaut, und sein Entdecker nannte es *Pepsin,* nach dem griechischen Wort für »verdauen«: es katalysierte die Aufspaltung von Proteinmolekülen zu kleineren Einheiten.

Im Jahre 1876 schlug der deutsche Physiologe Wilhelm Kühne (1837–1900) vor, man solle den Begriff *Ferment* auf jene Katalysatoren beschränken, die nur in lebenden Zellen arbeiten können. Entsprechende Stoffe, die man isolieren und außerhalb von Zellen zur Funktion bringen konnte, sollten *Enzyme* genannt werden. Dieser Begriff war von den griechischen Worten für »in Hefe« abgeleitet, da sich diese Stoffe außerhalb von Zellen genauso verhielten wie die Fermente im Inneren von Zellen (wie etwa denen der Hefe).

Im Jahre 1896 demonstrierte nun der deutsche Chemiker Eduard Buchner (1860–1917), daß es möglich war, Hefezellen zu zerdrücken, dabei ihre Zellwände zu zerstören und das darin enthaltene Protoplasma freizusetzen. Bei diesen Experimenten blieb keine einzige intakte Zelle übrig, doch die entstandene Flüssigkeit konnte dieselbe Funktion erfüllen wie intakte Zellen. Es wurde damit deutlich, daß jeder Stoff, der innerhalb einer Zelle eine bestimmte Funktion erfüllte, dies auch außerhalb der Zelle tun konnte. So verwendete man den Begriff *Enzym* schließlich für jeden Katalysator, der mit lebendem Gewebe in Verbindung gebracht wurde.

Als die Forschung weitere Fortschritte machte, stellte sich heraus, daß so gut wie jede chemische Reaktion, die in lebendem Gewebe vor sich ging, von einem Enzym katalysiert wurde. Dabei war jeweils ein bestimmtes Enzym für eine bestimmte Reaktion verantwortlich.

In der Folge erhob sich die Frage, was die chemische Struktur der Enzyme sein könne. Es schien logisch, sie für Proteine zu halten, da nur Proteine eine passende Struktur besaßen, um die vielen tausend verschiedener, aber verwandter Moleküle zu bilden, die für sämtliche Enzyme aller Lebensformen erforderlich waren.

In den zwanziger Jahren dieses Jahrhunderts demonstrierte der deutsche Chemiker Richard Willstätter (1872–1942) jedoch, daß Enzymlösungen, die eindeutig katalysierende Eigenschaften besaßen, auch auf die empfindlichsten Proteintests der Zeit ein negatives Ergebnis zeitigten.

Diese Erkenntnisse hatten noch keinen endgültigen Charakter, da Katalysatoren in solch winzigen Konzentrationen wirken, daß die Enzyme Proteine sein konnten, aber lediglich in einer so kleinen Menge vorhanden waren, daß sie auf die Tests nicht reagierten. Im Jahre 1926 unternahm der amerikanische Biochemiker James Batcheller Sumner

(1887–1955) daher weitere Versuche mit Präparaten eines Enzyms mit dem Namen *Urease*. Sumner konzentrierte das Präparat sorgfältig und reicherte den Enzymgehalt immer stärker an, bis er schließlich winzige Kristalle erhielt. Löste er diese Kristalle in Wasser auf, so zeigten sie deutliche Eigenschaften der Urease. In diesem Zustand war das Enzym nun genügend konzentriert, so daß es bei einem Test eindeutig seine Natur als Protein offenbarte.

In den folgenden Jahren kristallisierte man weitere Enzyme und stellte fest, daß auch sie Proteine waren. Es wurde rasch deutlich, daß es sich bei allen Enzymen um Proteine handelte.

Nun war auch die Bedeutung der Proteine offenbar. Es waren die einzelnen Enzyme in jeder Zelle, die die verschiedenen, ineinandergreifenden chemischen Reaktionen innerhalb der Zelle kontrollierten. Zellen mit verschiedenen Eigenschaften und Fähigkeiten existierten in diesem Zusammenhang aus folgenden Gründen: Erstens kann ein bestimmtes Enzym vorhanden sein, ein anderes dagegen nicht; zweitens kann ein Enzym in stärkerer Konzentration vorhanden sein, ein anderes in geringerer; drittens kann eines wirksamer sein als ein anderes; und schließlich kann ein Enzym gewissermaßen behindert, ein anderes dagegen stimuliert werden.

Dies wurde als Ursache dafür erkannt, daß manche Zellen Muskelzellen, andere Nervenzellen und wieder andere Leberzellen darstellten. Aus demselben Grund waren manche Zellen Mäuseleberzellen, manche Rattenleberzellen, andere Makrelenleberzellen und wieder andere menschliche Leberzellen.

Schließlich war dies auch der Grund dafür, daß sich die eine Eizelle zu einem Grizzlybären entwickelte, die andere zu einem Delphin. Die Eizellen sahen gleich aus, doch ihr Enzymgehalt war verschieden. Und darum sah eine Art anders aus als jede andere und ein Individuum einer Art wiederum anders aus als alle anderen derselben Art.

Dabei ähneln sich die Enzymmuster in den Zellen verschiedener Individuen derselben Art natürlich stärker als die Enzymmuster verschiedener Arten. Und innerhalb einer Art ähneln sich die Enzymmuster der Mitglieder einer bestimmten Familie stärker als die Enzymmuster nicht verwandter Individuen. Was aber kontrolliert die Natur der Enzyme in einem bestimmten Organismus? Und was garantiert, daß die Enzyme eines Bärenjungen denen seiner Eltern besonders stark ähneln?

In den dreißiger Jahren war die Forschung so weit gediehen, daß sich die Annahme aufdrängte, es müßten die Chromosomen sein, die irgendwie die Natur der Enzyme kontrollierten. Ein Nachkomme erbte einen halben Chromosomensatz von jedem Elternteil, und daher ähnelte er auch jedem Elternteil – wenngleich nicht absolut.

Wie bestimmten die Chromosomen, welche Enzyme eine neue Zelle oder ein neuer Organismus besitzen sollte? Auch die Chromosomen bestanden aus Protein, genauer gesagt aus Nukleoproteiden. Zuerst widmete die Biochemie dem aus Nukleinsäuren bestehenden Chromosomenteil keine große Aufmerksamkeit. Es war schließlich nicht ungewöhnlich, daß Proteine ihre Funktion in Verbindung mit nicht aus Protein bestehenden Molekülen ausführten.

Nun besaßen diese Moleküle ausnahmslos eine wesentlich einfachere Struktur als das Protein selbst. Man gab ihnen den Namen *prosthetische Gruppe* oder *Coenzym*. Sie konnten irgendeine unterstützende Funktion haben, doch war es immer das Enzym selbst, das die Fähigkeit zu gewaltigen Variationen besaß und es ermöglichte, zwischen verschiedenen Organismen und Arten zu unterscheiden. Jedenfalls schien es so.

Anfänglich sah es ja auch so aus, als seien die Nukleinsäuren wesentlich einfacher strukturiert als die Proteine. Auch sie waren Polymere, zusammengesetzt aus relativ einfachen Einheiten, den *Nukleotiden*. Nun waren die Nukleotiden zwar komplexer als die Aminosäuren der Proteine, doch gab es lediglich vier verschiedene Nukleotide, aus denen die Nukleinsäuren bestehen konnten. Selbst die Zahl von vier verschiedenen Einheiten ist für ein Polymer recht bemerkenswert; doch was war diese Zahl, wenn man sie mit den zwanzig verschiedenen Aminosäuren verglich, aus denen die Proteine bestanden?

Die verschiedenen Nukleotide haben natürlich Namen, doch wollen wir auf jede Terminologie verzichten, die wir problemlos vernachlässigen können. In der Biochemie bezeichnet man die Nukleotide ohnehin üblicherweise nur mit den Anfangsbuchstaben ihrer Namen, was für unsere Zwecke genügt. Jedes DNA-Molekül enthält vier verschiedene Nukleotide: A, G, C und T. Auch jedes RNA-Molekül enthält vier verschiedene Nukleotide: A, G, C und U. T und U sind sich sehr ähnlich, doch in der Chemie des Lebens kann selbst ein winziger Unterschied von Bedeutung sein.

Eine ganze Zeit war man der Ansicht, jede Nukleinsäure bestehe lediglich aus insgesamt vier Nukleotiden, einem von jeder Abart. Somit wären die Nukleinsäuremoleküle viel kleiner als Proteinmoleküle gewesen, was die Ansicht stützte, es sei das Protein und nicht die Nukleinsäure, das den maßgeblichen Bestandteil der Chromosomen stellte.

Freilich gab es Hinweise, die dieses Konzept in Frage stellten. Die Chromosomen verschiedener Zellen konnten verschiedene Mengen Protein besitzen, doch wiesen sie immer dieselbe Menge von Nukleinsäuren auf. Spermazellen beispielsweise sind sehr klein, so daß man annehmen würde, sie würden auf alle nicht absolut notwendigen Stoffe verzichten. Es zeigte sich nun, daß der Proteingehalt in diesen Zellen ungewöhnlich gering ist, der Nukleinsäuregehalt hingegen unverändert.

Außerdem erkannten die Biochemiker mit der Zeit, daß die herkömmlichen Methoden zur Isolierung von Nukleinsäure zu grob waren. Wandte man solche Methoden an, so erhielt man nicht die Moleküle selbst, sondern kleine Fetzen von ihnen. Sobald man subtilere Methoden entwickelt hatte, stellte sich heraus, daß intakte Nukleinsäuremoleküle keineswegs kleiner als Proteinmoleküle waren – sie waren sogar größer.

Dennoch war es nicht einfach, die Vorstellung aufzugeben, die Proteine seien die zentralen Moleküle des Lebens.

Die Lösung des Rätsels lieferte schließlich die Bakteriologie.

Einige Bakteriologen untersuchten zwei Stämme eines

Bakteriums, das Lungenentzündung verursachte. Bei einem dieser Stämme war jede Bakterienzelle von einem glatten Häutchen umgeben; man nannte ihn daher *S-Stamm* (nach dem englischen Wort »smooth« für weich, glatt). Beim anderen Stamm fehlte das Häutchen, weshalb man ihn *R-Stamm* nannte (für »rough« oder rauh). Offensichtlich besaß der S-Stamm einen Chromosomenabschnitt (ein Gen), das die Bildung des Häutchens hervorrief und das dem R-Stamm fehlte.

Der britische Bakteriologe Fred Griffith (1881–1941), der diese Stämme als erster untersuchte, entdeckte im Jahre 1928, daß auch der R-Stamm ein Häutchen entwickelte, wenn man tote S-Stamm-Bakterien mit lebenden R-Stamm-Bakterien zusammenbrachte. Daraus war zu schließen, daß die für das Häutchen verantwortlichen Gene der S-Stamm-Bakterien in anderen Bakterien funktionieren und diese verändern (transformieren) konnten, auch wenn die Bakterien, aus denen sie stammten, tot waren. Man bezeichnete das Gen daher als *Transformationsprinzip.*

Der kanadisch-amerikanische Arzt Oswald Theodore Avery (1877–1955) führte weitere Experimente mit S-Stamm-Bakterien durch, wobei er versuchte, das Transformationsprinzip zu isolieren und in immer reinerer Form zu erhalten. Im Jahre 1944 gelang es ihm schließlich, einen Extrakt zu isolieren, der überhaupt kein Protein mehr enthielt. Es handelte sich nur noch um DNA – und eine Lösung aus dieser DNA besaß immer noch die Fähigkeit, den R-Stamm in den S-Stamm zu verwandeln! Damit war ein erster Beweis erbracht worden, daß nicht das Protein, sondern die Nukleinsäure der funktionale Teil eines Gens war.

Da die Chromosomen ihre Zahl innerhalb der Zelle während der Zellteilung verdoppelten, mußte jedes Chromosom ein System besitzen, mit dem es eine exakte Kopie seiner selbst herstellen konnte *(Reduplikation)*, damit die Tochterzellen dieselben Gene wie die Mutterzelle bekamen. Alle Proteinstudien der vorangegangenen hundert Jahre hatten jedoch niemals gezeigt, daß irgendein Protein die Fähigkeit zur Selbstverdoppelung besaß. Wenn es sich bei den Schlüsselelementen der Gene und Chromosomen nun nicht um Proteine, sondern um DNA handelte, war es dann möglich, daß die DNA diese Fähigkeit aufwies?

Die Chemiker begannen, die Molekularstruktur der Nukleinsäuren genau zu untersuchen, um festzustellen, wie eine derartige Reduplikation möglicherweise stattfinden konnte. So fand der 1905 in Österreich geborene amerikanische Biochemiker Erwin Chargaff beispielsweise im Jahre 1948 heraus, daß A-Nukleotide in DNA-Molekülen in derselben Zahl vorkommen wie T-Nukleotide, während G-Nukleotide dieselbe Zahl haben wie C-Nukleotide.

In Großbritannien fertigte die englische Physikerin und Chemikerin Rosalind Elsie Franklin (1920–1958) unterdessen Fotografien von DNA-Kristallen mit Hilfe der Röntgendiffraktionsfotografie an. Aus der Art und Weise, in der die Röntgenstrahlen von den Molekülen abprallten, konnte man auf sich wiederholende Molekülmerkmale schließen.

Der amerikanische Biochemiker James Dewey Watson (geboren 1928) interessierte sich für Rosalind Franklins Fotos. Auf ihrer Basis erarbeitete er, zusammen mit dem britischen Physiker Francis H. C. Crick (geboren 1916), im Jahre 1953 die Struktur der DNA. Sie besteht aus Nukleotidketten, die spiralig zu einer Helix verwunden sind (wie etwa eine Bettfeder oder eine Wendeltreppe). Dabei sind zwei solcher Ketten zu einer *Doppelhelix* verschlungen, wobei einem T-Nukleotid auf der einen Helix immer ein A-Nukleotid auf der anderen entspricht, ein C-Nukleotid dagegen immer einem G-Nukleotid. Dieser Sachverhalt erklärte auch die Beobachtungen Chargaffs.

Jedes Nukleotid ist also gewissermaßen das Negativ des gegenüberliegenden, so daß man von einer (+)-Helix und einer (−)-Helix sprechen kánn. Im Verlauf der Zellteilung winden sich die beiden Ketten nun auseinander, worauf jede von ihnen als Modell zur Bildung einer neuen Helix dienen kann. Dabei ziehen sich A und T immer gegenseitig an; dasselbe geschieht mit G und C. An der ursprünglichen (+)-Helix bildet sich eine (−)-Helix, an der ursprünglichen (−)-Helix eine (+)-Helix. Das Endergebnis sind zwei Doppelhelices anstatt einer. Die beiden Tochterhelices sind identisch, wobei beide dem Original entsprechen. Damit hat sich eine identische Verdoppelung vollzogen.

Obwohl der beschriebene Reduplikationsprozeß im Idealfall immer wieder absolut gleiche Generationen von DNA-Molekülen hervorbringen sollte, gibt es in Wirklichkeit zahlreiche Gründe für das Entstehen minimaler Fehler. Als Folge werden ständig leicht unterschiedliche DNA-Moleküle hergestellt. Die meisten dieser Moleküle sind nutzlos, aber dann und wann entsteht auch ein nützliches Molekül. Es sind diese Fehler bei der Reduplikation, die jene minimalen Veränderungen hervorbringen, die man als Mutationen bezeichnet. Und derartige Mutationen sind natürlich ein wichtiger Faktor bei der Evolution.

Wie dem auch sei; die DNA-Reduplikation scheint das Vererbungsprinzip befriedigend zu erklären. Zudem ergibt sich fast unvermeidlich die Annahme, daß die DNA-Moleküle die Enzymproduktion kontrollieren. Aber *wie* erfüllen sie diese Aufgabe? Die DNA-Ketten bestehen aus vier verschiedenen Nukleotiden, die Enzymketten dagegen aus zwanzig Aminosäuren. Wie können vier Nukleotide zwanzig Aminosäuren herstellen?

Diese Frage bleibt nur so lange rätselhaft, solange man annimmt, jedes Nukleotid müsse einer Aminosäure entsprechen. Das würde natürlich nicht funktionieren. Statt dessen muß man sich *Gruppen* von Nukleotiden vorstellen. Denken wir einmal an Nukleotid-»Drillinge« oder *-Tripletts,* also an drei nebeneinanderliegende Nukleotide. Da die Nukleotide sich in jeder beliebigen Anordnung aufreihen können, kann sich jede der vier Nukleotid-Arten an der ersten, zweiten oder dritten Stelle befinden. Damit sind vier mal vier mal vier, also vierundsechzig verschiedene Tripletts möglich: AAA, AAG, AAC, AAT, AGA, und so weiter.

Will man nun jedes Triplett mit einer bestimmten Aminosäure in Verbindung bringen, so sind genügend Tripletts vorhanden, um jeder Aminosäure zwei oder drei von ihnen zuzuweisen. Damit besitzt das Muster selbst eines kleinen Teils des DNA-Gehalts eines Chromosoms durchaus genügend Komplexität, um das Muster eines Enzyms herzustellen.

Jedes Gen wäre dann für die Produktion eines Enzyms verantwortlich, wobei der Enzymgehalt einer Zelle ihre Eigenschaften und Fähigkeiten bestimmt. Die DNA-Reduplikation garantiert, daß die Eigenschaften und Fähigkeiten einer Tochterzelle jenen der Elternzelle entsprechen. Dasselbe gilt für das Verhältnis eines Nachkommen zu seinen Eltern.

Seit diesen ersten Erkenntnissen des Jahres 1953 haben die Biochemiker daran gearbeitet, den *genetischen Code* offenzulegen. Dabei wurde bestimmt, welches Nukleotid-Triplett welcher Aminosäure entspricht.

Nun befinden sich die DNA-Moleküle im Zellkern, während die Ribosomen, an denen die Enzymherstellung stattfindet, im Cytoplasma sind. Die in der DNA enthaltene Information muß also irgendwie hinaus ins Cytoplasma gelangen.

Dies geschieht, indem die DNA-Information auf RNA übertragen wird, wobei sich RNA sowohl im Zellkern wie auch im Cytoplasma befindet. Eine DNA-Helix kann ein RNA-Molekül herstellen, das ihre Struktur wiederholt. Diese *Messenger-RNA* (»Boten-RNA«) transportiert das DNA-Muster zu den Ribosomen. Dort binden sich zahlreiche, relativ kleine RNA-Moleküle an die Messenger-RNA. Diese kleinen RNA-Moleküle existieren in verschiedenen Abarten, von denen jede die Fähigkeit hat, sich mit dem einen Ende an ein bestimmtes Triplett anzulagern. An das andere Ende desselben RNA-Moleküls kann sich eine bestimmte Aminosäure anlagern. So kombinieren sich die verschiedenen Aminosäuren auf dem Ribosom und geben dabei das DNA-Muster wieder, nun in Aminosäuren übersetzt. Die kleinen RNA-Moleküle, die gewissermaßen mit ihrem einen Ende die Information der Nukleinsäuren aufnehmen, um sie mit dem anderen Ende in Aminosäureninformation zu übertragen, nennt man *Transfer-RNA*.

Was den Ursprung des Lebens betrifft, so könnten wir nach all dem zu dem simplen Schluß kommen, daß irgendwann ein DNA-Molekül erschienen ist, das kompliziert genug war, um eine identische Verdoppelung durchzuführen. Alles andere wäre eine Folge dieses Vorgangs.

Ganz so einfach ist die Sache jedoch nicht. Bei der DNA

handelt es sich um ein außerordentlich komplexes Molekül, das für seine Funktion der Hilfe von Enzymen bedarf. Damit hätten wir einen klassischen Zirkelschluß. Um Enzyme herzustellen, benötigen wir DNA, doch zur Funktion der DNA bräuchten wir erst einmal Enzyme.

Um diese Situation aufzulösen, müssen wir uns ein einfacheres System vorstellen, aus dem sich DNA entwickelt hat, und zwar eines, das zu seiner Funktion keine Enzyme benötigt. Eine Reihe von Gründen weist darauf hin, daß dieses einfachere System sich der RNA bedient hat.

Einer dieser Gründe beruht darauf, daß die DNA ihren Einfluß auf dem Umweg über die RNA ausübt. Es sieht also so aus, als vollziehe die RNA die eigentliche Arbeit der Enzymsynthese, während die DNA lediglich als Informationsspeicher dient. Wir können uns daher leicht eine »primitive« Situation vorstellen, in der die RNA sowohl Informationsspeicher wie arbeitender Mechanismus ist.

Dieses System ist sogar mehr als bloße Vorstellung. Die komplexeren Viren enthalten DNA, während die einfacheren, wie das Tabakmosaikvirus, lediglich RNA enthalten – und keinerlei DNA.

Einer der komplexesten Aspekte der Reduplikation ist die Tatsache, daß es dazu einer Doppelhelix bedarf, so daß jede der beiden Helices die Bildung einer Partnerhelix durchführen kann. Aber ist das ein absolut essentieller Bestandteil dieses Prozesses? Nein, denn der amerikanische Biophysiker Robert Louis Sinsheimer (geboren 1920) hat einen Virusstamm entdeckt, dessen DNA lediglich eine einzelne Helix (oder einen *Strang*) bildet. Auch diese einfache DNA-Struktur kann sich verdoppeln.

Die Methode ist recht einfach. Man stelle sich vor, dieser einzelne Strang sei eine (+)-Helix. Diese könnte eine (−)-Helix bilden, und diese wiederum eine (+)-Helix. Damit verläuft die Reduplikation in zwei Schritten statt in einem und führt zu einem einzelnen neuen Molekül anstatt zu zweien. Einsträngige DNA ist ein wesentlich weniger effizienter Reduplikator als doppelsträngige DNA, doch ist diese Funktion keineswegs unmöglich.

Es wäre also möglich, daß diese einsträngige RNA eine ursprüngliche Form eines Nukleinsäurenreduplikators darstellt. Übrigens verläuft die Verdoppelung um so rascher, je kürzer der einzelne Strang ist. Auch der Prozeß als solcher wird einfacher. Offenbar ist die Verdoppelung einsträngiger RNA, die aus weniger als hundert Nukleotiden besteht, ein so einfacher Prozeß, daß dieser ohne die Hilfe von Enzymen ablaufen kann.

Wir können uns den Beginn des Lebens also folgendermaßen vorstellen:

1. Am Anfang steht ein sehr kurzes, einsträngiges RNA-Molekül, das sich ohne Enzym verdoppeln und die Bildung einfacher Proteinmoleküle katalysieren kann.
2. Dieses RNA-Molekül verbindet sich mit einigen der einfachen Proteine, die es gebildet hat oder die auf andere Weise entstanden sind. Dadurch wird es stabiler. Es kann nun auch länger werden und sich effizienter verdoppeln.
3. Ein DNA-Molekül entsteht, vielleicht durch einen Fehler bei der RNA-Reduplikation. Es ist stabiler als das RNA-Molekül, kann wesentlich längere Ketten bilden (bis hin zu Millionen von Nukleotiden). Außerdem kann es Informationen sicherer speichern und sich effizienter und fehlerfreier verdoppeln. Die Verbindung mit den Proteinen wird also ständig komplexer und nützlicher.
4. Diese virusähnlichen Formen entwickeln sich schließlich zu einfachen Prokaryoten, und aus diesen entsteht alles andere.

Damit wären wir bei der nächsten Frage. Wie ist jenes ursprüngliche, einsträngige RNA-Molekül überhaupt entstanden?

Wenn man die Möglichkeit einer übernatürlichen Schöpfung ausschließt, so umfaßt die Geschichte vom Ursprung des Lebens den Übergang von einer eindeutig leblosen Substanz zu einer, die lebendig ist – wie einfach dieses Leben auch sein mag.

In früheren Zeiten hätte man einen derartigen Vorgang

nicht als sonderlich problematisch angesehen. Beispielsweise erschienen in verdorbenem Fleisch aus dem Nichts plötzlich Maden. Erst als man durch sorgfältige Beobachtungen herausgefunden hatte, daß sich nur dann Maden bilden, wenn zuvor Fliegen ihre Eier im Fleisch abgelegt haben, stellte man fest, daß dieses Beispiel einer *spontanen Zeugung* keineswegs spontan war.

Im Verlauf des 19. Jahrhunderts gewann man immer mehr Gewißheit, daß alles Leben aus anderem Leben entsteht. Im Jahre 1864 bewies Pasteur, daß dies sogar auf Mikroorganismen zutrifft.

Dennoch mußte irgendwann die Trennlinie vom Nichtleben zum Leben überschritten worden sein.

Nachdem die Wissenschaft entschieden hatte, daß eine spontane Zeugung nicht stattfand, zögerte man, die Notwendigkeit der Annahme zu akzeptieren, ein derartiger Vorgang habe in einer weitentfernten Vergangenheit, nun als *Urzeugung,* doch stattgefunden. Im Jahre 1908 versuchte der schwedische Chemiker Svante August Arrhenius (1859–1927) einen Kompromiß zu finden. Er schlug vor, das Leben auf der Erde sei entstanden, indem an und für sich lebende, aber zu sehr langen Ruheperioden fähige Sporen Millionen von Jahren durch den Weltraum geschwebt seien, bis einige von ihnen auf unserem Planeten landeten und im vorgefundenen, günstigen Milieu wieder zum Leben erwachten.

Das ist natürlich eine hochdramatische Vorstellung. Nehmen wir aber an, die Erde sei irgendwann gleichsam von einem fernen Himmelskörper besät worden, der vor noch viel längerer Zeit von einem wieder anderen Planeten besät worden ist, so kommen wir am Ende doch zu einem Zeitpunkt, an dem das Leben auf *irgendeinem* Himmelskörper durch Urzeugung begonnen hat. Und wenn wir uns schon mit einer Urzeugung irgendwo und irgendwann befassen müssen, können wir uns genausogut an die Frage wagen, wie es diesbezüglich mit der Erde in der ersten Jahrmilliarde ihrer Existenz steht.

Warum also soll eine Urzeugung nicht möglich gewesen sein? Selbst wenn so etwas heute auf der Erde nicht stattfindet (oder womöglich nicht stattfinden *kann*), so waren die Umstände auf der ursprünglichen Erde so anders, daß ein heute unumstößliches Gesetz zu dieser Zeit vielleicht nicht so absolut gegolten hat. Beispielsweise haben wir heute eine sauerstoffreiche Atmosphäre, doch die Atmosphäre der Urerde besaß keinen Sauerstoff. Dies könnte ein bedeutsamer Unterschied sein.

Wenn wir uns andererseits Leben vorstellen, das sich in der heutigen Situation gerade in einem Entstehungsprozeß befindet, so würde dieses Urleben den unzähligen hungrigen Lebensformen zum Opfer fallen, die es heute gibt. Es würde niemals überdauern. Auf der Urerde dagegen, die keinerlei Leben besaß, konnte sich jede Form von Urleben ohne Störung entwickeln – jedenfalls ohne diese Art der Störung.

Dennoch ist es nicht gerade einfach, eine Erklärung für den Ursprung des Lebens zu finden. Um als Vorläufer des Lebens dienen zu können, müssen bestimmte Moleküle einerseits anfänglich überhaupt in der Atmosphäre und dem Ozean der Erde vorhanden gewesen sein, und zwar in ausreichender Menge. Andererseits mußten sie die passenden Eigenschaften aufweisen. Die entsprechenden Moleküle waren nun sehr klein und bestanden nur aus zwei bis fünf Atomen. Die einfachste Form von Urleben, die wir uns vorstellen können – ein einsträngiges RNA-Molekül, das aus knapp einhundert Nukleotiden besteht –, wäre aus ungefähr dreitausendsiebenhundert Atomen aufgebaut. Wir können aber annehmen, das Leben habe begonnen, indem sich erst einmal sehr kleine Moleküle zu relativ großen zusammenschlossen.

Andererseits ist es eine natürliche Tendenz, daß große, sich selbst überlassene Moleküle in kleine Moleküle auseinanderbrechen. Es ist so gut wie gar keine Tendenz bei kleinen, sich selbst überlassenen Molekülen zu beobachten, sich zu großen zusammenzuschließen. Das entspräche der Vorstellung, daß eine Kugel ohne weiteres eine schiefe Ebene hinunterrollt, wogegen es überhaupt nicht wahrscheinlich ist, daß sie *hinauf*rollt.

Wir brauchen allerdings nicht in der Vorstellung zu verharren, der ganze Prozeß müsse sich selbst überlassen bleiben.

Eine Kugel rollt vielleicht nicht von selbst eine schiefe Ebene hinauf, aber man kann sie hinauf*schieben*. Was auf spontane Weise nicht möglich ist, kann durchaus geschehen, wenn die nötige Energie geliefert wird. So können sich auch kleine Moleküle zu großen zusammenschließen, wenn Energie geliefert wird.

Auf der Urerde gab es nun Energiequellen – vulkanische Wärme, Blitze und vor allem Sonnenlicht. Heute bildet ein Teil des Sauerstoffs in der Luft Ozon, eine energetische Form des Sauerstoffs. Sie hat drei Atome pro Molekül (O_3), während gewöhnlicher Sauerstoff nur zwei Atome hat (O_2). Dieses Ozon konzentriert sich in der oberen Atmosphäre und blockiert die ultravioletten Sonnenstrahlen. Auf der Urerde, in deren Atmosphäre kein Sauerstoff zu finden war, gab es auch keine Ozonschicht, und das energiereiche ultraviolette Sonnenlicht konnte die Erdoberfläche unbehindert erreichen.

Der erste, der diese Umstände sorgfältig durchdachte, war der sowjetische Biochemiker Alexander Iwanowitsch Oparin (1894–1980). Er veröffentlichte im Jahre 1936 ein Buch mit dem Titel *Der Ursprung des Lebens auf der Erde.* Oparin nahm an, die Atmosphäre der Urerde habe aus einer Mischung aus Methan und Ammoniak bestanden; als Energiequelle habe das Sonnenlicht gedient.

Im Jahre 1954 versuchte ein Mitarbeiter des amerikanischen Chemikers Harold Clayton Urey (1893–1981), der 1930 geborene damalige Chemiestudent Stanley Lloyd Miller, Oparins Spekulation mit einem Experiment zu untermauern. Miller begann mit einer Mischung aus Wasser, Ammoniak, Methan und Wasserstoff, wobei er darauf achtete, daß diese Lösung steril war und keinerlei Leben enthielt. Dann ließ er sie um eine elektrische Energiequelle kreisen. Nach Ablauf einer Woche analysierte Miller seine Lösung und stellte fest, daß einige ihrer kleinen Moleküle sich zu größeren zusammengeschlossen hatten. Unter diesen größeren Molekülen befanden sich auch Glycin und Alanin, die beiden einfachsten der zwanzig Aminosäuren, die in Proteinen zu finden sind.

Andere Forscher folgten Millers Beispiel. Dabei verwendeten sie verschiedene Mischungen, die dem nahekommen konnten, was im Urmeer und in der Ursee vorhanden gewesen sein mochte. Auch andere Energiequellen wurden verwendet. Das Ergebnis blieb mehr oder weniger dasselbe.

Eines der Produkte dieser Experimente war Wasserstoffcyanid (HCN). Diesen Stoff fügte der spanisch-amerikanische Biochemiker Juan Oro (geboren 1923) im Jahre 1961 seiner Ausgangsmischung bei. Als Resultat erhielt er ein reicheres Gemisch von Aminosäuren. Außerdem war Adenin entstanden, ein wichtiger Bestandteil eines der Nukleotide in Aminosäuren. Ein Jahr später fügte Ora noch Formaldehyd (HCHO) hinzu, ein weiteres früheres Produkt dieser Experimente. Nun erhielt er eine Anzahl von Zuckerarten, darunter Ribose, einen Bestandteil von RNA-Nukleotiden, und Desoxyribose, einen Bestandteil von DNA-Nukleotiden.

Derartige Ergebnisse sind übrigens nicht nur bei vom Menschen durchgeführten Experimenten festzustellen, also bei Anordnungen, die unbewußt zugunsten von Urformen des Lebens gewichtet sein könnten.

Zum Beispiel haben die meisten Meteoriten eine metallische oder felsige Natur. In beiden Fällen zeigen sich keine Spuren organischen Materials. Einen kleinen Prozentsatz der Meteoriten stellen jedoch die *kohlenstoffhaltigen Chondrite*, die kleine Mengen Wasser und kohlenstoffhaltige Verbindungen enthalten. Der aus Sri Lanka stammende amerikanische Biochemiker Cyril Ponnamperuma (geboren 1923) hat einige dieser Körper untersucht und Spuren von fünf der Aminosäuren gefunden, aus denen die Proteine aufgebaut sind.

Zudem haben die Astronomen die Radiostrahlung untersucht, die gewaltige Staub- und Gaswolken im interstellaren Raum aussenden. Aus der Natur dieser Strahlung kann man schließen, welche Moleküle sich in diesen Wolken gebildet haben. Zuerst fand man nur Kombinationen aus zwei Atomen, doch als die Radioteleskope größer und leistungsfähiger wurden, entdeckte man auch andere Moleküle – Wasser, Ammoniak, Formaldehyd, Methylalkohol und so weiter. Könnte man diese Wolken aus der Nähe untersuchen, so wäre niemand allzu erstaunt, wenn man in ihnen Aminosäuren oder Nukleotide lokalisierte.

In diesem Zusammenhang besteht die Möglichkeit, daß der Urerde sozusagen auf die Beine geholfen wurde, indem Meteore oder Kometen einige wichtige Lebensbestandteile zu ihr gebracht haben oder indem diese Stoffe aus dem Staub heruntersanken, der um unseren Planeten schwebte.

Es ist jedoch noch niemandem gelungen, über diese eher relativ einfachen Komponenten, die bisher genannt wurden, hinauszugelangen. Bislang hat sich noch kein Experiment jenen komplexeren Komponenten auch nur angenähert, die auch die primitivste Form des Lebens benötigen würde.

In letzter Zeit hat man einige Thesen vorgebracht, die darauf hinauslaufen, daß sich das Leben nicht in direkter Linie von einfachen Bestandteilen zu einer einsträngigen, reduplikationsfähigen RNA entwickelt habe. Eine dieser Thesen hat eine gewisse Aufmerksamkeit erregt. Sie besagt, bei dem eigentlichen Ausgangspunkt habe es sich um irgendein System gehandelt, das auf wesentlich einfachere Weise zur Selbstverdoppelung fähig gewesen sei als das aus Nukleinsäuren bestehende.

Womöglich ist die Lösung des Rätsels bei den unorganischen Kristallen zu finden. Dabei hat die Atomstruktur perfekter Kristalle eine absolute Ordnung, die in diesem Zusammenhang uninteressant wäre. Echte Kristalle jedoch sind niemals perfekt, sondern haben immer Defekte, also »falsche« Anordnungen von Atomen. Diese Defekte können sich auf eine Weise ausbreiten, die einer Verdoppelung nahekommt, und sie können Veränderungen unterliegen, die an Mutationen erinnern. Dies würde an sich noch kein Leben oder auch nur einen legitimen Pfad zum Leben darstellen, doch könnte es eine Art Modell für ein passenderes Konzept liefern.

Der britische Chemiker A. G. Cairns-Smith hat angeregt, daß das ursprüngliche Verdoppelungssystem mit Lehm zu tun gehabt haben könnte. Lehm ist eine häufig vorkommende Substanz, die leicht Kristalle bildet. Einige organische Substanzen könnten die Bildung von Lehmkristallen gefördert und sich an den Lehm angelagert haben, wodurch Verdoppelungssysteme aus Lehm und organischem Material entstanden sein könnten. Jene organischen Bestandteile, die am besten zum Lehm paßten, könnten dann in einem Selektionsprozeß übriggeblieben sein. Damit hätte der organische Teil des Systems allmählich seine Fähigkeit zur Verdoppelung verbessert und begonnen, zum dominierenden Systemteil zu werden. Schließlich wäre dieser organische Teil in der Lage gewesen, alleine zurechtzukommen, worauf der Lehm sozusagen weggeschoben worden wäre – als ein Gerüst, das nicht länger nötig war.

Beginnen wir also mit der Bildung der Erde vor viereinhalb Milliarden Jahren. Wir können die ersten Hunderte von Jahrmillionen vorübergehen lassen, in denen sich die Erde mehr oder weniger zu ihrem gegenwärtigen Zustand niederläßt. Sie kühlt ab und bildet einen Ozean und eine Atmosphäre. Der Sonnenwind bläst die Wasserstoffwolke um die Erde fort, und der Meteorschauer, aus dem sich die Erde gebildet hat, wird schwächer und hört schließlich fast ganz auf.

Dann, vor vielleicht viertausend Millionen Jahren, ist die Erde verhältnismäßig ruhig, worauf die Periode der »chemischen Evolution« beginnt. Ob sich relativ komplexe organische Moleküle direkt aus den kleinen Molekülen der Luft und des Ozeans entwickelt haben oder ob dies auf dem Umweg über Lehm (oder auf wieder andere Weise) geschehen ist, so ist doch wahrscheinlich, daß der Ozean vor vielleicht 3800 Millionen Jahren von organischen Molekülen wimmelte. Die Meere dieser Zeit werden daher manchmal als »organische Suppe« oder »Ursuppe« bezeichnet.

Zu diesem Zeitpunkt dürften sich die ersten virusähnlichen Moleküle entwickelt haben. Wir könnten sie als »Virusoiden« bezeichnen, obwohl dieser Begriff meines Wissens in der Wissenschaft nicht gebräuchlich ist. Diese Stoffe katalysierten die Aufspaltung der organischen Substanzen in der Ursuppe. Dadurch entstand Energie, die eine Bildung weiterer Virusoiden aus den umliegenden Bestandteilen ermöglichte. So wuchs die Virusoiden-Population, während die als »Nahrung« dienende Ursuppe immer stärker ausdünnte.

Mit der Zeit könnte ein Gleichgewicht entstanden sein, bei

dem gerade so viele Virusoiden existierten, daß die für ihr Weiterleben erforderliche Nahrungsmenge genauso groß war wie jene, die vom ultravioletten Sonnenlicht aufgebaut wurde. Herrschte aber zur Zeit der Virusoiden auf der Erde Atmosphäre II in ihrem Endzustand, so entstand durch die Wasserphotolyse in der oberen Atmosphäre etwas Sauerstoff und damit auch etwas Ozon. Das ultraviolette Licht, das auf der Erdoberfläche ankam, nahm dadurch ab; und wenn dieses Licht eine wichtige Energiequelle für die kontinuierliche Produktion organischer Materie im Ozean war, so nahm auch die Nahrungsversorgung ab.

Als Folge mußte sich der Wettbewerb um Nahrung verschärfen, und jene Virusoiden, die irgendwie eine Nahrungsreserve ansammeln konnten, setzten sich durch. Eine Methode zur Speicherung von Nahrung wäre ein Virusoid-Molekül mit einer Membran gewesen, die es zuließ, daß Nahrungsmoleküle verschlungen wurden, jedoch nicht wieder nach außen dringen konnten. Auf diese Weise hätte sich innerhalb der Membrangrenzen eine Nährstoffreserve angesammelt, die je nach Bedarf verwendet werden konnte. Kurz gesagt, die Virusoiden wären zu Zellen geworden.

Womöglich ist die Bildung von Zellen noch nicht einmal ein allzu großes Problem. Vom Jahre 1958 an experimentierte der amerikanische Biochemiker Sidney Walter Fox (geboren 1912) mit den Auswirkungen relativ großer Wärme auf Aminosäuren. Die Temperatur entsprach jener, die auf der Felsoberfläche der vulkanischen Urerde geherrscht haben dürfte, wobei dieses Gestein in regelmäßigen Abständen von warmem Regen überschüttet wurde. Fox stellte fest, daß sich seine Aminosäuren verbanden und ein proteinähnliches Polymer bildeten, dem er den Namen *Proteinoid* gab. Gelöst in Wasser bildeten die Proteinoiden winzige *Mikrosphären,* umgeben von Membranen. Dabei zeigten diese Mikrosphären einige der Eigenschaften, die wir mit Zellen assoziieren.

Es wäre also möglich, daß sich im Lauf der Zeit Urvirusoiden mit Urmikrosphären verbunden haben, um vor knapp 3500 Millionen Jahren die ersten, sehr einfachen und vorläufigen Prokaryoten zu bilden.

Selbst wenn die Prokaryoten Nährstoffe speichern konnten, so hingen sie doch letztlich vom Nährstoffangebot in den Meeren ab, das vom energiereichen ultravioletten Licht aufgebaut wurde. Nahm das ultraviolette Licht ab, so nahmen auch die Nährstoffe ab, und eine Speicherung von Nahrung konnte den gräßlichen Tag des Hungertodes nur hinauszögern. In dieser Situation konnten sich jene Prokaryoten einen Überlebensvorteil verschaffen, die durch zufällige Mutationen einen Schritt in Richtung der Fähigkeit taten, mit der geringeren Energie des gewöhnlichen, sichtbaren Sonnenlichts aus kleineren Molekülen größere zu bilden. Schließlich kann das sichtbare Licht – im Gegensatz zum unsichtbaren ultravioletten – problemlos durch die Ozonschicht gelangen. Kann es als Energiequelle genutzt werden, so bietet es sozusagen unbegrenzte Nahrung.

Vor ungefähr dreitausend Millionen Jahren existierten dann Cyanobacteria, die ersten zur Photosynthese fähigen Organismen. Sie konnten aus kleinen Molekülen ihre eigene Nahrung bilden und waren damit nicht mehr von der Ursuppe abhängig. Das traf auch auf die älteren bakteriellen Prokaryoten zu, sofern sie Methoden entwickelten, sich von den Cyanobacteria zu ernähren und *deren* Nahrungsreserven zu nutzen. Nun bedeutete die Photosynthese den Verbrauch von Kohlendioxid und die Bildung von Sauerstoff in wesentlich größerem Umfang, als die bis dahin ausschließlich stattfindende Photolyse bewirkt hatte. Damit begann das Kohlendioxid in der Atmosphäre weiter abzunehmen, während der Sauerstoffgehalt stieg.

Das Vorhandensein von Sauerstoff in der Atmosphäre wiederum beschleunigte das Verschwinden der Ursuppe, da sich Sauerstoff mit organischen Molekülen verband und Kohlendioxid und Wasser bildete. Dies aber bedeutete, daß nur die Cyanobacteria und die sich von ihnen ernährenden Organismen in größerer Menge überleben konnten. Darüber hinaus war Sauerstoff sogar eine Gefahr für die Zellen, wenn diese keine Enzyme entwickelten, die die Verbindung von Sauerstoff und organischen Molekülen auf glatte und geordnete Weise kontrollieren konnten. Sonst hätte sich der Sauerstoff aufs Geratewohl mit Zellbestandteilen verbunden und die Zelle abgetötet.

Freilich haben bis heute einige Bakterien überlebt, die keinen Sauerstoff verwenden können, für die Sauerstoff sogar giftig ist. Es sind die *anaerobischen Bakterien* oder *Anaerobier* (griechisch für »keine Luft«). Sie existieren gewissermaßen nur in den Winkeln und Ecken unserer Welt, sind aber keineswegs ohne Bedeutung. Gewisse anaerobische Bakterien können Botulismus, Wundstarrkrampf und Gasbrand verursachen, samt und sonders tödliche Krankheiten.

Außerdem gibt es Bakterien, die Energie mittels chemischer Reaktionen gewinnen, bei denen keine Photosynthese beteiligt ist *(chemosynthetische Bakterien)*. Vor nicht allzu langer Zeit hat man festgestellt, daß solche Bakterien an bestimmten Stellen des Meeresbodens leben, an denen heißes und an chemischen Stoffen reiches Wasser austritt. Diese Bakterien dienen einer Anzahl komplexerer Lebewesen als Nahrung. Sämtliche Organismen dieser Nahrungskette hängen nicht von der Energie des Sonnenlichts ab und könnten selbst dann weiterleben, wenn alles Leben auf der Erdoberfläche verschwände. Wie dem auch sei, so bewohnen auch diese Bakterien nur einen kleinen Winkel unserer Umwelt.

Der Prozeß der Sauerstoffanreicherung der Erdatmosphäre dürfte sich über einen Zeitraum von über 2000 Millionen Jahren erstreckt haben, bis schließlich fast alles Kohlendioxid verschwunden war und der Prozeß zum Stillstand kam. Anfänglich lief dieser Prozeß sehr langsam ab. Vor 1400 Millionen Jahren bildeten sich dann eukaryotische Zellen, von denen einige (die Algen) photosynthetisch tätig waren, und zwar auf wesentlich effizientere Weise als die Cyanobacteria. Die Rate der Sauerstoffanreicherung stieg an, und vor ungefähr 650 Millionen Jahren war der Prozeß im großen und ganzen beendet.

Konnte nun dank der Existenz geeigneter Enzyme Sauerstoff direkt verwendet und mit organischen Molekülen verbunden werden, so entstand eine ungefähr zwanzigfach höhere Energiemenge als bei den älteren Prozessen, die ohne Beteiligung von Sauerstoff Moleküle aufspalteten.

Das wiederum bedeutete, daß den Lebensformen angesichts des gestiegenen Sauerstoffgehalts der Luft ein immer größeres Energieangebot zur Verfügung stand. Diese Energie konnte dann gewissermaßen für Luxuseigenschaften verwendet werden. Die Lebensformen waren in der Lage, eine bestimmte Energiemenge zur Entwicklung harter, schützender Teile zu verwenden oder zur Verbesserung ihrer räuberischen Qualitäten oder auch für die Entwicklung einer kräftigeren Muskulatur. Und aus diesem Grund ist am Beginn des Kambriums, also vor 600 Millionen Jahren, so plötzlich das Einsetzen der Versteinerungsbildung zu beobachten.

Die Frage nach den Anfängen kann jedoch nicht auf die Erde beschränkt bleiben, selbst wenn wir nach dem Ursprung des Lebens fragen. Schließlich besteht das Universum aus wesentlich mehr als aus unserem Planeten. Betrachten wir beispielsweise den Mond. Wie ist er entstanden?

22.
DER MOND

Die biblische Schöpfungsgeschichte befaßt sich vorrangig mit der Erde und dem Menschen. Das übrige Universum wird nur in Verbindung mit seinem Nutzen für die Erde und die Menschheit erwähnt und ansonsten rasch abgetan. So heißt es in der Bibel in 1. Mose 1, 14—16 über den vierten Tag der Schöpfung:

> Und Gott sprach: Es werden Lichter an der Feste des Himmels, die da scheiden Tag und Nacht und geben Zeichen, Zeiten, Tage und Jahre; und seien Lichter an der Feste des Himmels, daß sie scheinen auf Erden. Und es geschah also. Und Gott machte zwei große Lichter: ein großes Licht, das den Tag regiere, und ein kleines Licht, das die Nacht regiere, dazu auch Sterne.

Mit dem »kleinen Licht« war der Mond gemeint; und bis vor einigen Jahrhunderten war die Menschheit der unumstößlichen Ansicht, er sei lediglich eine Lampe, die zum Nutzen der Menschen am Himmel hänge. Er schien nicht sehr weit entfernt zu sein, und er schien auch nicht sehr groß. Die Flecken, die sich auf seiner Oberfläche zeigten, wurden von den verschiedenen Kulturen unterschiedlich gedeutet. In Europa sprach man vom »Mann im Mond«, wobei der Mann beinahe so groß war wie der Mond – oder vielmehr war der Mond fast so klein wie ein Mensch.

Allerdings hatte der griechische Astronom Hipparchos (190—120 v. Chr.) mit Hilfe der Trigonometrie bereits um 150 v. Chr. die Entfernung des Mondes von der Erde berechnet. Er hatte festgestellt, daß diese Distanz dem sechzigfachen Radius der Erde entsprach, wobei der Radius die Entfernung vom Erdmittelpunkt zur Erdoberfläche ist.

Der griechische Forscher Eratosthenes (276—196 v. Chr.) hatte schon zuvor gezeigt, daß der Erdumfang ungefähr 40 000 Kilometer beträgt. Die heutige Berechnung beläuft sich auf 40 076,6 Kilometer am Äquator. Wiederum nach heutiger Berechnung beträgt der Erdradius am Äquator 6378 Kilometer, die mittlere Entfernung zum Mond 384405 Kilometer und dessen Durchmesser 3476 Kilometer.

Anders ausgedrückt, beträgt der Durchmesser des Mondes etwas mehr als ein Viertel des Durchmessers der Erde. Er ist damit nicht einfach eine Lampe am Himmel, sondern ein beachtlicher Himmelskörper – und dies war Hipparchos bereits vor zweiundzwanzig Jahrhunderten bekannt.

Falls der Mann auf der Straße jedoch überhaupt von solchen Berechnungen hörte, so mußten sie ihm wie abstruse philosophische Spekulationen vorkommen. Im Jahre 1609 aber richtete Galilei sein neuerfundenes Teleskop auf den Mond und sah Berge, Krater und etwas, das aussah wie das Meer. Von da an es keine Frage mehr, daß der Mond ein Himmelskörper war.

Nachdem Newton im Jahre 1687 sein Gesetz der universellen Schwerkraft entwickelt hatte, konnte er zeigen, daß die Gezeiten durch die Anziehungskraft des Mondes hervorgerufen werden und daß diese Kraft mit zunehmender Entfernung abnimmt.

Die Anziehungskraft des Mondes ist daher auf der ihm zugewandten Seite der Erde etwas stärker als auf der abgewandten Seite. Daher dehnt sich die Erde gewissermaßen entlang der Linie, die ihren Mittelpunkt mit dem des Mondes verbindet; und es entstehen zwei Ausbuchtungen auf jeder Seite, wobei das Wasser stärker gedehnt wird als die Gesteinskruste. Nebenbei bemerkt trägt auch die Anziehungskraft der Sonne zu den Gezeiten bei.

Nun dreht sich die Erde, so daß verschiedene Teile ihrer Oberfläche nacheinander durch die Wasserausbuchtungen wandern. Dabei trifft das Wasser auf den Widerstand der seichteren Regionen des Meeresbodens, und durch diese Reibung wird ein Teil der Rotationsenergie der Erde in Wärme umgewandelt. Dies verlangsamt die Erdrotation in äußerst geringem Maße und verlängert den Tag im Laufe von 62500 Jahren um eine Sekunde.

Das ist zwar nicht viel, doch kann ein solcher Drehimpuls in keiner Weise zerstört werden – er kann lediglich verlagert werden. Verlangsamt sich also die Erdrotation, so muß die Drehbewegung des Mondes um die Erde zunehmen. Eines der möglichen Ergebnisse ist, daß der Mond sich weiter von der Erde wegbewegt, so daß er eine längere Umlaufbahn durchlaufen muß. Daraus folgt, daß die Gezeitenwirkung des Mondes diesen sehr langsam von der Erde wegdrängt.

Diese Tatsache gewann an Bedeutung, als man den ersten wissenschaftlichen Versuch unternahm, den Ursprung des Mondes zu bestimmen. Wie in einem früheren Kapitel erwähnt, hatte Buffon spekuliert, der Mond sei zu einem frühen Zeitpunkt der Erdgeschichte von der Erde losgerissen worden. Doch dies war reine Spekulation. Buffon hatte keine klare Argumentationslinie und keine Beweise, um seine Ansicht zu rechtfertigen.

Im Jahre 1879 versuchte der englische Astronom George Howard Darwin (1845−1912), der zweite Sohn des Biologen Charles Darwin, die Gezeitenwirkung einzubeziehen, um Buffons hundert Jahre alte Spekulation zu stützen.

Darwin entwickelte dabei folgendes Konzept: Blickte man in die Vergangenheit, so mußte der Mond der Erde näher gewesen sein und die Erde sich schneller gedreht haben. In noch weiterer Vergangenheit mußten sich Mond und Erde so nahe gewesen sein, daß der Mond ein Teil der Erde gewesen sein mußte.

Anders gesagt, behauptete Darwin, zur Zeit der Entstehung der Erde hätten Mond und Erde einen einzigen Körper gebildet. Die Erde habe sich jedoch so rasch gedreht, daß die Zentrifugalkraft eine gewaltige äquatoriale Ausbuchtung geschaffen habe. Ein Teil der Äquatorialregion der Erde habe sich immer stärker ausgebuchtet, so daß das Ganze eine Art Hantelform angenommen habe, wobei ein Teil wesentlich größer gewesen sei als der andere. Schließlich sei der kleinere Teil, ungefähr ein Achtel der Gesamtmasse, weggebrochen und habe den Mond gebildet. Aufgrund der Gezeitenwirkung habe sich der Mond dann immer weiter entfernt, und auch die Erdrotation habe sich seit diesem Zeitpunkt immer stärker verlangsamt.

Nebenbei bemerkt verlangsamt sich die Rotation des Mondes rascher als die der Erde, da die größere Erde auch eine größere Gezeitenwirkung auf ihn ausübt als umgekehrt. Darüber hinaus besitzt der kleinere Mond einen geringeren Drehimpuls, so daß dieser rascher abnimmt. Jedenfalls hat sich die Mondrotation inzwischen so stark verlangsamt, daß eine Seite des Mondes permanent zur Erde zeigt.

Darwins Vorstellung von der Entstehung des Mondes ist in gewisser Hinsicht sehr attraktiv. Wäre sie korrekt, so hätte sich der Mond aus den oberen Schichten der Erde gebildet, die eine deutlich geringere Dichte haben als die Erde als ganze. Der Beweis für diesen Vorgang wäre auf die Tatsache zurückzuführen, daß die Erdmitte einen gewaltigen Kern aus Nickel und Eisen zu enthalten scheint, der die Gesamtdichte unseres Planeten erhöht, der von der Abtrennung des Mondes jedoch nicht betroffen gewesen wäre. Jedenfalls beträgt die Dichte des Mondes tatsächlich nur drei Fünftel der Erddichte. Damit ist der Mond so dicht wie der Gesteinsmantel der Erde außerhalb des Nickel-Eisen-Kerns. Der Mond selbst hat keinen Nickel-Eisen-Kern.

Außerdem entspricht der Durchmesser des Mondes ungefähr der Breite des Pazifischen Ozeans. Man kann sich also vorstellen, daß er an der Stelle aus der Erde gezogen wurde, an der sich nun der Pazifik befindet. Dabei hätte er einen riesigen Hohlraum hinterlassen, der sich mit Wasser auffüllte. Die Narbe dieses unfreiwilligen chirurgischen Eingriffs könnte sich immer noch in Form des Bandes aus Vulkanen und erdbebengefährdeten Gebieten zeigen, das den Pazifik heute umrahmt.

Darwins Theorie hat einer genauen Überprüfung jedoch nicht standgehalten. Wir kennen die Rotationsgeschwindigkeiten im System aus Erde und Mond. Wir wissen heute genau, mit welcher Geschwindigkeit sich die Erde um ihre Achse dreht. Das gilt auch für die Rotation des Mondes um seine Achse und für die Drehung von Erde und Mond um ihr gegenseitiges Gravitationszentrum. Wäre dieser gesamte Drehimpuls in einem einzelnen Körper konzentriert, der die gemeinsame Masse von Erde und Mond hätte und der sich um seine Achse drehte, so hätte dieser Körper immer noch nicht genug Drall, um sich in zwei Teile trennen zu können. Aus diesem Grund mußte man die Theorie Darwins fallenlassen. Zudem hat inzwischen die Plattentektonik die heutige Form des Pazifik und die ihn umgebenden Erdbebenzonen und Vulkane befriedigend erklärt. Mit dem Mond hat das Ganze nichts zu tun.

Die Alternative ist, daß sich der Mond von Anfang an getrennt von der Erde gebildet hat. Ist dies jedoch der Fall, stellt sich die Frage, wo dies stattgefunden hat. Hätte er sich beispielsweise nahe der Erde gebildet, so müßte er sich nahe der Ebene des Erdäquators um die Erde drehen. Das trifft jedoch nicht zu. Statt dessen dreht sich der Mond ungefähr auf der Ebene der Erdumlaufbahn um die Sonne, als sei der Mond einmal ein unabhängiger Planet gewesen, den die Erde eingefangen hätte.

Entspräche diese Vorstellung jedoch der Wahrheit, so würde es sich um eine höchst ungewöhnliche Situation handeln, da die Erde einen Körper von der Größe des Mondes nur schwer einfangen könnte. Es ist den Astronomen bislang noch nicht gelungen, ein Szenario der Umstände zu entwerfen, in denen so etwas hätte gelingen können. Wäre der Mond aber tatsächlich eingefangen worden, so müßte er eigentlich eine elliptischere Umlaufbahn aufweisen als jene, die er heute tatsächlich hat.

Hätte der Mond sich in der Nachbarschaft der Erde gebildet, so hätte er sich auch aus denselben Materialien bilden müssen wie die Erde. Warum aber hat er dann keinen Nickel-Eisen-Kern? Auch hier ist es den Astronomen noch nicht gelungen, schlüssig zu erklären, warum alles Eisen und Nickel von der Erde an sich gerissen wurde und so gut wie nichts vom Mond.

Im Jahre 1969 sind die ersten Astronauten auf dem Mond gelandet und haben Gestein von dort zurückgebracht. Man hatte gehofft, daß eine genaue Untersuchung dieses Gesteins Aufschluß geben würde. Nun ist dadurch zwar klargeworden, daß der Mond genauso alt wie die Erde ist, doch trotz aller Informationen, die uns sein Gestein liefern kann, bleibt es eine offene Frage, wo er sich bei seiner Bildung befunden hat.

Enttäuscht haben einige Astronomen die ironische Bemerkung geäußert, wenn alle drei Möglichkeiten für die Entstehung des Mondes unwahrscheinlich seien, wäre der einzige logische Schluß, daß der Mond eigentlich gar nicht existierte.

Man brauchte also eine vierte Möglichkeit. Schon im Jahre 1974 hat der amerikanische Astronom William K. Hartmann einen solchen Vorschlag gemacht. Er meinte, vielleicht sei zu einem frühen Zeitpunkt der Erdgeschichte ein großer Körper auf der Erde aufgeprallt, wobei der Mond entstanden sei.

Zuerst wurde Hartmanns Vorschlag weitgehend ignoriert, doch bis zum Jahre 1984 hatte man ihn mittels Computersimulationen erfolgreich durchgespielt. Heute ist das Konzept recht beliebt.

Es läuft darauf hinaus, daß der Störenfried ungefähr so groß wie der Mars war – vielleicht auch ein wenig größer – und daß er ein Siebtel der Erdmasse besaß. Er traf auf der Erde auf, bald nachdem unser Planet seine gegenwärtige Form angenommen hatte und bevor irgendwelches Leben erschienen war. Hätte es Leben gegeben, so wäre es durch die Kollision ausgelöscht worden. Der Vorgang muß sich vor über viertausend Millionen Jahren abgespielt haben.

Der Aufprall des Störenfrieds hätte einen großen Teil der Oberflächenschichten beider kollidierender Körper zu Dampf verwandelt, der in den Raum hinausgeschossen wäre. Was den Rest des aufgeprallten Objekts betrifft, so hätte sich dieser zum großen Teil mit der Erde verbunden, so daß die beiden Körper schließlich zu einem verschmolzen sind. Das in Dampf verwandelte Material dagegen kühlte rasch ab und verfestigte sich zu verschieden großen Körpern, die sich allmählich zusammenfanden und den Mond bildeten.

Diese Hypothese würde erklären, warum die Rotationsebene des Mondes um die Erde nicht auf der Ebene des Erdäquators ist, da der genaue Winkel, mit dem der Störenfried aufgetroffen wäre, jene Ebene bestimmt hätte. Auch das Fehlen eines Nickel-Eisen-Kerns beim Mond wäre erklärt, da nur die äußeren Schichten der beiden kollidierten Körper verdampft wären und den Mond gebildet hätten. Die Kerne wären relativ unverletzt geblieben. Schließlich wäre auch erklärt, warum der Mond wenig Stoffe enthält, die leicht verdampfen. Er hätte sich ja aus heißer Materie gebildet, und Materie, die allzu leicht verdampfte, hätte sich nur zögernd verfestigen können und Zeit gehabt, in den Weltraum zu entschwinden.

Kurz, die neue Kollisions-Hypothese würde so gut wie alle Rätsel über den Ursprung des Mondes lösen, die die ersten drei Alternativen ungelöst lassen. Das heißt nicht, daß diese Hypothese tatsächlich unwiderlegt bleiben wird, doch scheint sie im Augenblick die plausibelste zu sein.

Womit nur noch die folgende Frage bliebe: Wo ist der Störenfried eigentlich hergekommen?

Um dies zu beantworten, müssen wir uns klarmachen, daß die Erde sich natürlich nicht alleine im Weltraum befindet. Sie ist Teil einer großen Familie von Objekten, zu denen die Sonne ebenso gehört wie die verschiedenen Planeten und die anderen Himmelskörper, die die Sonne umkreisen und deren Größe von der gewaltigen Masse des Jupiters bis zu mikroskopisch kleinen Staubteilchen variiert. All diese Objekte zusammengenommen bezeichnet man als Planetensystem oder *Sonnensystem*.

Fragen wir also nach dem Ursprung des Sonnensystems, wobei wir auch auf die Herkunft des Störenfrieds stoßen werden.

23.
DAS SONNENSYSTEM

In Altertum und Mittelalter nahm man fraglos an, die Erde sei der Mittelpunkt des Universums; aus dem einfachen Grund, weil es so *aussah*. Man dachte, sieben Himmelskörper (oder *Planeten*) kreisten in verschiedener Entfernung um die Erde. Am nächsten war der Mond, dann kamen Merkur, Venus, die Sonne, Mars, Jupiter und schließlich Saturn. Dahinter befand sich die schwarze Kugel des Firmaments, auf dem die leuchtenden Funken der Sterne befestigt schienen.

Es war erst im Jahre 1543, daß diese Ansicht von Grund auf in Frage gestellt wurde. In diesem Jahr veröffentlichte der polnische Astronom Nikolaus Kopernikus (1473–1543) ein Buch, in dem er darauf hinwies, die Berechnungsmethode der Planetenbewegungen könne vereinfacht werden, wenn man annahm, daß sich alle Planeten (einschließlich der Erde und ihres Trabanten) um die Sonne drehten. Dies hatten zwar schon einige Astronomen im alten Griechenland vermutet, doch Kopernikus war der erste, der das Ganze auf eine mathematische Basis stellte.

Es dauerte jedoch über ein halbes Jahrhundert, bis die alten Denkgewohnheiten überwunden waren. Noch im Jahre 1633 wurde Galilei von der Inquisition gezwungen, öffentlich zu widerrufen, daß sich die Erde bewege. Natürlich bewegte sie sich doch (was Galilei dem Volksmund nach leise vor sich hingemurmelt haben soll); und das Vorgehen gegen Galilei war der letzte Atemzug des alten Dogmas von der zentralen Position der Erde – zumindest, was die wissenschaftliche Welt betraf.

Im Jahre 1609 hatte der deutsche Astronom Johann Kepler (1571–1630) gezeigt, daß es sich bei den Umlaufbahnen der Planeten um die Sonne nicht um Kreise handelte, wie ursprünglich angenommen, sondern um Ellipsen, in deren einem Brennpunkt sich die Sonne befindet. Damit war die Struktur des Planetensystems in der bis heute geltenden Form eingeführt.

Die Sonne steht also im Mittelpunkt des Planetensystems, und wir wissen heute, daß es sich bei ihr um einen gewaltigen Körper handelt, mit der 332800fachen Erdmasse und der 743fachen Masse aller Objekte, von den Planeten bis zum Staub, die sie umkreisen. Sie dominiert alles andere in einem solchen Ausmaß, daß es absolut logisch ist, von der gesamten Ansammlung von Körpern als vom Sonnensystem zu sprechen.

Das Sonnensystem weist bestimmte Regelmäßigkeiten auf. Alle Planeten umkreisen die Sonne in derselben Richtung, und alle tun dies mehr oder weniger auf derselben Ebene, nämlich auf der des Sonnenäquators. Ferner rotieren die meisten Planeten auch in derselben Richtung um ihre eigene Achse, in der sie um die Sonne kreisen. Auch die Monde oder Satelliten kreisen in derselben Richtung um ihre jeweiligen Planeten, und zwar auf oder nahe deren äquatorialer Ebene.

Diese Tatsachen veranlassen die Astronomen zu der Annahme, das Sonnensystem habe sich nicht zu verschiedenen Zeiten und unter verschiedenen Bedingungen gebildet, da sonst keine derart gleichförmige Struktur hätte entstehen können. Vielmehr muß sich das Sonnensystem während eines einzigen Vorgangs gebildet haben, der alle Körper entweder gleichzeitig hervorbrachte oder in regelmäßigen Abständen und unter ähnlichen Bedingungen.

Buffon, der als erster ein hohes Erdalter vermutete, entwickelte im Jahre 1745 auch ein Konzept, wie sich das Sonnensystem gebildet haben könnte. Er nahm an, vor langer Zeit sei ein massiver Körper auf die Sonne aufgeprallt, wodurch Teile von ihr in den Weltraum hinausgeschleudert worden seien. Diese Teile hätten sich abgekühlt und die Planeten gebildet.

Nach dieser Vorstellung wären alle Planeten zur selben Zeit entstanden, während die Sonne selbst älter als die Planeten, vielleicht sogar viel älter wäre.

Diese Vorstellung ähnelt recht stark dem im vorangehenden Kapitel beschriebenen Konzept, das man bezüglich der Bildung des Mondes entwickelt hat. Die Astronomie griff

Buffons Vorschlag jedoch nicht auf, da es sich um eine reine Spekulation handelte. Buffon konnte keinerlei Beweise zu seinen Gunsten anführen.

Im Jahre 1755 entwickelte der deutsche Philosoph Immanuel Kant ein vollkommen anderes Konzept. Er baute dabei wahrscheinlich auf einer Idee Isaac Newtons auf, die der englische Forscher siebzig Jahre zuvor vorgebracht hatte. Kant nahm an, das Sonnensystem habe zunächst als eine riesige Wolke aus Staub und Gas existiert, die sich langsam zusammenzog, um einen kompakten Körper zu bilden – die Sonne.

Die Teilchen von Materie, die sich unter dem Einfluß des Gravitationsfeldes der Wolke nach innen bewegten, hätten durch dieses Feld Bewegungsenergie gewonnen. Bewegungsenergie wird auch als *kinetische Energie* bezeichnet, nach dem griechischen Wort für »Bewegung«. Als die Bewegung mit der Bildung der Sonne zum Stillstand kam, verwandelte sich die kinetische Energie in Hitze, und diese Hitze hätte die Sonne seit diesem Zeitpunkt zum Glühen gebracht.

Auch diese These erregte wenig Interesse. Wieder gab es keine Beweise, so daß es sich um eine reine Spekulation handelte. Im Jahre 1798 jedoch schrieb der französische Astronom Pierre Simon de Laplace (1749–1827) ein für das allgemeine Publikum gedachtes Astronomiebuch und brachte an dessen Ende dieselbe Idee vor. Womöglich hatte Laplace von Kants früheren Ideen nichts gehört; auf jeden Fall ging er stärker ins Detail.

Laplace nahm an, die ursprüngliche Wolke aus Staub und Gas habe sich gedreht. Als sie sich zusammenzog, sei sie immer schneller geworden, nach dem bekannten Gesetz über die Erhaltung des Drehimpulses. Schließlich habe sie sich so schnell gedreht, daß sie zu einem flachen, scheibenförmigen Körper geworden sei. Die Materie am äußeren Rand der Scheibe habe sich dann unter dem Einfluß der Zentrifugalkraft ringförmig losgelöst. Sie sei weggetrieben, habe sich dann abgekühlt und schließlich zu einem Planeten zusammengezogen.

Mit dem Verlust planetarer Materie wäre auch ein Teil des Dralls abgegeben worden, und die Hauptmasse der zentralen

Wolke hätte ihre Rotation verlangsamt. Wenn sich die Wolke aber weiter zusammenzog, drehte sie sich wieder rascher, bis ein weiterer Materieteil abgegeben wurde, und so fort. So hätte sich eine ganze Reihe von Planeten gebildet, die sich alle um ihre Achse und um die Sonne drehten.

Die Thesen von Laplace schienen alle bekannten Fakten einzubeziehen. Der Forscher konnte auch auf ein Beispiel für den von ihm beschriebenen Vorgang verweisen.

Im Sternbild Andromeda befindet sich ein kleiner Nebelfleck, der erstmals im Jahre 1611 von dem deutschen Astronomen Simon Marius (1573—1624) beschrieben wurde. Man nannte ihn den *Andromedanebel.* Laplace nahm nun an, der Andromedanebel sei eine Wolke aus Staub und Gas, die sich langsam zu einem Planetensystem wie dem unseren zusammengezogen hatte. Seine Beschreibung der Entstehung des Sonnensystems wurde daher unter dem Begriff »Nebularhypothese« bekannt.

Nach der Nebularhypothese ist der äußerste Planet der älteste, während die anderen Planeten um so jünger sind, je näher sie der Sonne liegen. Mars wäre also älter als die Erde, die wiederum älter als Venus. Die Sonne schließlich wäre der jüngste aller Körper des Sonnensystems.

Die Nebularhypothese befriedigte die Vorstellungskraft der zeitgenössischen Astronomen wie der Allgemeinheit, so daß sie beinahe ein Jahrhundert lang als wahrscheinliche Erklärung für die Bildung des Sonnensystems angesehen wurde.

Dabei schien eine Anzahl weniger wichtiger Faktoren zur Nebularhypothese zu passen und sie zu unterstützen. Beispielsweise hätten die Planeten selbst bei ihrer Entstehung eigene, kleinere Ringe abschleudern können, aus denen sich ihre jeweiligen Satelliten gebildet hätten.

So ist Saturn von einer Reihe von Ringen umgürtet, die diesem Planeten näher liegen als all seine sichtbaren Monde. Im Jahre 1859 bewies der schottische Mathematiker James Clerk Maxwell (1831—1879), daß diese Ringe nicht fest sind, sondern aus kleinen Teilchen bestehen. Dies schien ein Beispiel für den von Laplace beschriebenen Vorgang zu sein.

Als seit dem Jahr 1801 die Kleinkörper des sogenannten Asteroidengürtels (der Kleinplanetenzone) entdeckt wurden, schienen auch sie auf einen Materiering hinzudeuten, dem es niemals gelungen war, sich zu einem großen Planeten zusammenzufinden – vielleicht aufgrund von Störeffekten durch die Anziehungskraft des nahen Jupiter.

Auch die Helmholtzsche Theorie, daß die Sonne ihre Energie durch eine langsame Kontraktion gewinne, schien zur Laplaceschen Hypothese zu passen.

Was blieb, war die Frage des Drehimpulses. George Darwins Theorie, der Mond habe sich von einer rasch drehenden Erde getrennt, mußte aufgegeben werden, da das Gesamtsystem aus Erde und Mond für diesen Vorgang nicht genügend Drehimpuls aufwies. Im Falle der Nebularhypothese stellte sich das Problem genau umgekehrt. Im Sonnensystem gab es einen zu großen Drehimpuls.

Die Planeten stellen nur wenig über ein Prozent der Masse des Sonnensystems, doch der Drehimpuls der Planeten beträgt 98 Prozent des gesamten Systems. Allein Jupiter stellt 60 Prozent davon. Die Sonne dagegen besitzt nur zwei Prozent des gesamten Drehimpulses des Sonnensystems, so daß Jupiter dreißigmal mehr Drall hat als die wesentlich größere Sonne.

Wie wäre es möglich gewesen, daß sich so viel Drehimpuls in den Planeten konzentrierte? Nach der Nebularhypothese hätte die rotierende Wolke aus Staub und Gas anfänglich den gesamten Drehimpuls des Systems besitzen müssen. Natürlich wäre mit jedem abgeschleuderten Materiering ein Teil dieser Kraft abgegeben worden, doch konnte man sich nicht vorstellen, wie sich 98 Prozent der Kraft in diese Ringe verlagern konnten.

Dieses Problem blieb unlösbar, so daß die Astronomie gegen Ende des 19. Jahrhunderts gezwungen war, die Nebularhypothese aufzugeben. Dennoch mußte das Sonnensystem einen Ursprung haben. Wenn die Nebularhypothese nicht funktionierte, so mußte man sich etwas anderes ausdenken. Die Aufmerksamkeit der Astronomen richtete sich daher wieder auf Buffons Vorschlag, das Sonnensystem habe sich nicht durch Kondensation, sondern durch eine Kollision gebildet.

Im Jahre 1900 erarbeiteten die beiden amerikanischen Forscher Thomas Chrowder Chamberlin (1843−1928) und Forest Ray Moulton (1872−1952) die Konsequenzen, die ein in der Nähe der Sonne vorbeirasender anderer Stern gehabt hätte. Dabei hielten sie einen regelrechten Zusammenstoß gar nicht für notwendig. Die zwischen den beiden Körpern wirkende Anziehungskraft hätte eine Materiemasse herausgerissen, die sich zwischen den beiden Sternen ausgedehnt hätte, als diese sich voneinander wegbewegten.

Die heiße, aus der Sonne und dem anderen Stern herausgerissene Materie hätte sich in der Folge zu relativ kleinen Objekten, den *Planetesimalen,* kondensiert. Diese hätten sich in einer chaotischen Vielfalt von Umlaufbahnen um die Sonne bewegt, was zu häufigen Zusammenstößen geführt hätte. Im großen und ganzen wären als Folge dieser Kollisionen die größeren Teile auf Kosten der kleineren gewachsen, bis sich schließlich die heute sichtbaren Planeten ergeben hätten. Das Konzept von Chamberlin und Moulton wird daher als »Planetesimalhypothese« bezeichnet.

Was nun den Drehimpuls betraf, so wiesen die englischen Astronomen James Hopwood Jeans (1877−1946) und Harold Jeffreys (geb. 1891) darauf hin, daß die Gravitationsfelder der beiden Sterne bei ihrer Trennung der sich zwischen ihnen befindlichen herausgerissenen Materie einen seitlichen Ruck gegeben hätten. Dies aber hätte der Materie auf Kosten der beiden Sterne einen zusätzlichen Drehimpuls verschafft. Diese Idee verschaffte der Planetesimalhypothese großen Auftrieb.

Nun geht die Planetesimalhypothese auf Buffons Auffassung zurück, die Sonne habe bereits vor der Bildung der Planeten bestanden. Dabei wird allerdings nichts darüber ausgesagt, wann oder wie sich die Sonne gebildet habe.

In den ersten Jahren dieses Jahrhunderts wurde die Planetesimalhypothese von vielen Astronomen übernommen. In den zwanziger Jahren zeigte jedoch der englische Astronom Arthur Stanley Eddington (1882−1944), daß das Innere der

Sonne wesentlich heißer ist, als irgend jemand vor ihm angenommen hatte. Die Temperatur in der Sonnenmitte mußte Millionen von Graden betragen. Nur angesichts solcher Temperaturen war es nämlich möglich, daß sich die Sonne nicht aufgrund der Wirkung ihrer eigenen Schwerkraft zu einem winzigen Körper zusammenzog. Übrigens erwiesen sich diese Temperaturen auch als notwendig, als man zehn Jahre später die Behauptung aufstellte, die Energie der Sonne entstehe durch Kernfusion.

Eddingtons Schlüsse bedeuteten, daß die den beiden Sternen entzogene Materie wesentlich heißer gewesen sein muß, als die Vertreter der Planetesimalhypothese berechnet hatten. Im Jahre 1939 wies der amerikanische Astronom Lyman Spitzer jr. (geb. 1914) darauf hin, daß die Materie sogar so heiß gewesen sei, daß sie sich einfach ins Vakuum ausgedehnt hätte, bevor sie eine Chance zur Kondensierung gehabt hätte. Damit hätte es weder zu Planetesimalen noch zu Planeten kommen können.

Weitere Probleme bereitete der Mechanismus, mittels dessen die Planeten genügend Drehimpuls bekommen haben mußten, um ihre Umlaufbahnen in entsprechender Entfernung von der Sonne einzunehmen. Aufgrund all dieser Faktoren versuchte man, die vorhandene Hypothese umzubauen, was letztendlich aber nicht funktionierte. Um das Jahr 1940 war sie so gut wie tot.

Im Jahre 1944 kehrte der deutsche Physiker und Astronom Carl Friedrich von Weizsäcker (geb. 1912) jedoch zur Nebularhypothese zurück, und zwar mit neuem mathematischcm Handwerkszeug.

Weizsäcker dachte an eine kondensierende Wolke, wie sie sich auch Laplace vorgestellt hatte. Statt Gasringe abzugeben, hätte sie sich jedoch rascher zusammengezogen und um sich eine große Gas- und Staubscheibe hinterlassen. Innerhalb dieser Scheibe hätte es turbulente Wirbel gegeben, und in diesen weitere Wirbel (»Turbulenztheorie«).

Diese Wirbel hätten in den Regionen ihrer Überschneidung Materie zum Zusammenstoß gebracht und so Planetesimale gebildet. Diese wären durch fortgesetzte Kollisionen immer größer geworden, bis die Planeten entstanden wären. Mathematische Berechnungen zeigten, wie sich die Planeten in zunehmender Entfernung voneinander gebildet hatten, als die Wirbel mit zunehmender Entfernung von der Sonne immer größer wurden.

Weizsäckers Theorie gewann rasch an Popularität. Sie läuft darauf hinaus, daß sich die Sonne und alle Planeten ungefähr zur selben Zeit gebildet haben. Wir können also schließen, daß das gesamte Sonnensystem ungefähr 4550 Millionen Jahre alt ist, vielleicht auch ein wenig älter, wenn wir die vorangehende Planetesimalperiode dazuzählen. Dieser Zeitpunkt ergibt sich aus dem Alter verschiedener Meteoriten und dem des ältesten Gesteins, das auf dem Mond gefunden wurde.

Was bleibt, ist wieder die Frage des Drehimpulses. Der 1908 geborene schwedische Astronom Hannes Alfvén ist nun auf das Magnetfeld der Sonne eingegangen, das von der Forschung über die Entstehungsmechanik des Sonnensystems bis dahin vernachlässigt worden war. Als sich die junge Sonne sehr rasch gedreht habe, meinte Alfvén, habe dies auch ihr Magnetfeld betroffen, das gewissermaßen als Bremse wirkte und sie verlangsamte. Damit wäre der Drehimpuls von der Sonne auf die Planeten übergegangen und hätte deren Umlaufbahnen weiter von der Sonne entfernt.

Diese neue Version der Nebularhypothese wird von der heutigen Astronomie weithin akzeptiert. Sie scheint keine größeren Probleme offenzulassen. Wie in der Hypothese von Chamberlin und Moulton haben sich die Planeten aus Planetesimalen gebildet, die sich in den Umlaufbahnen der Planeten allmählich zusammenfanden. Selbst als die Planeten schon mehr oder weniger ihren heutigen Umfang erreicht hatten, hatten sie noch nicht alle Planetesimale aufgenommen. In der folgenden Phase haben nun die letzten Zusammenstöße deutliche Spuren hinterlassen, und zwar in Form von Kratern.

Wir kennen solche Krater recht gut. Die Krater des Mondes sind bekannt, seit Galilei mit seinem Teleskop in den Mond blickte. Sie haben sich großteils vor viertausend Millionen Jahren gebildet, als es noch viele Planetesimale gab. Manche dagegen sind jünger, und selbst heute sind Kollisionen nicht unbekannt. Im heutigen Zeitalter der Raumsonden haben wir auch Krater auf anderen, ganz oder fast atmosphärelosen Himmelskörpern entdeckt, wie auf dem Merkur, dem Mars und auf verschiedenen Monden.

Planeten mit Atmosphären sind nicht so reich an Kratern, da diese der Erosion durch Winde unterworfen sind. Auf der Erde kommt noch die Wirkung von Wasser und Leben hinzu, so daß unser Planet beinahe keine von Kollisionen hervorgerufenen Krater aufweist. In Arizona befindet sich ein Krater von achthundert Metern Durchmesser, der vor fünfzigtausend Jahren durch den Einschlag eines relativ großen Meteors hervorgerufen worden sein könnte. Es gibt auch Spuren älterer Krater, die jedoch fast verschwunden sind. Vor ungefähr 65 Millionen Jahren, am Ende der Kreidezeit, könnte ein besonders schlimmer Zusammenstoß den Tod der Dinosaurier und vieler anderer Lebensformen verursacht haben.

Vor mehr als viertausend Millionen Jahren, als sich die letzten der großen Planetesimale gewissermaßen darum stritten, welches als Planet überleben würde, könnte ein Planet von ungefährer Marsgröße die Erde getroffen und dadurch den Mond gebildet haben. *Dies* wäre die Antwort auf die im vorigen Kapitel gestellte Frage nach der Herkunft des Mondes. Nach dieser Theorie war er einer der letzten Überlebenden des Zeitalters der Planetesimale und hätte es womöglich wie der Mars zu einem unabhängigen Planeten gebracht, wäre er nicht mit der noch größeren Erde kollidiert.

Ein wichtiger Unterschied zwischen der Nebularhypothese und der Planetesimalhypothese ist folgender: Stimmt die Nebularhypothese und bildet sich ein Planetensystem aus einer ursprünglichen Wolke aus Staub und Gas, so bilden sich womöglich alle Sterne auf diese Weise, und alle Sterne können Planeten dieser oder jener Art besitzen. Stimmt dagegen die Planetesimalhypothese und ein Planetensystem bildet sich durch einen nahen Vorübergang zweier Sterne, so wäre darauf hinzuweisen, daß solche Ereignisse aufgrund der großen Entfernung der Sterne voneinander und ihrer vergleichsweise geringen Geschwindigkeit extrem selten wären. In diesem Fall wäre das Sonnensystem eine große Ausnahme, und nur extrem wenige Sterne dürften Planeten besitzen.

In den letzten Jahren hat nun eine zur Messung infraroter Strahlung ausgerüstete Raumsonde in der nahen Nachbarschaft einiger Sterne solche Strahlung entdeckt. Eine infrarote Strahlung ist ein Hinweis auf relativ kühle Materie, so daß es so aussieht, als seien diese Sterne von kühler Materie umgeben. Eine genaue Analyse legt nahe, daß Sterne wie Wega und Beta Pictoris von einer Region von Planetesimalen umgeben sind, in der sich Planeten bilden oder bereits gebildet haben. Dies ist ein wichtiger Faktor zugunsten der heute geltenden Auffassung von der Bildung des Sonnensystems.

Die zuletzt genannten Fakten erinnern uns übrigens auch daran, daß die Sonne nur einer von sehr vielen Sternen ist. Nehmen wir an, daß sich alle Sterne auf ähnliche Weise gebildet haben wie die Sonne, so bedeutet dies, daß das ganze Universum vor der Existenz irgendwelcher Sterne aus einer großen Menge Staub und Gas bestanden haben muß. Wie aber ist dieser Zustand entstanden?

Was, mit anderen Worten, ist der Ursprung des gesamten Universums? Dies soll unsere letzte Frage sein.

24.

DAS UNIVERSUM

Da unser gesamtes Sonnensystem zur selben Zeit entstanden zu sein scheint, nämlich vor 4550 Millionen Jahren, ist es dann möglich, daß damals auch alle anderen Sterne entstanden sind?

Die Antwort heißt: nein. Betrachten wir die Gründe.

Im Laufe der Jahre haben die Astronomen sehr viel über die Sterne herausgefunden. An dieser Stelle brauchen wir nicht alle diese Entdeckungen detailliert zu behandeln, doch wollen wir uns mit jenen Erkenntnissen beschäftigen, die dazu dienen können, die Art und den Zeitpunkt der Entstehung des Universums zu bestimmen.

Vor Beginn der Neuzeit dachten die Menschen, die Sterne seien einfach leuchtende Objekte, die an einem festen Himmelsgewölbe befestigt seien. Im 17. Jahrhundert erforschte man dann die Natur des Sonnensystems; und man bestimmte die ungefähren Distanzen zwischen der Sonne und den Planeten wie auch zwischen den Planeten untereinander. Es wurde deutlich, daß das Sonnensystem bis hinaus zum Saturn, der vor dem Jahre 1781 der äußerste bekannte Planet war, einen Durchmesser von 2800 Millionen Kilometern aufweist. Doch konnte es immer noch sein, daß der Himmel eine etwas größere Kugel war, an der die Sterne hingen.

Die Wende kam im Jahre 1718, als Edmund Halley feststellte, daß drei der hellsten Sterne ihre Position in Relation zu den anderen Sternen geändert hatten. Damit wurde deutlich, daß die Sterne nicht an einer festen Kugel befestigt waren, sondern sich unabhängig voneinander wie ein Bienenschwarm bewegten. Sie waren so weit entfernt, daß ihre Bewegungen kaum bemerkbar waren, wobei Veränderungen der nächsten (und damit der hellsten) Sterne natürlich deutlicher sichtbar waren als die der weiter entfernten.

Wenn die Sterne aber sehr weit entfernt waren, erhob sich die Frage, wie groß diese Entfernung tatsächlich war. Schon Halley versuchte sich an einer Schätzung. Er nahm dabei an, die Helligkeit von Sirius entspreche der unserer Sonne. Halley berechnete, Sirius müsse ungefähr 32 Billionen Kilometer entfernt sein. Da das Licht in einem Jahr 9,46 Billionen Kilometer zurücklegt, nennt man diese Distanz ein *Lichtjahr*.

Halley nahm also an, Sirius sei ungefähr zwei Lichtjahre entfernt. Später stellte sich allerdings heraus, daß Sirius wesentlich heller als die Sonne ist, so daß er viermal soweit entfernt sein muß, um lediglich als der kleine Lichtpunkt zu erscheinen, den wir sehen.

Gibt es irgendwelche Methoden, die besser als Halleys Schätzungen sind? Nun, wir können zum Beispiel jene winzige Verschiebung der nächstgelegenen Sterne in Relation zu den weiter entfernten messen, die sich aus der Verschiebung der Position der Erde durch ihren Umlauf um die Sonne ergibt. Diese Verschiebung, die der scheinbare Ort eines Objektes erfährt, wenn man ihn von zwei verschiedenen Punkten aus betrachtet, nennt man die *Parallaxe* des Objekts. Je größer die Parallaxe, desto geringer ist die Entfernung des betreffenden Sterns. Hat man die Parallaxe einmal festgestellt, so sind die weiteren Berechnungen recht einfach, doch ist diese Bestimmung nicht gerade problemlos. Die zur Zeit Halleys verfügbaren Teleskope waren dazu nicht ausreichend.

So war es der deutsche Astronom Friedrich Wilhelm Bessel (1784−1846), der in den Jahren 1838/39 die erste Messung einer Parallaxe durchführte. Es handelte sich dabei um die eines Sterns mit dem Namen 61 Cygni. Aus der Parallaxe berechnete Bessel die Entfernung dieses Sterns. Heute lautet unsere genaueste Berechnung dieser Entfernung 11,2 Lichtjahre, womit das Licht eben diese 11,2 Jahre braucht, um von 61 Cygni bis zu uns zu gelangen.

Nun ist 61 Cygni nicht der nächstgelegene Stern. Im Jahre 1839 berichtete der schottische Astronom Thomas Henderson (1798−1844), daß Alpha Centauri nur 4,3 Lichtjahre entfernt sei. Eigentlich ist Alpha Centauri ein System aus drei Sternen; und einer dieser drei Sterne, Proxima Centauri, ist, soweit wir wissen, der uns nächstgelegene Stern. Heute kennen wir natürlich auch die Entfernung von Sternen, die wesentlich weiter weg sind als Alpha Centauri oder 61 Cygni.

Betrachten wir alle Sterne, so können wir feststellen, daß die näher gelegenen nicht unbedingt heller als die entfernteren sind. Dies träfe lediglich zu, wenn alle Sterne dieselbe Leuchtkraft besäßen, das heißt, wenn sie alle dieselbe Lichtmenge ausstrahlten. Das ist jedoch nicht der Fall. Ein Stern mit sehr großer Leuchtkraft erscheint auch aus großer Entfernung hell, während ein Stern mit geringer Leuchtkraft selbst dann schwach erscheint, wenn er relativ nah ist.

So ist Proxima Centauri zwar der nächste Stern, doch ist er so schwach, daß man ihn ohne Teleskop nicht sehen kann. Andererseits ist Rigel hundertfünfundzwanzigmal soweit entfernt wie Proxima Centauri, hat aber eine so große Leuchtkraft, daß er einer der hellsten Sterne am Himmel ist.

Ist die Entfernung eines Sterns bekannt, so kann mit Hilfe seiner scheinbaren Helligkeit seine tatsächliche Leuchtkraft berechnet werden. So besitzt Rigel ungefähr die dreiundzwanzigtausendfache Leuchtkraft unserer Sonne, während diese eine beinahe zwanzigtausendmal größere Leuchtkraft aufweist als Proxima Centauri. Alle echten Sterne erhalten ihre Energie aus der Wasserstoff-Fusion in ihrem Inneren. Sie zeigen daher ein relativ konstantes Leuchten, solange der Wasserstoffgehalt in ihrem Kern oberhalb eines bestimmten Niveaus liegt. In diesem Zeitraum befinden sie sich in der *Hauptreihe*. Es ist nun so, daß ein Stern um so mehr Masse hat, je größer seine Leuchtkraft ist. Diese Tatsache hat Eddington entdeckt, als er die Temperatur in der Sonnenmitte berechnete. Konsequenterweise muß ein Stern um so mehr Wasserstoff enthalten, je stärker er leuchtet.

Man könnte nun annehmen, daß ein Stern um so länger im Bereich der Hauptreihe bleiben kann, je stärker er leuchtet und je mehr Wasserstoff er besitzt. In Wirklichkeit ist genau das Gegenteil der Fall. Je mehr Masse ein Stern besitzt, desto stärker ist seine Schwerkraft und desto rascher muß er seinen Wasserstoff verbrauchen, um heiß genug zu bleiben, damit eben diese Schwerkraft ihn nicht kollabieren läßt. Obwohl der Wasserstoffgehalt proportional ansteigt, wenn ein Stern größer, leuchtender und heller ist, steigt die notwendige Rate des Wasserstoffverbrauchs noch wesentlich schneller.

Der Anfang

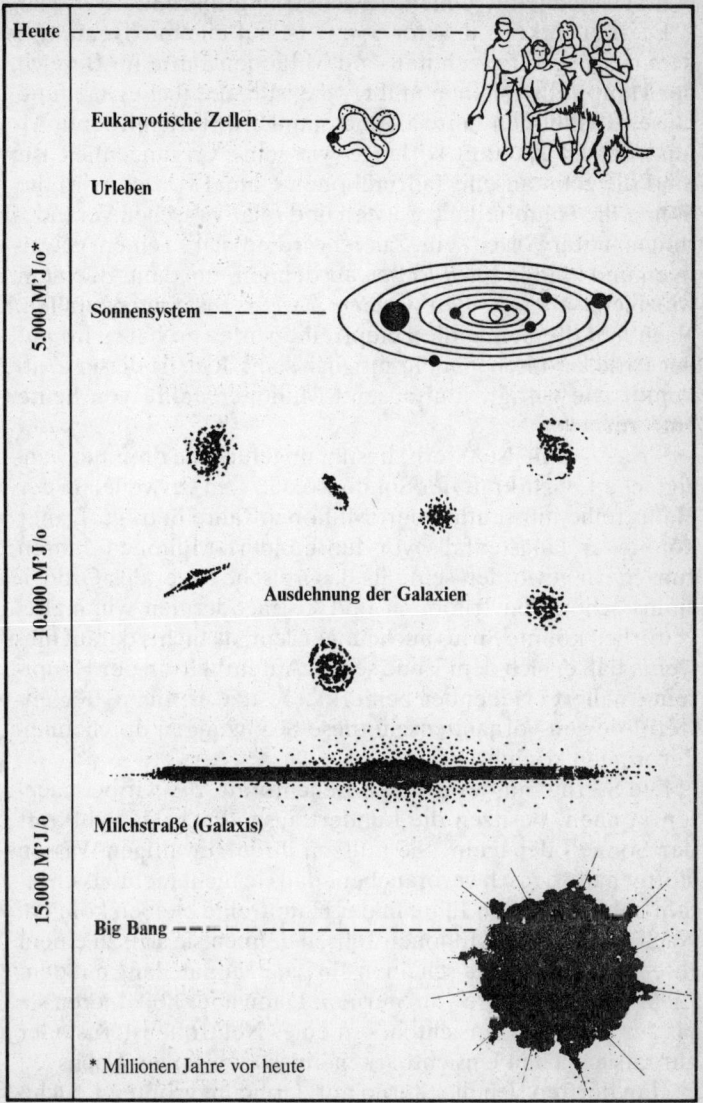

Heute	
	Eukaryotische Zellen
	Urleben
5.000 M'J/o*	Sonnensystem
10.000 M'J/o	Ausdehnung der Galaxien
15.000 M'J/o	Milchstraße (Galaxis)
	Big Bang

* Millionen Jahre vor heute

Das bedeutet, daß ein Stern um so *kürzer* im Bereich der Hauptreihe bleibt, je mehr Leuchtkraft er besitzt.

Die Leuchtkraft unserer Sonne ist auf einem Niveau, mit dem sie insgesamt zehntausend Millionen Jahre im Bereich der Hauptreihe bleiben müßte. Sie ist heute nicht ganz fünftausend Millionen Jahre alt und damit ein Stern mittleren Alters, dessen Zukunft so lange wie seine Vergangenheit ist. Sind die zehntausend Jahrmillionen einmal vorbei, wird die Sonne die Hauptreihe verlassen und relativ raschen Veränderungen unterworfen sein. Zuerst wird sie sich zu einem gewaltigen und kühlen *roten Riesen* ausdehnen, um dann zu einem winzigen, aber heißen *weißen Zwerg* zusammenzufallen. Nachdem die Sonne die Hauptreihe verlassen hat, wird auf der Erde kein Leben mehr möglich sein; doch ist dieser Zeitpunkt, wie gesagt, fünftausend Millionen Jahre von heute entfernt.

Sirius, der hellste Stern, besitzt ungefähr die dreiundzwanzigfache Leuchtkraft der Sonne, so daß sein Verweilen in der Hauptreihe nur fünfhundert Millionen Jahre beträgt. Daher könnte er längstenfalls vor fünfhundert Millionen Jahren zum Stern geworden sein, als das irdische Meer des Ordoviziums schon von Trilobiten und Ostracodermen wimmelte. Natürlich könnte Sirius auch jünger sein, da nichts darauf hinweist, daß er sich dem Ende seines Aufenthalts in der Hauptreihe nähert. Nebenbei bemerkt, besitzt er einen Begleitstern, dessen Vorhandensein diese Schätzungen durcheinanderbringen könnte.

Die Sterne mit der größten Leuchtkraft, die wir beobachten können, besitzen die hunderttausendfache Leuchtkraft der Sonne oder mehr. Sie müssen ihren gewaltigen Wasserstoffgehalt so rasch verbrauchen, daß sie nicht mehr als ungefähr zehn Millionen Jahre in der Hauptreihe bleiben können. Nach diesen zehn Millionen Jahren dehnen sie sich zu einem roten Riesen aus und scheinen ein paar Monate lang mit dem Licht einer Milliarde von Sternen. Dann aber kollabieren sie bis zur beinahen Unsichtbarkeit eines Neutronensterns oder zur tatsächlichen Unsichtbarkeit eines »schwarzen Lochs«.

Nun dürften sich die Sterne mit der heute größten Leuchtkraft gebildet haben, als auf der Erde schon die ersten Hominiden lebten. Zu diesem Zeitpunkt hätte die Sonne bereits über viertausend Millionen Jahre beständig geschienen.

Wenn sich Sterne aber vor so kurzer Zeit gebildet haben, wäre es dann nicht möglich, daß sich auch heute noch Sterne bilden? In diesem Augenblick?

Das ist tatsächlich der Fall. Im Weltall befinden sich große Wolken aus Staub und Gas. Eine dieser Wolken ist der Orionnebel. Er enthält Sterne, die man schwach durch den Staub sehen kann und die sich vor sehr kurzer Zeit gebildet haben könnten. Außerdem hat der in Holland geborene amerikanische Astronom Bart Jan Bok (1906−1983) auf kleine, runde, schwarze Flecken in Gaswolken hingewiesen, die wir heute *Bok-Globulen* nennen. Es könnte sich dabei um Sterne im Prozeß der Kondensation und Formation handeln, bei denen der Kern noch nicht heiß genug geworden ist, um eine Wasserstoff-Fusion in Gang zu bringen. Deshalb leuchten diese Sterne auch noch nicht.

Wenn sich also noch heute Sterne bilden und wenn sie dies auch in der nahen und der nicht so nahen Vergangenheit getan haben, drängt sich die Annahme auf, daß sich seit der Bildung der Sonne ständig weitere Sterne gebildet haben.

Mit welchem Recht sollten wir dann annehmen, daß unsere Sonne nicht zu einem Zeitpunkt entstanden ist, zu dem bereits andere Sterne existierten? Diese anderen Sterne könnten einmal stark geleuchtet haben, um nach der Bildung der Sonne, doch vor sehr, sehr langer Zeit die Hauptreihe zu verlassen. Es könnte sich aber auch um sehr schwache Sterne mit langer Lebenszeit handeln, die heute noch existieren und auch noch existieren werden, lange nachdem unsere Sonne die Hauptreihe verlassen hat.

Proxima Centauri beispielsweise ist so schwach und verbraucht seinen Wasserstoff so sparsam, daß er insgesamt zweihunderttausend Millionen Jahre in der Hauptreihe bleiben könnte. Dabei muß sich Proxima Centauri zur selben Zeit wie seine beiden Begleitsterne gebildet haben. Einer dieser Begleiter aber ist genauso hell wie die Sonne, so daß er nicht mehr als zehntausend Millionen Jahre alt sein kann. Das bedeutet, daß auch Proxima Centauri nicht älter als zehntausend Jahrmillionen ist und damit noch 95 Prozent seiner gesamten Lebensdauer vor sich hat.

Aus dem genauen Studium einzelner Sterne können wir also schließen, daß das Universum mindestens 4550 Millionen Jahre alt ist, da dies das Alter unseres Sonnensystems ist. Wir wissen, daß das Universum wahrscheinlich älter, sogar viel älter ist. Durch die Beobachtung der Sterne allein können wir allerdings nicht aussagen, wieviel älter es ist. Dazu bedarf es anderer Methoden.

Beginnen wir mit einem schwach leuchtenden Band, das den Himmel umgürtet. Am besten ist es in klaren, mondlosen Nächten zu sehen, wenn der Beobachter sich in angemessener Entfernung von künstlichen irdischen Lichtquellen befindet. Die Griechen nannten es *galaxias kyklos* (»Milchkreis«), die Römer *via lactea,* was auf deutsch Milchstraße bedeutet.

Einige griechische Philosophen waren der Ansicht, die Milchstraße könne ein Haufen von Sternen sein, die zu schwach waren, um einzeln gesehen werden zu können. Das war eine reine Spekulation, doch als Galilei im Jahre 1609 sein Teleskop gen Himmel richtete, stellte er fest, daß diese Spekulation korrekt war. Die Milchstraße bestand tatsächlich aus unzähligen schwachen Sternen, die für das bloße Auge zu einem gestaltlosen Leuchten zusammenschmolzen. Wo Galilei auch hinblickte, sah er bislang unbeobachtete Sterne, die sich zwischen den bekannten Sternen drängten. Diese neuentdeckten Sterne waren relativ schwach – zu schwach, um ohne Teleskop gesehen zu werden. Seit Galileis Zeiten haben es immer bessere Teleskope ermöglicht, immer mehr und immer schwächere Sterne zu beobachten.

Im Jahre 1784 beschloß der in England lebende deutsche Astronom Friedrich Wilhelm Herschel (1738–1822), den Himmel in sechshundertdreiundachtzig gleich große Regionen aufzuteilen und darin die Sterne zu zählen. Er stellte fest, daß die Zahl der Sterne in den weit von der Milchstraße entfernten Regionen relativ gering war und daß sie ständig zunahm, je mehr man sich jenem leuchtenden Band näherte.

Herschel entwickelte nun die Hypothese, die Sonne sei Teil

einer gewaltigen Ansammlung von Sternen, die die Gestalt einer linsenförmigen Scheibe habe. Die Sonne ist in diese Scheibe eingebettet, und wenn wir in Richtung des kurzen Durchmessers der Scheibe in den Himmel schauen, so sehen wir relativ wenig Sterne. Lassen wir den Blick vom kurzen Durchmesser wegwandern, so ist die Distanz bis zum Ende der Scheibe immer größer, wodurch wir mehr Sterne sehen. Verläuft die Blickrichtung schließlich entlang des langen Durchmessers, so sehen wir so viele Sterne, daß sie zu einem allgemeinen Leuchten verschwimmen. Eine solche Ansammlung von Sternen, zu denen unser Sonnensystem gehört, nennt man eine *Galaxis* oder *Galaxie,* dem griechischen Ausdruck für die Milchstraße. Herschel versuchte, die Dimensionen der Galaxis und die Zahl der in ihr enthaltenen Sterne zu schätzen, doch war sein Ergebnis weit von der Realität entfernt. Späteren Astronomen gelangen genauere Schätzungen mit größeren Zahlen; doch selbst im Jahre 1906 waren diese Zahlen noch immer viel zu niedrig.

Im Jahre 1912 jedoch befaßte sich die amerikanische Astronomin Henrietta Swan Leavitt (1868–1921) mit einer Klasse von Sternen, die man als *Cepheiden* bezeichnet. Es handelt sich dabei um *veränderliche Sterne,* deren Licht in einem bestimmten Zeitraum periodisch heller und schwächer wird. Manche Cepheiden sind heller als die anderen, entweder weil sie stärker leuchten oder uns näher liegen oder weil beides zutrifft. Nahm man zu Leavitts Zeiten zwei Cepheiden, so war es normalerweise unmöglich, festzustellen, ob der hellere Stern deshalb heller war, weil er mehr Licht ausstrahlte oder weil er der Erde näher lag.

Nun beschäftigte sich Henrietta Leavitt mit den Cepheiden der kleinen Magellanschen Wolke, einer weit außerhalb der Milchstraße gelegenen Gruppe von Sternen. Unabhängig davon, an welcher Stelle innerhalb dieser Wolke sich die Sterne befanden, hatten sie von uns aus gesehen fast alle dieselbe Entfernung. Das entspräche der Tatsache, daß alle Einwohner Chicagos, wo auch immer sie sich in dieser Stadt befinden mögen, sich in ungefähr derselben Entfernung von New York befinden.

Wenn in der kleinen Magellanschen Wolke also ein Cepheide heller als ein anderer ist, so muß er eine stärkere Leuchtkraft besitzen. Die Entfernung spielt dabei keine Rolle. Henrietta Leavitt entdeckte nun folgendes: Je heller ein Stern ist, desto länger ist die Periode, in der er stärker und schwächer wird.

Beobachten wir also irgendeinen Cepheiden, schloß Henrietta Leavitt, so sagt uns seine Periode, welche Leuchtkraft er besitzt. Kennen wir aber seine tatsächliche Leuchtkraft und seine scheinbare Helligkeit am Himmel, so können wir seine Entfernung berechnen. Es stellte sich zwar heraus, daß die Sache nicht ganz so einfach war, doch schließlich gelang es der Astronomie, entsprechende Methoden zu entwickeln.

Wenden wir uns nun einem weiteren Rätsel zu. Am Himmel sind ungefähr hundert *Kugelsternhaufen* zu sehen. Es handelt sich dabei um dichte Sternansammlungen, die, wie der Name sagt, mehr oder weniger kugelförmig sind. Jeder Haufen enthält Zehntausende von Sternen. Friedrich Wilhelm Herschel war der erste, der dieses Phänomen genauer beschrieb.

Seltsamerweise verteilen sich die Kugelsternhaufen nun nicht gleichmäßig über den Himmel, worauf erstmals Friedrich Wilhelm Herschels Sohn, der englische Astronom John Herschel (1792–1871), hingewiesen hat. Fast alle von ihnen befinden sich in einer Hemisphäre des Himmels, und gar ein ganzes Drittel von ihnen ist im Sternbild des Schützen zu finden, das nur zwei Prozent des Himmels ausmacht.

Nachdem Henrietta Leavitt ihre Entdeckung bezüglich der Cepheiden gemacht hatte, verwendete ihr Landsmann Harlow Shapley (1885–1972) ihre Ergebnisse, um die tatsächliche Entfernung der verschiedenen Kugelsternhaufen zu messen. Zu diesem Zweck lokalisierte er in jedem von ihnen die Cepheiden, stellte ihre periodische Veränderung und ihre scheinbare Helligkeit fest, um schließlich ihre Entfernung zu berechnen. Dies ermöglichte es ihm, ein dreidimensionales Modell herzustellen.

Es stellte sich heraus, daß die Kugelsternhaufen wiederum zu einer großen Kugel zusammengruppiert sind, deren Mitte ein Ort der Galaxis ist, der in einer Entfernung von ungefähr dreißigtausend Lichtjahren in Richtung des Sternbilds Schütze liegt. Im Jahre 1918 stellte Shapley die Behauptung auf, dieser Ort müsse das Zentrum der Galaxis sein. Wir können es nicht sehen – geschweige denn irgend etwas auf der anderen Seite der Milchstraße, jenseits des Zentrums –, da zwischen uns und dem Zentrum dunkle Wolken aus Staub und Gas liegen.

Unser Sonnensystem befindet sich am Rande der Galaxis, also ein gutes Stück vom Zentrum entfernt; und alles, was wir sehen, ist unsere Region der Gesamtstruktur. In früheren Zeiten nahmen die Astronomen an, es sei nur dieser begrenzte Teil vorhanden, den wir ohne die Störung durch dunkle Wolken sehen können. Aus diesem Grund mußten sie die Größe der Milchstraße zwangsläufig unterschätzen.

Heute ist man der Meinung, daß der lange Durchmesser unserer Galaxis ungefähr einhunderttausend Lichtjahre beträgt. Im Zentrum ist die Galaxis ungefähr sechzehntausend Lichtjahre breit, doch an ihrem Rand, an dem sich auch unsere Sonne befindet, wird sie dünner und erreicht nur noch dreitausend Lichtjahre.

Die Gesamtmasse unserer Galaxis ist hunderttausend Millionen mal größer als die der Sonne. Dabei ist die Masse der Sterne im Durchschnitt wesentlich geringer als die der Sonne, so daß die Galaxis vielleicht zweihunderttausend Millionen Sterne oder mehr enthält.

Außerhalb unserer Galaxis befindet sich die kleine Magellansche Wolke. Sie ist hundertfünfundsechzigtausend Lichtjahre entfernt, die in ihrer Nähe liegende große Magellansche Wolke zehntausend Lichtjahre weniger. Es handelt sich dabei um kleine Galaxien, die jeweils tausend bis zehntausend Millionen Sterne enthalten.

Gibt es im Universum noch etwas anderes außer unserer Galaxis und den Magellanschen Wolken? Harlow Shapley und die meisten anderen Astronomen waren noch im zweiten Jahrzehnt unseres Jahrhunderts anderer Ansicht. Sie dachten, die Galaxis und die Magellanschen Wolken umfaßten das gesamte Weltall.

Im Widerspruch zu dieser Meinung stand der amerikanische Astronom Heber Doust Curtis (1872–1942). Während Shapley und die meisten seiner Kollegen dachten, der Andromedanebel sei eine Wolke aus Staub und Gas, die Teil unserer Galaxis und nicht sehr weit entfernt sei, hielt Curtis ihn für eine Ansammlung von Sternen, die so weit entfernt waren, daß selbst die besten Teleskope sie nicht als einzelne Lichtflecken identifizieren konnten.

Curtis argumentierte folgendermaßen: Während die gewöhnlichen Sterne im Andromedanebel zu weit entfernt sind, um einzeln erkannt zu werden, wird ab und an einer von ihnen ungewöhnlich hell. Wir nennen einen solchen Stern eine *Nova*. Dieser Begriff leitet sich von dem lateinischen Wort für »neu« ab, da ein solcher aufflammender Stern in seinem früheren Zustand eventuell nicht sichtbar gewesen, dann aber eine Zeitlang relativ hell ist. In früheren Zeiten war man daher der Meinung, es habe sich ein neuer Stern gebildet.

Nun gibt es Novae in unserer eigenen Milchstraße, doch erscheinen sie nur gelegentlich und in verschiedenen Teilen des Himmels. Sie sind an keiner Stelle konzentriert. Beobachtete Curtis aber den Andromedanebel, so sah er häufig kleine Lichtflecken, die er mit seinem Teleskop gerade noch ausmachen konnte. Diese Flecken, behauptete er, seien Novae. Sie waren so schwach und befanden sich in so großer Zahl in dem kleinen Bereich des Himmels, den der Andromedanebel einnimmt, daß es sich nicht um Sterne unserer eigenen Galaxis handeln konnte. Es mußten also zum Nebel selbst gehörende Sterne sein – und dieser Nebel mußte eine weitentfernte Galaxis sein, wesentlich weiter entfernt von uns als die Magellanschen Wolken.

Curtis und Shapley veranstalteten im Jahre 1920 eine vielbeachtete Debatte über den Streitfall. Dabei hielt sich Curtis erstaunlich gut. Er verteidigte seine Position gegenüber Shapley und brachte seine Argumente wirkungsvoll vor.

Im Jahre 1917 aber war auf dem nordöstlich des kalifornischen Pasadena gelegenen Mount Wilson ein neues Teleskop installiert worden. Sein Spiegel hatte einen Durchmesser von

254 Zentimetern und war damit der größte seiner Zeit. Mit Hilfe der Anlage konnten Objekte deutlicher und auf größere Distanzen betrachtet werden als mit jedem anderen Teleskop der Welt.

Einer der Benutzer des Teleskops war der amerikanische Astronom Edwin Powell Hubble (1889–1953). In den Jahren bis 1923 nahm er Fotografien des Andromedanebels auf, die zeigten, daß dieser aus einer Masse unglaublich schwacher Sterne bestand. Hubble identifizierte einige der Sterne als Cepheiden, und sobald er deren Periode gemessen hatte, konnte er auch ihre Entfernung ausrechnen. Nun stellte sich heraus, daß Curtis recht hatte. Der Andromedanebel war eine extrem weit entfernte Ansammlung von Sternen, die unserer eigenen Galaxis ähnelte. Kurz, es handelte sich um eine weitere Galaxis. Und da es demnach auch andere Galaxien als die unsere gibt, bezeichnet man diese gern als Milchstraße, um sie von ähnlichen Objekten zu unterscheiden.

Nun ist der Andromedanebel nicht die einzige Galaxis ihrer Art. Nachdem man begriffen hatte, daß es außer unserer eigenen Galaxis auch noch andere gibt, erkannte man viele andere Nebel als entfernte Galaxien. Beinahe alle von ihnen waren sogar noch viel weiter entfernt als der Andromedanebel. Tatsächlich gibt es Millionen von Galaxien. Eine häufig vorgetragene Schätzung läuft sogar darauf hinaus, daß es sich um bis zu hunderttausend Millionen Galaxien handeln könnte.

Es hat also bis zu den zwanziger Jahren unseres Jahrhunderts gedauert, bis der Mensch endlich eine schwache Ahnung der wahren Größe des Weltalls bekam. Statt sich das Universum als eine Ansammlung einzelner Sterne vorzustellen, begannen die Astronomen, es als eine Ansammlung von Galaxien oder sogar Galaxienhaufen zu betrachten, was das Verständnis einiger Erscheinungen wesentlich erleichterte.

So existiert keine Methode, die allein durch die Betrachtung der Sterne unserer Milchstraße die Schätzung des Alters des Universums ermöglicht. Beschäftigt man sich jedoch auch mit anderen Galaxien, sieht alles schon anders aus.

Die heute verfügbare Methode geht auf eine Entdeckung

des österreichischen Physikers Christian Johann Doppler (1803–1853) zurück. Doppler zeigte im Jahre 1842, daß sich die Frequenz eines Tons ändert, wenn sich Tonquelle und Beobachter relativ zueinander bewegen. Nähert sich die Tonquelle dem Beobachter, so werden die Tonwellen kürzer, wodurch die Tonhöhe steigt. Bewegt sich die Tonquelle dagegen vom Beobachter weg, werden die Tonwellen gedehnt und länger, wodurch die Tonhöhe sinkt. Man nennt dies den *Doppler-Effekt*. Man hört ihn natürlich am besten, wenn man sich mit einer einzigen Wellenlänge befaßt.

Im Jahre 1848 wies der französische Physiker Armand Hippolyte Fizeau (1819–1896) darauf hin, daß der Doppler-Effekt auch beim Licht wirken müßte. Wie sich herausstellte, ist das tatsächlich der Fall. Entfernt sich eine Lichtquelle vom Beobachter, so werden die Lichtwellen länger und tendieren zum Rot, da Rot eine besonders lange Wellenlänge repräsentiert. Nähert sich die Lichtquelle aber, so werden die Lichtwellen kürzer und bewegen sich auf Violett zu, das am kurzwelligen Ende des Spektrums liegt.

Dies mußte natürlich auch auf das Licht der Sterne zutreffen; doch Sterne senden Licht in allen möglichen Wellenlängen und in einem komplizierten Durcheinander aus, in dem Veränderungen schwer festzustellen sind.

Läßt man das Licht eines Sterns (oder irgendeiner anderen Quelle) aber durch ein Gerät namens *Spektroskop* passieren, so erscheinen die Lichtwellen nachvollziehbar geordnet. Dabei befinden sich die längsten (roten) Wellen am einen Ende, die kürzesten (violetten) Wellen am anderen. Von einem Ende zum anderen verändert sich allmählich die Länge der Lichtwellen. Das Ergebnis ist ein Regenbogen aus Farben – Rot, Orange, Gelb, Grün, Blau und Violett –, den man als *Spektrum* bezeichnet.

In diesem Spektrum fehlen häufig bestimmte Wellenlängen, die von Atomen in der Lichtquelle absorbiert wurden. Diese fehlenden Wellenlängen zeigen sich im Spektrum als dunkle Linien; ein Phänomen, das der bayerische Optiker Joseph von Fraunhofer (1787–1826) im Jahre 1814 entdeckte (»Fraunhofersche Linien«).

Nun verursacht jedes Element bestimmte dunkle Linien, die von keinem anderen Element stammen können. Die jeweiligen Linien befinden sich immer am selben Ort, sofern sich die Lichtquelle nicht relativ zum Beobachter bewegt. Dieser Ort kann genau gemessen werden. Entfernt sich die Lichtquelle, bewegen sich die Linien auf das rote Ende des Spektrums zu, was man als *Rotverschiebung* bezeichnet. Nähert sich die Lichtquelle, tendieren die Linien zum violetten Ende des Spektrums, was eine *Violettverschiebung* ergibt.

Je größer die Rotverschiebung ist, desto rascher entfernt sich die Lichtquelle, und je größer die Violettverschiebung ist, desto rascher nähert sie sich. Dies funktioniert bezüglich jeder Entfernung, sofern man ein Spektrum der entfernten Lichtquelle erhalten kann.

Das ist nicht ganz einfach, doch die Astronomie entwickkelte mit der Zeit Methoden, aus dem Licht eines einzelnen Sterns winzige Spektren zu erhalten. Noch wichtiger war, daß es nach der Erfindung der Fotografie durch Louis Jacques Daguerre (1789–1851) im Jahre 1839 grundsätzlich möglich war, Fotografien dieser winzigen Spektren anzufertigen, die dunklen Linien darin zu studieren und ihre Lage zu messen, um festzustellen, in welcher Richtung und wie stark sie sich verschoben hatten. So konnte man Aussagen darüber machen, wie rasch ein Stern sich entfernte oder näherte.

Es war der englische Astronom William Huggins (1824–1910), der diese Technik im Jahre 1868 erstmals erfolgreich anwendete. Huggins bestimmte die Verschiebung der Fraunhoferschen Linien im Spektrum des hellen Sterns Sirius und stellte fest, daß dieser sich entfernte.

Nachdem die Technik verbessert worden war, konnte man die Spektren immer schwächerer Sterne studieren. Man stellte fest, daß sich manche von ihnen näherten und andere entfernten, wobei sie relativ geringe Geschwindigkeiten, aber auch solche von hundert Kilometern pro Sekunde oder mehr entwickeln konnten.

Im Jahre 1912 untersuchte der amerikanische Astronom Vesto Melvin Slipher (1875–1969) das Spektrum des Andromedanebels, den man noch nicht als Galaxis erkannt hatte.

Es war ein durchschnittliches Spektrum sehr vieler Sterne, doch Slipher fand Fraunhofersche Linien und konnte ihre Position bestimmen. Er stellte fest, daß sich der Andromedanebel mit einer Geschwindigkeit von zweihundert Kilometern pro Sekunde nähert.

Fünf Jahre später hatte sich Slipher nach seiner Untersuchung des Andromedanebels mit der Bewegung von fünfzehn verschiedenen Nebeln beschäftigt, die diesem ähnelten, jedoch schwächer und daher wahrscheinlich weiter entfernt waren. Von all diesen Nebeln näherten sich nur zwei (darunter der Andromedanebel), während sich die restlichen vierzehn allesamt entfernten. Überdies war die Geschwindigkeit der sich entfernenden Nebel ungewöhnlich hoch: Sie betrug sechshundertvierzig Kilometer pro Sekunde und mehr.

Nachdem man entdeckt hatte, daß es sich bei diesen Nebeln in Wirklichkeit um entfernte Galaxien handelte, stieg das Interesse an ihrer Bewegung. Der amerikanische Astronom Milton La Salle Humason (1891–1972) machte sich dabei besonders verdient. Er verfertigte Fotografien mit Belichtungszeiten von mehreren Tagen, um die Spektren sehr schwacher Galaxien zu erhalten, und stellte fest, daß sie alle eine Rotverschiebung aufwiesen. Diese Galaxien entfernten sich also alle, und je schwächer sie waren, desto rascher entfernten sie sich. Im Jahre 1928 entdeckte Humason eine Galaxis, die sich mit einer Geschwindigkeit von dreitausendachthundert Kilometern pro Sekunde entfernte, und im Jahre 1936 stoppte er gar eine Geschwindigkeit von vierzigtausend Kilometern pro Sekunde.

Hubble, der die ersten Sterne im Andromedanebel identifiziert hatte, arbeitete eng mit Humason zusammen. Er versuchte, möglichst exakt die Entfernung verschiedener Galaxien zu bestimmen. Bei entsprechend nahen Galaxien bediente er sich dabei ihrer Cepheiden. Bei jenen, die so weit entfernt waren, daß ihre Cepheiden nicht mehr wahrgenommen werden konnten, nahm Hubble den hellsten Stern und verließ sich auf die Annahme, seine Leuchtkraft entspreche der der allerhellsten Sterne unserer eigenen Galaxis. War eine Galaxis so weit entfernt, daß man nicht einmal mehr ihre hellsten Sterne sehen konnte, so schätzte er ihre Entfernung nach ihrer Gesamthelligkeit.

Im Jahre 1919 hatte Hubble genügend Daten gesammelt, um eine neue These vorzutragen: Je weiter weg eine Galaxis war, desto rascher entfernte sie sich. War eine Galaxis doppelt soweit von uns entfernt wie eine andere, so entfernte sie sich auch mit der doppelten Geschwindigkeit. Man nennt dies die *Hubble-Konstante*.

Wie aber kam dieser Vorgang zustande? Die logische Schlußfolgerung war, daß sich das Weltall ausdehnt.

Die Galaxien bilden Haufen, und innerhalb dieser Haufen sind sie einem Gravitationsfeld unterworfen, so daß zwei Galaxien eines Haufens sich entweder langsam aufeinander zu bewegen können oder voneinander weg. Der Andromedanebel befindet sich im selben Haufen wie unsere Milchstraße, weshalb sich die beiden Galaxien langsam nähern können. Irgendwann könnten sie sich aber auch wieder voneinander entfernen.

Verschiedene Galaxienhaufen jedoch entfernen sich *immer* voneinander. Nicht, daß sie sich allein von *uns* entfernen; sie entfernten sich *voneinander*. Befänden wir uns in irgendeiner anderen Galaxis, so würden sich die entfernten Galaxien immer noch von uns wegbewegen.

Eine derartige Expansion des Weltalls war sogar schon vorhergesagt worden. Im Jahre 1916 hatte der deutsche Physiker Albert Einstein (1879–1955) seine *allgemeine Relativitätstheorie* veröffentlicht, in der er in einer Reihe von Gleichungen die Wirkung der Schwerkraft und so gut wie alle anderen Faktoren beschrieb, die die Makrostruktur des Universums betrafen.

Der holländische Astronom Willem de Sitter (1872–1934) wies im Jahre 1917 darauf hin, daß Einsteins Gleichungen auszusagen schienen, daß sich das Weltall ausdehnte. Zu dieser Zeit gab es aber noch keine Hinweise auf einen derartigen Vorgang, so daß Einstein in seine Gleichungen ein spezielles Glied einführte, das es ermöglichte, sie entsprechend einem statischen Universum zu lösen. Als sich schließlich herausstellte, daß sich das Universum *tatsächlich* ausdehnt, entfernte Einstein dieses Glied und nannte es den größten wissenschaftlichen Irrtum seines Lebens.

Wenn sich das Universum also ausdehnt, stellt sich die Frage, was wir sehen können, wenn wir immer weiter in die entfernte Vergangenheit zurückblicken, als ließen wir einen Film rückwärts laufen.

Helmholtz hatte eine derartige Methode angewendet, als er zu dem Schluß gekommen war, die Sonne müsse sich zusammenziehen. Dabei sah er in die Vergangenheit und überlegte sich, wie sich die Sonne ausdehnen würde. So berechnete er das Alter der Erde, indem er den Zeitraum bestimmte, den die Sonne brauchen würde, um sich unter den Bedingungen eines rückwärts laufenden Films bis zur Umlaufbahn der Erde auszudehnen.

Auch als George Darwin feststellte, daß sich der Mond von der Erde entfernte, sah er in die Vergangenheit, ließ den Film zurücklaufen und berechnete die Art und Weise, in der sich der Mond der Erde nähern würde. So kam er zu dem Schluß, der Mond sei ursprünglich ein Teil der Erde gewesen.

Sowohl Helmholtz wie Darwin waren zu falschen Schlüssen gelangt, doch war das nicht der Fehler ihrer Methode, gleichsam den Film zurücklaufen zu lassen, sondern das Resultat anderer Komplikationen.

Was also ergibt sich, wenn wir diesen Film des expandierenden Universums zurücklaufen lassen? Blicken wir über Jahrmillionen hinweg zurück, so sehen wir, wie sich das Universum zusammenzieht. Wir sehen, wie die Galaxienhaufen sich immer näher kommen, bis sie sich vielleicht allesamt vermengen, so daß der gesamte Inhalt des Weltalls zu einem großen Klumpen zusammenwächst.

Der belgische Physiker Georges Edouard Lemaître (1894–1966) entwickelte ein derartiges Konzept, noch bevor Hubble seine Konstante erarbeitet hatte. Lemaître stellte sich eine ursprüngliche Situation vor, in der sich der gesamte Inhalt des Universums als eine Einheit darstellte. Diese Einheit nannte er das »kosmische Ei«. Das kosmische Ei, meinte Lemaître weiter, sei instabil gewesen und schließlich explodiert. Und als Folge dieser unvorstellbar gewaltigen Explosion flögen die Galaxienhaufen heute immer noch auseinander. Der russisch-amerikanische Physiker George Gamow (1904−1968) war einer der Astronomen, die sich sofort für die Thesen Lemaîtres interessierten. Er nannte die ursprüngliche Explosion den »Big Bang«, und dieser Ausdruck blieb im Bewußtsein der Öffentlichkeit haften.

Natürlich akzeptierten nicht alle von Gamows Kollegen diese These vom »Urknall«. Es schien sich um eine rein spekulative Idee zu handeln, für die es keine Beweise gab bis auf die Tatsache, daß sich das Universum ausdehnte. Es konnte aber auch so sein, daß es lediglich pulsierte. Vielleicht dehnte es sich eine Zeitlang aus, um sich später wieder zusammenzuziehen, und so weiter.

Gamow wies im Jahre 1948 jedoch darauf hin, daß der Big Bang unter enormen Temperaturen und einer ebenso gewaltigen Strahlung stattgefunden haben mußte. Diese Faktoren mußten allmählich abnehmen, wenn sich das Universum ausdehnte. Doch auch heute noch mußte diese Strahlung in Form von Radiowellen existieren, die in gleicher Stärke aus allen Teilen des Himmels kamen.

Im Jahre 1964 entdeckten dann zwei amerikanische Physiker, der 1933 in Deutschland geborene Arno Allan Penzias und der 1936 geborene Robert Woodrow Wilson, daß eine derartige Strahlung, wie Gamow sie beschrieben hatte, tatsächlich existierte. Seitdem haben beinahe alle Wissenschaftler das Konzept des Big Bang übernommen.

Wann hat nun dieser Big Bang stattgefunden? Man kann dies berechnen, wenn man die Entfernungen zwischen den Galaxienhaufen kennt und weiß, wie rasch sie sich voneinander wegbewegen. Je weiter entfernt sie voneinander sind, desto länger brauchen sie, um zusammenzutreffen. Und je langsamer sie sich trennen, desto langsamer kommen sie − rückwärts gesehen − wieder zusammen und desto länger dauert dieser Vorgang insgesamt.

Hubble hatte die Entfernung des Andromedanebels bestimmt, indem er die Perioden und die Leuchtkraft der Cepheiden bestimmte, die er darin entdecken konnte. Er kam dabei auf eine Schätzung von achthunderttausend Lichtjahren. Dies ist eine gewaltige Entfernung, fünfmal größer als die der Magellanschen Wolken. Andere galaktische Entfernungen basieren bis zu einem gewissen Grad auf dieser Ziffer für den Andromedanebel.

Diese Entfernungen und die Art und Weise, in der die Fluchtgeschwindigkeit mit der Entfernung zunimmt, verwendete man nun für eine Schätzung. Dabei kam man zu dem Ergebnis, daß sämtliche Galaxien bei unserem zurücklaufenden Film in zweitausend Millionen Jahren zusammenträfen. Das bedeutete, daß der Big Bang vor eben diesen zweitausend Millionen Jahren stattgefunden haben mußte und daß dies damit der Zeitpunkt der Entstehung des Universums war.

Dieses Ergebnis rief einen ähnlichen Sturm der Entrüstung hervor, wie man ihn achtzig Jahre zuvor erlebt hatte, als die Annahme einer angeblich schrumpfenden Sonne die Vermutung provoziert hatte, die Erde sei nicht älter als hundert Millionen Jahre. Damals waren sich die Geologen und Biologen sicher gewesen, daß die Erde und das Leben älter als hundert Millionen Jahre alt waren; und in den dreißiger Jahren dieses Jahrhunderts war ihnen klar, daß Erde und Leben älter als zweitausend Millionen Jahre waren.

Dennoch hielten die Astronomen an ihren Daten fest, obwohl selbst ihnen einiges an dem aufgestellten Konzept unsicher erschien. Der Andromedanebel war kleiner als die Milchstraße, was auch auf alle anderen Galaxien zutraf. Nun schien es verdächtig, daß ausgerechnet unsere eigene Galaxis die größte sein sollte. Außerdem enthielt der Andromedanebel genau wie die Milchstraße Kugelsternhaufen, doch seine Kugelhaufen schienen wesentlich schwächer zu sein als die unsrigen.

War es daher möglich, daß der Andromedanebel und alle anderen Galaxien weiter entfernt waren als angenommen? Denn wenn dem so war, so mußten sie größer sein, um für unser Auge ihre scheinbare Größe zu besitzen. Auch die Kugelsternhaufen mußten dann mehr Leuchtkraft aufweisen, um die beobachtete Helligkeit zu zeigen.

Im Jahre 1952 untersuchte der deutsche Astronom Walter

Baade (1893–1960) sorgfältig die Cepheiden und stellte fest, daß es zwei Arten gab. Die von Leavitt und Shapley entwikkelte Gleichung zur Berechnung von Entfernungen funktionierte nur bei einer der beiden Arten, während die andere einer anderen Gleichung bedurfte.

Nun hatte Shapley zufällig den richtigen Cepheidentyp verwendet, um die Größe der Milchstraße und die Entfernung der Magellanschen Wolken zu berechnen. Ohne es zu wissen, hatte Hubble jedoch dieselbe Gleichung auf den anderen Cepheidentyp angewendet, um die Entfernung der Galaxien zu bestimmen. Benutzte man nun die neuen, passenden Gleichungen für die Cepheiden im Andromedanebel, so stellte sich heraus, daß dieser wesentlich weiter entfernt war, als Hubble gedacht hatte. Es handelte sich nicht um achthunderttausend, sondern um 2,3 Millionen Lichtjahre und damit um eine dreifach größere Entfernung als ursprünglich angenommen.

Darüber hinaus legten fortgesetzte Untersuchungen der Rotverschiebungen und verbesserte Meßmethoden den Schluß nahe, daß sich die Galaxien wesentlich langsamer voneinander entfernten, als Hubble berechnet hatte.

Diese beiden Faktoren verlegten den Zeitpunkt des Big Bang weiter zurück. Nun sind sich die Astronomen bezüglich des genauen Zeitpunkts zwar immer noch nicht ganz einig, doch liegt er auf jeden Fall lange genug zurück, um die Geologen und Biologen zufriedenzustellen. Manche Astronomen sind der Meinung, der Big Bang habe vor zehntausend Millionen Jahren stattgefunden, andere schätzen die Ziffer auf zwanzigtausend Millionen. Bis wir über weitere Schlüsse verfügen, ist es vielleicht am sichersten, einen Zeitpunkt vor fünfzehntausend Millionen Jahren anzunehmen.

Allerdings bleiben auch beim Big Bang einige Fragen offen. Die Astronomen nehmen an, daß das Universum in seinen ganz frühen Tagen eine gleichmäßige Verteilung von Materie und Energie aufgewiesen hat. Warum sollte das Weltall heute also »verklumpt« sein, mit Galaxien und Galaxienhaufen, die von leerem Raum getrennt sind?

Zudem sind sich die Astronomen nicht ganz sicher, wieviel Materie und Energie es insgesamt gibt und was die durchschnittliche Dichte der Materie im Weltall sein könnte. Liegt sie über einem gewissen Niveau, so wird sich die Expansion des Universums ganz allmählich verlangsamen, um schließlich zum Stillstand zu kommen. Danach wird sich das Weltall wieder zusammenziehen. Ist das Niveau niedriger, so wird sich das Universum bis in alle Ewigkeit ausdehnen. Augenscheinlich liegt die tatsächliche Dichte so nahe an diesem Niveau, daß die Astronomen sich nicht sicher sein können, welche der beiden Alternativen korrekt ist. Dabei scheint es eine rätselhafte Übereinstimmung, daß die Dichte so nahe an diesem kritischen Punkt liegen soll.

Astronomen und Physiker haben versucht, sich theoretisch zum Big Bang zurückzuarbeiten, wobei sie angenommen haben, daß die Naturgesetze unabhängig von der zurückgelegten Zeitspanne ihre Geltung behalten. Sie haben Berechnungen angestellt, die sich mit einem Universum befassen, das immer kleiner und immer heißer wurde, je weiter sie es zurückverfolgten.

Im Jahre 1979 war man schließlich der Meinung, alles hänge von den Ereignissen direkt nach dem Big Bang ab.

Ein Jahr später brachte der amerikanische Physiker Alan H. Guth die These vor, sofort nach dem Big Bang habe es eine Periode plötzlicher und gewaltiger Ausdehnung gegeben. Diese Ausdehnung, meinte Guth, sei bereits nach einem Millionstel eines Billionstels eines Billionstels einer Sekunde nach den Big Bang *beendet* gewesen. Zu diesem Zeitpunkt habe das Universum eine Temperatur von einer Billion Billionen Grad gehabt. Die Ausdehnung habe das Universum von einer wesentlich geringeren Größe als der eines Protons bis zu einem Punkt aufgeblasen, an dem es einen Durchmesser von einem Zentimeter gehabt habe. In der Folge sei alles so weitergelaufen, wie frühere Big-Bang-Theorien es beschrieben hatten.

Guths *inflationäres Universum* löste einige der Probleme, die das Konzept des Big Bang mit sich gebracht hatte; doch auch heute noch basteln die Astronomen an ihm herum, um es noch stimmiger zu machen.

Ist der Big Bang auch wirklich der Ursprung aller Dinge?

Das Weltall könnte ja als winziges Objekt begonnen haben, in dem all seine enorme Masse und Energie vorhanden gewesen ist; doch woher ist dieses Objekt gekommen?

Im Jahre 1973 hat der amerikanische Physiker Edward P. Tryon dieses Problem mit Hilfe der Quantenmechanik zu lösen versucht. Die Quantenmechanik ist eine Methode, um das Verhalten subatomischer Teilchen zu untersuchen. Sie stützt sich auf mathematische Gleichungen, die Wissenschaftler wie der österreichische Physiker Erwin Schrödinger (1887–1961) und der deutsche Atomphysiker Werner Heisenberg (1901–1976) in den zwanziger Jahren dieses Jahrhunderts erarbeitet haben. Seither hat sich die Quantenmechanik als unglaublich erfolgreich erwiesen und jeder Prüfung standgehalten.

Tryon hat nun gezeigt, daß es nach der Quantenmechanik möglich ist, daß ein Universum als winziges Objekt aus dem *Nichts* auftauchen kann. Normalerweise würde solch ein Universum rasch wieder verschwinden, doch konnte es Umstände geben, in denen dies nicht geschah.

Im Jahre 1982 hat Alexander Vilenkin die Thesen Tryons mit dem Konzept des inflationären Universums kombiniert und gemeint, das Universum habe sich nach seiner Erscheinung aufgeblasen und dabei auf Kosten des ursprünglichen Gravitationsfeldes gewaltige Energien gewonnen. So sei es nicht wieder verschwunden. Es werde seine Ausdehnung jedoch allmählich verlangsamen, zum Stillstand kommen, sich dann wieder zusammenziehen und schließlich zu seiner ursprünglich winzigen Größe und einer enormen Temperatur zurückkehren. Danach werde es mit einem »Big Crunch« (einem »großen Knirschen«) wieder in das Nichts verschwinden, aus dem es gekommen sei.

Natürlich könnte es irgendwo im unbegrenzten Meer des Nichts – das in gewisser Weise an das unbegrenzte Meer des Chaos erinnert, das sich die Griechen als Ursprung dachten – eine unbegrenzte Anzahl von Universen geben, die beginnen und enden. Einige könnten dies unvorstellbar lange vor unserem Weltall getan haben, und einige könnten es in unvorstellbar ferner Zukunft tun.

Es ist allerdings nicht wahrscheinlich, daß wir jemals etwas über irgendwelche anderen Universen wissen werden. Wir dürften dazu verdammt sein, nur unser eigenes zu kennen, das wir nun bis zu einem Zeitpunkt vor fünfzehntausend Millionen Jahren zurückverfolgt haben, an dem sein absoluter Ursprung liegen könnte. Dabei haben wir auch eine Voraussage gewagt, wie sein absolutes Ende aussehen wird, zu einem unbestimmbaren Zeitpunkt in der fernsten Zukunft.

Hiermit ist die Aufgabe dieses Buches erfüllt.

REGISTER

Heyne Sachbuch

Interessante Themen
Kompetente Autoren

John **Naisbitt** Patricia Aburdene **Megatrends Arbeitsplatz**

19/26

Peter Müri **Chaos Management** Die kreative Führungs philosophie

19/61

Robert Jungk Norbert R. Müllert **Zukunfts werk stätten** Mit Phantasie gegen Routine und Resignation

19/73

Rudolf Walter **Leonhardt Pro & Contra** Argumente zur Zeit aus DIE ZEIT

19/75

Martin Ader **Der Informations schock** Wie die Datenverarbeitung unser Leben verändert

19/10

Hazel Henderson **DIE NEUE ÖKONOMIE** Menschliches und ökologisches Wirtschaften im Solarzeitalter

Herausgegeben von Anita Bachmann

19/37

Wilhelm Heyne Verlag München